交通运输系统工程技术丛书
四川省2016年度重点出版项目

交通运输系统工程
TRANSPORTATION SYSTEMS ENGINEERING

彭其渊 蒋朝哲 文超 鲁工圆 ◎ 编著

西南交通大学出版社
·成都·

图书在版编目（CIP）数据

交通运输系统工程 / 彭其渊等编著. —成都：西南交通大学出版社，2018.10
（交通运输系统工程技术丛书）
ISBN 978-7-5643-6485-4

Ⅰ. ①交⋯ Ⅱ. ①彭⋯ Ⅲ. ①交通运输系统－系统工程 Ⅳ. ①U491

中国版本图书馆 CIP 数据核字（2018）第 227117 号

交通运输系统工程技术丛书
交通运输系统工程
Jiaotong Yunshu Xitong Gongcheng

彭其渊　蒋朝哲　文　超　鲁工圆　编著

出 版 人	阳　晓
责 任 编 辑	周　杨
封 面 设 计	严春艳
出 版 发 行	西南交通大学出版社 （四川省成都市二环路北一段 111 号 　西南交通大学创新大厦 21 楼）
发 行 部 电 话	028-87600564　028-87600533
邮 政 编 码	610031
网　　　　址	http://www.xnjdcbs.com
印　　　　刷	四川森林印务有限责任公司
成 品 尺 寸	185 mm × 260 mm
印　　　　张	13.75
字　　　　数	345 千
版　　　　次	2018 年 10 月第 1 版
印　　　　次	2018 年 10 月第 1 次
书　　　　号	ISBN 978-7-5643-6485-4
定　　　　价	39.80 元

课件咨询电话：028-87600533
图书如有印装质量问题　本社负责退换
版权所有　盗版必究　举报电话：028-87600562

前 言

20世纪70年代以来，随着科学技术发展和社会进步，我国现代工业、交通、生物、生态及军事指挥等大规模的生产管理系统越来越多，其系统也日益复杂，同时，生产过程向综合化、自动化方向高速发展，需要控制的过程在工程和社会化大系统中无处不在。

系统工程学是一个应用与实践的科学，它的产生是在实现系统科学与现代管理科学、信息科学、控制科学及电子计算机等科学发展相结合的状态下而形成的新学科。运用系统理论研究一个部门、一个行业、一个学科是今天科技发展的必然趋势。系统科学的创建与应用促进了学术的飞跃发展，这是交通运输系统工程这一学科产生和发展的环境基础。目前，系统科学已进入到控制科学、信息科学、经济管理科学、生物环境科学、交通运输科学等各种不同学科领域，并出现了相互渗透和融合的效果。在此形势下，交通运输学科内融进系统科学而形成交通运输系统，则是必然趋势。在钱学森院士系统工程思想的引导下，20世纪80年代，交通运输与系统工程相结合的"交通运输系统工程学"诞生了，并由此进入了一个新的发展时代。

系统的特点是规模大、结构复杂、功能综合、因素众多、控制复杂，对这种大规模复杂系统评价、设计、控制和管理，就必然要运用系统科学和系统工程的理论与方法，对其进行系统优化与控制。这就使一般传统理论的应用、实施的手段及理论和方法等发生了突变，从而跨进了大系统的最优控制和协调管理的新阶段。交通运输系统正属于这类大系统，而且由于"人"作为系统内部重要的一个参与环节，该系统则更表现为复杂大系统。

当前，水运、公路、铁路、航空、管道等五种运输方式，正在逐步走向协调发展，逐步形成一个整体，构成一个现代化的综合交通运输体系。因此，对于从事交通运输管理的工作者来说，树立交通运输大系统的思想、掌握运输系统工程的方法，将具有十分重要的意义。

为了适应综合交通运输系统的快速发展对高层次运输组织管理人才的需要，按照西南交通大学复合型人才培养的要求，作者在充分借鉴和参考吸收国内外已有研究成果的基础上，结合近年来西南交通大学系统科学研究团队的研究成果，经过修改和整理，编写了《交通运输系统工程》。

本书涵盖了交通运输系统工程的基本理论和方法，主要内容包括：交通运输系统工程概述、交通运输系统分析、交通运输系统模型、交通运输系统预测、交通运输系统网络计划、交通运输系统仿真、交通运输系统决策及决策支持系统、智能运输系统等共9章内容。另外，结合五种运输方式分别进行相关问题的案例分析是本书的一大特色，增强了本书的实用性。

全书由彭其渊、蒋朝哲、文超、鲁工圆共同完成。其中彭其渊完成第1~3章的编写工作，蒋朝哲完成第4、5、8、9章的编写工作，鲁工圆完成第6章的编写工作，文超完成第7章的编写工作。全书统稿由彭其渊、蒋朝哲负责。在资料的收集、书稿的形成和文字整理工作中，博士研究生黄平、硕士研究生吴颢和谭萌等做了大量的工作，在此表示衷心的感谢。

书中参阅了大量的国内外著作、教材、学术论文和有关文献，在此谨向这些文献的作者表示深深的谢意。

本书的出版得到了西南交通大学出版基金的资助，在此深表谢意。

由于本书涵盖内容较多，同时限于作者的水平，在全书内容的组织和文献材料的取舍方面，难免存在诸多不当和疏漏之处，热诚欢迎国内外同行和专家及各位读者批评指正。

编 者

2018年7月21日

目 录

第1章 交通运输系统工程概述 ·· 1
  1.1 系统工程 ··· 1
  1.2 交通运输系统工程 ·· 8
  1.3 交通运输系统工程的发展 ·· 11
  思考与练习 ·· 12

第2章 交通运输系统分析 ·· 13
  2.1 系统分析的概念 ··· 13
  2.2 运输系统目标分析 ·· 20
  2.3 运输系统结构分析 ·· 23
  2.4 运输系统环境分析 ·· 30
  2.5 案例分析 ·· 32
  思考与练习 ·· 34

第3章 交通运输系统模型 ·· 36
  3.1 系统模型的基础理论 ··· 36
  3.2 系统模型的分类及举例 ··· 37
  3.3 系统模型的构建 ··· 43
  3.4 交通运输系统工程模型技术的新进展 ······························· 45
  3.5 案例分析 ·· 47
  思考与练习 ·· 48

第4章 交通运输系统预测 ·· 50
  4.1 系统预测的概述 ··· 50
  4.2 定性预测方法 ··· 53
  4.3 时间序列预测法 ··· 58
  4.4 回归分析预测法 ··· 66
  4.5 投入产出预测法 ··· 72
  4.6 案例分析 ·· 77
  思考与练习 ·· 82

第 5 章　交通运输系统网络计划 ··················· 84

5.1　概　　述 ································ 84
5.2　网络计划图的绘制 ······················ 85
5.3　网络计划图时间参数的计算 ············ 91
5.4　工序各种时差的分析与使用 ············ 96
5.5　完成工期的概率估计 ···················· 98
5.6　网络计划的平衡和优化 ·················· 99
5.7　案例分析 ································ 104
思考与练习 ···································· 111

第 6 章　交通运输系统仿真 ··················· 115

6.1　运输系统仿真概述 ······················ 115
6.2　连续系统仿真 ·························· 120
6.3　离散事件系统仿真 ······················ 121
6.4　混合系统仿真 ·························· 123
6.5　案例分析 ································ 127
思考与练习 ···································· 142

第 7 章　交通运输系统决策 ··················· 143

7.1　概　　述 ································ 143
7.2　确定型运输决策问题 ···················· 150
7.3　不确定型运输决策问题 ·················· 150
7.4　风险型运输决策问题 ···················· 152
思考与练习 ···································· 155

第 8 章　交通运输决策支持系统 ·············· 156

8.1　决策支持系统基础理论 ·················· 156
8.2　决策支持系统典型技术 ·················· 160
8.3　运输决策支持系统 ······················ 164
8.4　案例分析 ································ 170
思考与练习 ···································· 173

第 9 章　智能运输系统 ······················· 175

9.1　智能运输系统（ITS）概述 ·············· 175
9.2　ITS 体系框架 ·························· 178
9.3　ITS 评价 ······························ 188
9.4　ITS 保障机制 ·························· 202
9.5　案例分析 ································ 204
思考与练习 ···································· 208

参考文献 ···································· 210

第1章 交通运输系统工程概述

1.1 系统工程

1.1.1 系统的基本概念

人类社会当今处在一个什么时代？我们如何为自己所处的时代命名？

有人说当今是后工业化时代。他们说，以蒸汽机的改进和大量使用为标志的工业革命，开始了工业化进程，后来又经过电力革命、核能革命，完成了工业化使命，在20世纪后期则进入了后工业化时代。

有人说当今是知识经济时代。知识经济的提出源于1996年联合国的OECD组织的《以知识为基础的经济》的报告。知识经济的标志之一就是承认知识的扩散与生产同样重要，知识经济是人类社会继游牧经济、农业经济、工业经济之后的经济。知识经济是以知识阶层为社会主体，以知识和信息为主要资源，以高技术产业和服务为支柱产业，以人力资本和科技创新为动力，以可持续发展为宏观特征的新型经济。

有人说当今是网络经济时代。20世纪80年代出现了因特网（Internet），如今，以先进的计算机技术和通信技术为基础的信息网络无处不在，发挥着越来越大的作用。电子商务、电子政务、网络学院、远程教学、远程医疗、电子病历、网上购物、网上订票、上网检索、电子邮件、MIS（管理信息系统）、HIS（医院信息系统）、"金"字号工程（金税、金关、金盾和金卫等），悄悄进入了我们的工作和生活中。人类是一天也离不开网络了。

有人说当今是新经济时代。他们大概对上述几个名称不满意，于是提出"新经济时代"一词。其实这是权宜之计。因为新与旧是相对的，"新"是层出不穷、与时俱进的，现在的经济相对于工业经济而言是"新经济"，再过一百年或者几百年，现在的"新经济"恐怕就会是"旧经济"了。不过，暂时用一下这个名称以强调当代经济之"新"也未尝不可。

还有人说当今是计算机时代。自1946年第一台现代意义下的计算机ENIAC出现以来，计算机不断更新换代，而且更新换代的周期越来越短。20世纪占主导地位的，50年代是电子管计算机，50年代末至60年代中期是晶体管计算机，60年代末至70年代末是集成电路电子计算机，70年代末至今是大规模集成电路和超大规模集成电路电子计算机。计算机的快速发展使其应用领域得到迅速扩展，如文字编排、数据处理、通信联络、设计绘图、教育培训以及各级各类管理工作，无处没有计算机的影子。电子计算机被称为"电脑"，现代社会"不可一日无此君"。

还有人说当今是信息时代。20世纪40年代，人类终于发现：世界是由物质、能量、信息三大要素组成的，而不仅仅是由物质要素组成，或者由物质与能量两种要素组成。现在，没有人能否定信息的存在和作用，没有人能够不接受、不利用信息，信息的作用、处理信息的手段是前所未有的。信息网络、信息高速公路、电子商务、电子政务等，正在改变人类的工作习惯、生活习惯、思维方式。距离变得无关紧要，"地球变得越来越小"，整个世界可以被因特网"一网打尽"。

还有人说当今是纳米时代。纳米（nm）是一种度量单位，1 nm 等于 1 m 的十亿分之一，相当于 10 个氢原子一个挨一个排起来的长度。纳米结构是指 1~100 nm 尺度内的结构。在这个尺度范围内对原子重新组合，新物质就会表现出不同于单个原子或分子的性质。其基本的物理化学性质，如熔点、磁性、电容、电导性、发光等都可能产生重大变化。这种组合产生新物质的技术，就是所谓的纳米技术（nanotechnology），它使人类可以获得许多用于科研、生产、生活各个领域的新材料。

对时代的概况还可以列举一些。所有不同角度的概况都具有一定的道理，"仁者见仁智者见智"。但是，如果换一个角度——从系统工程的角度看，我们要说：

人类社会当今正处在系统工程时代！

你赞成这种说法么？

作为系统工程工作者，我们要宣扬这个观点，要让尽可能多的人能够理解，能够接受。那么，什么是系统？什么是系统工程？系统工程又如何应用于交通运输领域？这就是本书要讲述的内容。

本章将主要介绍系统工程，交通运输系统工程的基本知识，以及交通运输系统工程的发展前景。

一、系统的定义

系统工程（systems engineering，SE）的研究对象是系统（system）。

系统概念是系统工程的核心和基本概念。"系统"一词是大家熟悉的，在汉语中，它通常是作为名词来使用，有时也作为形容词和副词使用；作为系统工程的科学术语，则需要在日常用语的基础上加以提炼和界定。

系统无处不在。自然界和人类社会存在着多种多样的系统，在研究系统的分类之前，先让我们列举几组不同类型的系统，例如：

一辆汽车、一架飞机、一列火车、一台计算机、一个校园网分别都是一个系统；

一个国家、一个政府、一支军队、一个企业、一所学校、一家医院、一支乐队、一个球队、一个家庭也分别都是一个系统；

一项工程（例如三峡工程、西部大开发、振兴东北、神舟五号、抗击 SARS、举办"奥运"）、一本教科书、一篇文章、一首歌曲、一张中药处方同样分别都是一个系统。

这些系统的形态和性质是大不一样的。系统可以互相包含与被包含，可以互相交叉和融合。系统是普遍的客观存在。每一个人都生活在系统之中，而且是生活在多种多样、互相交叉的系统之中。

但是，并非任何事物或者事务都可以随心所欲地被称为系统。相对于一辆汽车而言，拆卸下来的若干齿轮与螺丝钉不构成系统；相对于一个球队而言，游离活动的几名队员不构成系统；相对于一场球赛，正常的犯规行为（可能有多次）不构成系统；海边沙滩上休闲的人群不构成系统；在盒子里放得整整齐齐的一副象棋，也不构成系统。

从许许多多、实实在在的系统和"非系统"中可以提炼出如下的定义：

所谓系统，是由相互联系、相互作用的许多要素结合而成的具有特定功能的统一体。

这个统一体又称为整体或总体；要素又称为元素、部分、局部或零部件，在一定的意义上，又称为子系统。系统整体与构成系统的部分是相对而言的，整体中的某些部分可以被看成是该系统的子系统，而整个系统又可以成为一个更大规模系统中的一个组成部分或者子系统。例如，一辆汽车或一架飞机的发动机，一个企业的某一条生产线，一所大学的某一个学院等，都分别是一个子系统；而一辆汽车对于一个车队，一架飞机对于一个航空公司，一个企业对于国民经济，一所大学对于全国或地区的高教系统来说，分别只是其中的一个组成部分或者一个子系统。

系统是由两个以上有机联系、相互作用的要素所组成，具有特定功能、结构和环境的整体。该定义有以下四个要点：

（1）系统及其要素。系统是由两个以上要素组成的整体，构成这个整体的各个要素可以是单个事物（元素），也可以是一群事物组成的分系统、子系统等。系统与其构成要素是一组相对的概念，取决于所研究的具体对象及其范围。

（2）系统和环境。任一系统又是它所从属的一个更大系统（环境或超系统）的组成部分，并与其相互作用，保持较为密切的输入、输出关系。系统连同其环境、超系统一起形成系统总体。系统与环境也是两个相对的概念。

（3）系统的结构。在构成系统的诸要素之间存在着一定的有机联系，这样在系统的内部形成一定的结构和秩序。结构即组成系统的诸要素之间相互关联的方式。

（4）系统的功能。任何系统都应有其存在的作用与价值，有其运作的具体目的，也即都有其特定的功能。系统功能的实现受到其环境和结构的影响。

二、运输系统

运输系统的含义：以交通运输系统的整个运输活动为对象，运用系统工程的原则和方法，为运输活动提供最优规划和计划，进行有效地协调和控制，并使之获得最佳经济效益和社会效益的组织管理方法。

从系统工程的角度而言，系统的范围或规模是根据我们研究问题的需要而决定的。系统具有特定的结构，表现为一定的功能和行为。系统整体的功能和行为由构成系统的要素和系统的结构决定，而这些功能和行为又是系统的任何一部分都不具备的。

某种特定的系统，通常是自然科学和社会科学某一学科的研究对象。例如，太阳系是天文学研究对象，植物群落是植物学研究对象，动物群落是动物学研究对象，人体和疾病是医学研究对象，社会制度是历史学和社会学研究对象，等等。系统工程以及系统科学（系统工程是系统科学部门的工程技术）的研究对象并不限于某种特定的系统，也不重复其他学科的研究，而是研究各种系统的普遍属性和共同规律，研究各种系统的有效组织与管理问题。

中外学者从不同的角度对系统的定义作过描述。例如，美国的韦伯斯特（Webster）大辞典把系统称为"有组织的或被组织化的整体、相联系的整体所形成的各种概念和原理的综合，由有规则的相互作用、相互依存的形式组成的诸要素的集合"。

一般系统论的创始人奥地利生物学家冯·贝塔朗菲（Ludwig. Von Bertalanffy，1901—1972）把系统称为"相互作用的多要素的复合体"。如果一个对象集合中存在两个或两个以上的不同要素，所有要素按照其特定方式相互联系在一起，就称该集合为一个系统。其中的要素是指组成系统的不同的最小的（即不需要再细分的）组成部分。

钱学森院士在回顾我国研制"两弹一星"的工作历程时说："我们把极其复杂的研制对象称为'系统'，即由相互作用和相互依赖的若干组成部分结合成的具有特定功能的有机整体，而且这个'系统'本身又是它所从属的一个更大系统的组成部分。"

在汉语中与 System 一词相对应的名词还有体系、体制、制度。

此外，在管理学院里和企业管理中用得最多的单词之一——组织（organization），其意义与系统（system）是很相近的，而且常常是等同的。

1.1.2　系统工程的发展概况

20 世纪 70 年代以来，随着科学技术发展和社会进步，我国现代工业、交通、生物、生态及军事指挥等大规模的生产管理系统越来越多，其系统也日益复杂，同时，生产过程向综合化、自动化方向高速发展，需要控制的过程在工程和社会化大系统中无处不在。系统的特点是规模大、结构复杂、功能综合、因素众多、控制复杂，对这种大规模复杂系统评价、设计、控制和管理，就必然要运用系统科学和系统工程的理论与方法，对其进行系统优化与控制。这就使一般传统理论的应用、实施的手段及理论和方法等发生了突变，从而跨进了大系统的最优控制和协调管理的新阶段。交通运输系统正属于这类大系统，而且由于"人"作为系统内部重要的一个参与环节，该系统则更表现为复杂大系统。

今天，系统科学已进入到控制科学、信息科学、经济管理科学、生物环境科学、交通运输科学等各种不同学科领域，并出现了相互渗透和融合的效果。在此形势下，交通运输学科内融进系统科学而形成交通运输系统，则是必然趋势。在钱学森院士系统工程思想的引导下，20 世纪 80 年代，交通运输与系统工程相结合的"交通运输系统工程学"诞生了，并由此进入了一个新的发展时代。

系统工程学是一个应用与实践的科学，它的产生是在实现系统科学与现代管理科学、信息科学、控制科学及电子计算机等科学发展相结合的状态下而形成的新学科。运用系统理论研究一个部门、一个行业、一个学科是今天科技发展的必然趋势。研究任何一个对象必须要先从整体上进行全面考察，要从内部和外部的相互关系进行考察。通过对系统的分解组合分析达到从无序到有序，从低级有序到高级有序的转变，从而逐渐形成系统工程的部门、行业等分支新学科。我国改革开放带来了科学技术和人们思想的解放。系统科学的创建与应用促进了学术的飞跃发展，这是交通运输系统工程这一学科产生和发展的环境基础。

系统工程从准备、创立到发展的阶段、年代（份）、重大工程实践或事件及重要的理论与方法贡献等如表 1-1 所示。

表 1-1 系统工程的产生与发展概况

阶段	年代（年份）	重大工程实践或事件	重要理论与方法贡献
Ⅰ	1930 年	美国发展与研究广播电视系统	正式提出系统方法（System Approach）的概念
Ⅰ	1940 年	美国实施彩电开发计划	采用系统方法，并取得巨大成功
Ⅰ	1940 年	美国 Bell 电话公司开发微波通信系统	正式使用系统工程（System Engineering）一词
Ⅱ	第二次世界大战期间	英、美等国的反空袭等军事行动	产生军事运筹学（Military Operational Research），也即军事系统工程
Ⅱ	20 世纪 40 年代	美国研制原子弹的"曼哈顿计划"	运用系统工程，并推动了其发展
Ⅱ	1945 年	美国空军建立研究与开发（R&D）机构，此即兰德（RAND）公司的前身	提出系统分析（System Analysis）的概念，强调了其重要性
Ⅲ	20 世纪 40 年代后期到 50 年代初期	运筹学的广泛运用与发展、控制论的创立与应用、电子计算机的出现，为系统工程奠定了重要的学科基础	
Ⅳ	1957 年	H.Good 和 R.E.Machol 发表第一部名为《系统工程》的著作	系统工程学科形成的标志
Ⅳ	1958 年	美国研制北极星导弹游艇	提出 PERT（网络优化技术），这是较早的系统工程技术
Ⅳ	1965 年	R.E.Machol 编著《系统工程手册》	表明系统工程的实用化和规范化
Ⅳ	1965 年	美国自动控制学家 L.A.Zedeh 提出"模糊集合"的概念	为现代系统工程奠定了重要的数学基础
Ⅳ	1961—1972 年	美国实施"阿波罗"登月计划	使用多种系统工程方法并获得巨大成功，极大地提高了系统工程的地位
Ⅴ	1972 年	国际应用系统分析研究所（IIASA）在维也纳成立	系统工程的应用重点开始从工程领域进入到社会经济领域，并发展到了一个重要的新阶段
Ⅴ	20 世纪 70 年代	系统工程的广泛应用在国际上达到高潮	
Ⅵ	20 世纪 80 年代	系统工程在国际上稳定发展，在中国的研究与应用达到高潮	

1.1.3 系统工程的研究对象

一、系统的类型

认识系统的类型，有助于人们在实际工作中对系统工程对象系统的性质有进一步的了解并进行分析。

1. 自然系统与人造系统

自然系统主要是由自然物（动物、植物、矿物、水资源等）自然形成的系统，像海洋系统、矿藏系统等；人造系统是根据特定的目标，通过人的主观努力所建成的系统，如生产系统、管理系统等。实际上，大多数系统是自然系统与人造系统的复合系统。近年来，系统工程越来越注重从自然系统的关系中探讨和研究人造系统。

2. 实体系统与概念系统

凡是以矿物、生物、机械和人群等实体为基本要素组成的系统称之为实体系统，凡是由概念、原理、原则、方法、制度、程序等概念性的非物质要素所构成的系统称为概念系统。在实际生活中，实体系统和概念系统在多数情况下是结合在一起的。实体系统是概念系统的物质基础；而概念系统往往是实体系统的中枢神经，指导实体系统的行动或为之服务。系统工程通常研究的是这两类系统的复合系统。

3. 动态系统和静态系统

这是以系统的状态是否随时间变化为标准来进行分类的。动态系统就是系统的状态随时间而变化的系统；而静态系统则是表征系统运行规律的模型中不含有时间因素，即模型中的量不随时间而变化，它可视作动态系统的一种特殊情况，即状态处于稳定的系统。实际上多数系统是动态系统，但由于动态系统中各种参数之间的相互关系非常复杂，要找出其中的规律性有时是非常困难的，这时为了简化起见而假设系统是静态的，或使系统中的各种参数随时间变化的幅度很小，而视同稳态的。也可以说，系统工程研究的是在一定时期、一定范围内和一定条件下具有某种程度稳定性的动态系统。

4. 封闭系统与开放系统

封闭系统是指该系统与环境之间没有物质、能量和信息的交换，因而呈一种封闭状态的系统；开放系统是指系统与环境之间具有物质、能量与信息的交换的系统。这类系统通过系统内部各子系统的不断调整来适应环境变化，以保持相对稳定状态，并谋求发展。开放系统一般具有自适应和自调节的功能。系统工程研究有特定输入、输出的相对孤立系统。

二、管理系统问题举例

现代工业企业及其生产经营活动具有许多系统性特征。第一，工业企业及其生产经营过程是一个由人、财、物、信息等基本要素构成的整体系统。生产管理与经营管理相互交织，形成了一个有机的系统工作过程。第二，工业企业是个投入-产出系统。因为工业企业生产的基本意义就是把生产要素转换为社会财富，从而产生效益的过程。企业生产经营管理就是对企业投入、转换、产出全过程的筹划与管理。第三，工业企业是一个开放系统。企业的生存和发展与企业所处的环境条件息息相关，其生产经营活动要能主动适应外部环境的变化。特别应注意在国际化进程中培育自己的核心竞争能力。第四，工业企业及其生产经营过程应形成一个具有自适应能力的动态系统过程。这就要求对企业生产经营活动进行闭环管理和有效控制，注重信息反馈，以保持企业外部环境、内部条件和经营目标三者之间的动态平衡。为适应以上要求，工业企业生产经营活动的过程如图 1-1 所示。

现代金融系统的基本功能是，在不确定的环境条件下，实现经济代理人在时间和空间上对金融资源的优化配置。这一系统包括金融投资者、金融中介机构、金融产品及工具和手段、金融监管当局等。其中产品是这一系统有效运行的基础和关键要素。由于当代经济与金融环境日趋复杂，特别是全球经济一体化和投资自由化的影响，金融机构和工商企业面临的金融风险日趋增加，竞争日益激烈，迫切需要通过系统工程等方法开发新型金融产品来规避金融风险，降低融资成本，提高投资效率。

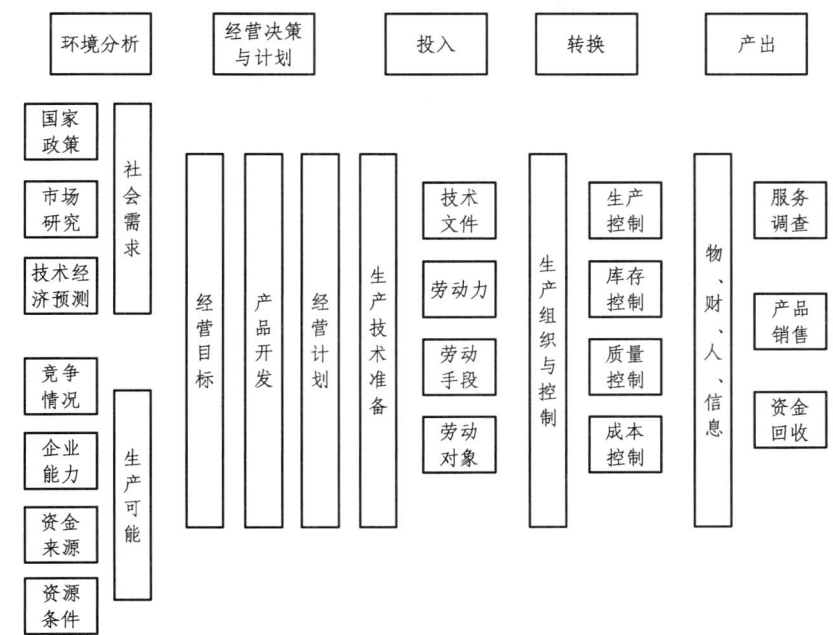

图 1-1 工业企业生产经营活动过程示意图

1.1.4 系统工程的应用领域

目前,系统工程的应用领域已十分广阔。主要有以下几个方面:

(1) 社会系统工程。它的研究对象是整个社会,是一个开放的复杂系统。它具有多层次、多区域、多阶段的特点,如社会经济系统的可持续协调发展总体战略研究。

(2) 经济系统工程。运用系统工程的方法研究宏观经济系统的问题,如国家的经济发展战略、综合发展规划、经济指标体系、投入产出分析、积累与消费分析、产业结构分析、消费结构分析、价格系统分析、投资决策分析、资源合理配置、经济政策分析、综合国力分析、世界经济模型等。

(3) 区域规划系统工程。运用系统工程的原理和方法研究区域发展战略、区域综合发展规划、区域投入产出分析、区域城镇布局、区域资源合理配置、城市资源规划、城市公共交通规划与管理等。

(4) 环境生态系统工程。研究大气生态系统、大地生态系统、流域生态系统、森林与生物生态系统、城市生态系统等系统分析、规划、建设、防治等方面的问题,以及环境检测系统、环境计量预测模型等问题。

(5) 能源系统工程。研究能源合理结构、能源需求预测、能源开发规模预测、能源生产优化模型、能源合理利用模型、电力系统规划、节能规划、能源数据库等问题。

(6) 资源系统工程。研究河流综合利用规划、流域发展战略规划、农田灌溉系统规划与设计、城市供水系统优化模型、水能利用规划、防污指挥调度、水污染控制等问题。

(7) 交通运输系统工程。研究铁路、公路、航运、航空综合运输规划及其发展战略、铁路调度系统、公路运输调度系统、航运调度系统、空运调度系统、综合运输优化模型、综合运输效益分析等。

（8）农业系统工程。研究农业发展战略、大农业及立体农业的战略规划、农业投资规划、农业综合规划、农业区域规划、农业政策分析、农产品需求预测、农产品发展速度预测、农业投入产出分析、农作物合理布局、农作物栽培技术规划、农业系统多层次开发模型等。

（9）企业系统工程。研究市场预测、新产品开发、CIMS 并行工程、计算机辅助设计与制造、生产管理系统、计划管理系统、库存控制、全面质量管理、成本核算系统、成本效益分析、财务分析、组织系统等。

（10）工程项目管理系统工程。研究工程项目的总体设计、可行性、国民经济评价、工程进度管理、工程质量管理、风险投资分析、可靠性分析、工程成本效益分析等。

（11）科技管理系统工程。研究科学技术发展战略、科学技术预测、优先发展领域分析、科学技术评价、科技人才规划等。

（12）教育系统工程。研究人才需求预测、人才与教育规划、人才结构分析、教育政策分析、学校系统化管理等。

（13）人口系统工程。研究人口总目标、人口参数、人口指标体系、人口系统数学模型、人口系统动态特性分析、人口政策分析、人口区域规划、人口系统稳定性等。

（14）军事系统工程。研究国防战略、作战模拟、情报、通信与指挥自动化系统、先进武器装备发展规划、综合保障系统、国防经济学、军事运筹学等。

（15）信息系统工程。运用系统工程理论和方法研究信息化及现代信息技术发展战略、规划、政策，各级各类信息系统分析、开发、运行、更新及管理等。

（16）物流系统工程。以供应链和社会经济系统结构优化及高效运营为基础，研究企业物流系统、社会物流系统及其集成系统的战略、规划、优化、控制、管理等，强调以物流为核心，实现物流、商流、信息流、价值流的一体化。

1.2　交通运输系统工程

系统工程的研究对象是组织化的大规模复杂系统。而"系统"作为系统理论、系统工程和整个系统科学的基本研究对象，需要正确理解和深刻认识。

1.2.1　交通运输系统工程的产生背景

运用北方交通大学（现北京交通大学）管理科学研究所运输系统分析研究室这一平台，接受的第一个研究任务是原国家经委的"修改浙赣铁路复线改造方案"。浙赣线是中华人民共和国成立前修建的铁路，线路条件很差，设计标准低，运输能力已严重不足，不适应国民经济发展的需要，亟须进行复线改造。最初由铁道部第四设计院提出的方案，拟对浙赣线 80%进行旧线废弃，需新增投资 22 亿元。国家有关部门认为这个方案对旧线废弃量太大，投资也太多，要求在保证能力的基础上，尽量减少旧线废弃量，降低投资额，利用系统分析理论的方法编制一个新方案。接受这个任务以后，相关工程人员到浙赣线进行了为期半年的沿线调查，又通过进一步的分析研究和方案设计比较，最后提出了一个新的改造方案。这个方案在保证能力的前提下充分利用旧线（旧线废弃率由铁道部第四设计院的 80%降低到了 20%），投资也由原方案的 22 亿元降低至新方案的 18 亿元。这是第一个用系统分析理论完成的国家项目，应该说它是应用系统科学研究铁路线路改造的一个成功范例，项目获得了国家科技进步二等奖。

海南岛建省以后，用系统分析的方法进行了该省第一个交通规划的编制。在这个规划的方案中，利用系统理论提出了"三通四流"（即建设三个通道：陆岛通道、岛内通道、国际通道；满足四种交通流：地方流、中转流、到达流、国际流）的创新理论，得到了业内专家的肯定。20 世纪 80 年代初期，深圳市开始建特区，其港口发展问题受到普遍关注。受深圳市政府委托，系统分析研究室师生先后完成了深圳港口布局、深圳市交通规划及深圳和香港交通衔接等 3 个课题研究，得到了深圳市有关方面的肯定。

应用系统理论在海南和深圳交通方面的实践，在全国引起了较大反响，进而也得到了北方交通大学党委和有关校领导的重视。时任北方交通大学校长的张树京教授亲自到深圳、海南，考察了相关工作及研究成果，认为交通系统工程学科在理论和实践方面都独有建树。利用应用系统分析所这一平台，相关人员重点开展了对北京市城市交通的系统研究。如与北京城市规划研究院合作，完成了北京市科委重点课题——北京城市交通综合体现发展战略的研究。该研究成果获得北京市科技进步一等奖和国家科技进步二等奖。还与北京铁路局合作，完成了北京铁路枢纽的站群合理布局研究，这项研究重点分析了北京、上海、天津、沈阳等枢纽，特别通过对北京枢纽的研究，提出了"加快西客站上马"的建议，被国家有关部门采纳。还完成了提高哈尔滨铁路枢纽综合运输能力网络系统分析的研究，该成果荣获黑龙江省科技进步四等奖。

用交通运输系统工程理论解决地面交通拥挤问题是系统分析研究所的一项重要工作。1986 年底，为解决北京市地面交通拥挤问题，北京市政府召开专门会议，邀请北京市有关专家献计献策。讨论时，张国伍教授用系统分析理论分析了北京城市交通结构问题，提出了环通地铁 2 号线，把地铁 1 号线、2 号线紧密连接，调整地面公交线路的到发站和通过站点的布置，使其与地铁有效衔接，做到乘客方便入"地"和离"地"，把地面客流尽可能引到"地"下去，做到地上、地下客流的平衡与协调的建议。该建议立即得到北京市有关部门采纳。张国伍教授运用系统理论、交通网络平衡、协调和优化理论研究北京城市地面交通的拥挤问题，通过调查研究，编制出了建设改善北京市交通具体方案。该方案提出，只需投资 8 000 万元，在复兴门地铁站修建一条折返线，就可使地铁 2 号线实现全部环通，并与 1 号线在复兴门相连，使当时北京两条地铁线成为城市交通主干运输线，再通过调整地面公共汽车线的站点分布，尽可能与地铁站点布局协调，可以实现将大量地上客流引入"地下"的目标，从而使北京市地面交通客流的拥挤得到有效缓解。这个方案实施后，北京城市交通建设与管理状况明显改善。地铁承担运量由原来的 3.5% 提高到了 15%，地面公交承运量则由原来的 96% 下降到了 85%，产生了巨大的社会效益。

国务院三峡办开展三峡建设与长江航运的系统分析和规划三峡地区综合运输网的建设规划研究等项目，是运用系统科学与系统工程理论于交通运输领域的又一个成功案例。

国家建设三峡工程的主要目的有四个，即以防洪为主，同时解决灌溉、发电和航运问题。因此，三峡工程产生的是综合效益，必须用系统工程理论分析三峡工程的综合效益，而不是单一的部门效益。三峡工程航运效益研究是在防洪、灌溉和发电基础上进行效益分析的。所以我们提出的三峡航运效益分析的研究报告，对当时确定三峡大坝坝高起了重要参考作用。

通过交通运输布局、综合运输的研究，再到城市交通领域的实践，通过铁路、港口、长江航运及城市交通等方面交通系统工程思想的应用，特别是在运用交通运输系统分析理论取得了诸多成功案例的基础上，又开始了交通运输系统工程学科完善和提升工作，编辑出版了我国第一本《交通运输系统分析》教科书，选择了十个比较成功的案例，并出版了《交通运输系统分析应用案例集》。教科书和案例集的出版，标志着交通运输系统分析学科的建设工作迈上了一个新的台阶。

1.2.2 运输系统工程的定义

系统工程以系统为研究对象，交通运输系统工程的研究对象则是交通运输系统。交通运输系统工程是系统工程在交通领域中具体应用的分支学科。它将人、车、路、环境作为一个有机整体。从系统观点出发，以数学和工程等科学方法为工具，综合运用汽车工程、运输工程、道路工程、交通工程、环境工程、管理工程、运输经济学和人类工效学等基本理论，为交通活动提供最优规划和计划，进行有效的协调和控制，并使之在一定期限内获得最合理、最经济、最有效的成果，做到人尽其才，物尽其用。

交通运输系统工程和交通工程是对同一问题的两个不同研究侧面。虽然二者在研究若干静态微观的交通问题上确实有着许多类似的地方，但它们之间存在着某些明显的原则区别，主要区别表现在：

（1）交通运输系统工程是用系统工程的观点和方法来研究交通系统的。所谓系统工程观点，归纳起来即全局（整体）观点、层次（渐进）观点、动态（变化）观点、信息（反馈）观点、价值（数量）观点、策略（灵活）观点。所谓系统工程方法，包括系统分析法、系统建模法、系统综合法和系统控制法。这些是传统交通工程较少触及的。

（2）交通工程至今未上升到方法论的高度，其基础属于土木工程技术范畴，限制了交通工程成为一门有雄厚理论作基础的科学分支的可能性，说到底它是一门工程技术。交通运输系统工程则不然，发展十分迅速的系统工程已经升华为系统科学，成为独立的科学领域。交通运输系统工程无论在理论上，还是实践上，均较交通工程丰富，对国民经济的影响也较交通工程广阔、深刻。

（3）从学科方向来看，交通工程偏重于静态的、微观的、硬科学范畴的研究；交通运输系统工程则侧重于动态的、宏观的、软科学范畴的研究。前者更多地适应外延，后者更多地适应内涵，着重调整和优化系统的内部结构。

1.2.3 运输系统工程的内容

运输系统工程的内容包括：运输系统分析、运输系统模型、运输系统预测、运输系统的优化控制、运输系统模拟、运输系综合评价、运输系统决策、运输决策支持系统、智能运输系统等。

运输系统分析：包括运输系统的分析技术、运输系统目的分析、运输系统结构分析、运输系统的环境分析。

运输系统模型：包括运输系统模型的作用、运输系统建模的一般原则和基本步骤、运输系统工程中常用的模型等。

运输系统预测：包括运输系统预测的意义、运输系统常用的预测方法等。

运输系统的优化控制：包括运输系统的日常管理控制方法——网络计划评审技术。

运输系统模拟：包括运输系统模拟的意义、运输系统模拟的主要方法及其在运输系统中的应用。

运输系统综合评价：包括运输系统评价的意义、运输系统单项指标的评价、运输系统综合评价指标体系的制定、常用的运输系统综合评价方法。

运输系统决策：包括运输系统决策的意义、决策问题的分类以及运输系统常用的决策方法。

运输决策支持系统：包括决策支持系统的概念，运输决策支持系统的组成、原理和主要内容。

智能运输系统：包括智能运输系统的现状与发展趋势、智能运输系统的关键技术和主要内容。

1.3 交通运输系统工程的发展

从世界范围内交通运输发展的侧重点和起主导作用的角度考察，可以将交通运输的发展划分为四个阶段，即水运阶段，铁路运输阶段，铁路、公路、航空和管道运输竞争阶段以及综合运输发展阶段。

1. 以水运为主的阶段

水上运输既是一种古老的运输方式，又是一种现代化的运输方式。在出现铁路以前，水上运输同以人力、畜力为动力的陆上运输工具相比，无论运输能力、运输成本，还是方便程度等，都处于优越的地位。在历史上，水运的发展对工业布局和大城市的形成影响很大。海上运输具有独特的地位，几乎不能被其他运输方式所取代。

2. 以铁路运输为主的阶段

1825 年，英国在斯托克顿至达灵顿修建了世界上第一条铁路并投入公共客货运输，标志着铁路运输时代的开始。由于铁路能够快速、大容量地运输旅客和货物，因而极大地改变了陆上运输的面貌，为工农业的发展提供了新的、强有力的交通运输方式。从此，工业布局摆脱了对水上运输的依赖，内陆腹地加速了工农业的发展。

3. 公路、航空和管道三种运输方式崛起的阶段

20 世纪 30 年代至 50 年代，公路、航空和管道运输相继发展，与铁路运输进行了激烈的竞争。就公路运输而言，由于汽车工业的发展和公路网的扩大，使公路运输能充分发挥其机动灵活、迅速方便的优势。工业的发展和科学技术的进步，促使人们对价值观念日益增强。航空运输在速度上的优势，不仅在长途旅客运输方面占有重要的地位，而且在货运方面也发展很快。随着这几种运输方式发挥的作用明显上升，铁路一枝独秀的局面开始改观，各种运输方式同时竞争成为交通运输发展第三个阶段的特征。

4. 综合运输体系阶段

20 世纪 50 年代后，人们开始认识到交通运输的发展过程中，铁路、水运、公路、航空和管道这五种运输方式是相互协调、竞争和制约的。因此需要进行综合考虑，协调各种运输方式之间的关系，构成一个现代化的综合运输体系。综合发展阶段的重点之一是在整体上合理进行铁路、水运、公路、航空和管道运输之间的分工，发挥各种运输方式的优势。调整交通运输布局和提高交通运输的质量则成为综合发展阶段的主要趋势。

纵观交通运输的发展历史，我们可以看出：水运、公路、铁路、航空、管道等五种运输方式，正在逐步走向协调发展，逐步形成一个整体，构成一个现代化的交通运输体系。

因此，对于从事交通运输管理的工作者来说，树立交通运输大系统的思想、掌握运输系统工程的方法，将具有十分重要的意义。

思考与练习

1. 系统与要素的关系有哪些？
2. 什么是系统？怎样理解系统？
3. 什么是运输系统？怎样理解运输系统？
4. 怎样理解交通运输系统的性质与作用？
5. 怎样理解系统的整体性、相关性、目的性和适应性？
6. 为什么说我们正处在系统工程时代？
7. 系统工程有哪些类型？
8. 系统工程有哪些应用领域？
9. 什么是交通运输系统工程？怎样理解交通运输系统工程？
10. 简要说明交通运输系统工程与交通工程的主要区别。

第 2 章　交通运输系统分析

运输系统分析是确立方案、建立系统必不可少的一个环节，是运输系统综合、优化及设计的基础。无论是设计一个新系统还是改造一个老系统，都需要对运输系统进行分析，即通过了解运输系统内部各部分之间的相互关系，把握运输系统运行的内在规律，从全局的观点出发，合理安排好每一个局部，使每个局部都服从一个整体目标，最终求得整体上的最优规划、最优管理和最优控制。

本章给出了运输系统分析的概念及其要素、运输系统分析的准则与步骤、运输系统分析技术、运输系统目标分析、运输系统结构分析和运输系统环境分析。

2.1　系统分析的概念

2.1.1　系统分析的基本概念

系统分析（Systems Analysis）一词最早是在第二次世界大战后由美国兰德（Rand）公司作为研究大型工程项目等大规模复杂系统问题的一种方法论而提出的。

广义的解释把系统分析作为系统工程的同义词使用；狭义的解释中，系统分析的重要基础是霍尔三维结构中逻辑维的基本内容。

关于系统分析的定义有许多种说法，现将几种观点分述如下：

（1）希契（C. Hitch）认为系统分析是运筹学的扩展，系统分析提供了利用各个领域专家和知识来综合解决问题的途径。运筹学用于解决目标明确、变量关系简单的近期问题，系统分析用于解决更为复杂和困难的远期问题,但系统分析和运筹学分析在基本内容上有共同点。

（2）兰德公司（Rand）曾提出系统分析对于运筹学的关系犹如战略对于战术的关系。

（3）日本 OR 事典（运筹学词典）的定义：系统分析是对相关目的以及为达到该目的将采取的战略方针，做系统的探讨和再探讨的工作。在可能情况下，对替代方案的费用、效益以及风险进行对比，以期决策者有可能对未来发展，选择有益的对策。

（4）企业管理百科全书（台湾版）认为：为了发挥系统的功能及达到系统的目的，若就费用与效益两种观点，运用逻辑的方法对系统加以周详的分析、比较、考察和试验，而制订一套经济有效的处理步骤或程序，或对原有的系统提出改进方案的过程，称之为系统分析。

（5）E. S. 奎德的观点：系统分析同这样一类问题有关，即不但在决定如何做上存在问题，就是在决定应当做什么上也存在问题。系统分析是通过一定的步骤，帮助决策方案的一种系统方法。

（6）切克兰德（P. Checkland）认为：系统分析是系统观念在管理规划功能上的一种应用。它是一种科学的作业程序或方法，考虑所有不确定的因素，找出能够实现目标的各种可行方案。然后，比较每一个方案的费用效益比，通过决策者对问题的直觉和判断以决定最有利的可行方案。

（7）宋健认为：系统分析是研究系统结构和状态的变化或演化规律，即研究系统行为的理论和方法。

（8）汪应洛认为：系统分析是对系统问题现状及目标充分挖掘的基础上，运用建模及预测、优化、仿真、评价等技术对系统的各个有关方面进行定性与定量相结合的分析，为选择最优或满意的系统方案提供决策依据的分析研究过程。

下面将有关系统分析的定义和概念作一归纳。

在20世纪50年代是将系统分析与运筹学作对比，认为系统分析是运筹学应用的扩展，两者之间的关系犹如战略对于战术的关系。

在20世纪60年代认为系统分析是一种研究方法。它有本身的内容，可以通过目标、可行方案集、模型、效应和评价准则等连成一体，由数学模型和计算机实现，处理一些较大规模的事件或问题。

在20世纪70年代将系统分析与决策相联系，作为解决层次较高、难度较大的大系统问题的手段。

在20世界80年代，系统分析不但应用于多层次、大规模的复杂系统，而且还考虑以人为中心的系统行为。系统分析与决策紧密相连，强调研究系统的整体结构和行为过程。它通过各种方法来减少决策人对问题不清楚或无把握的程度，力争使之达到尽可能清晰的认识，以便于决策。系统分析已成为当今决策分析的核心内容。

2.1.2　运输系统分析的定义

根据以上分析，本书在交通运输系统分析的目的、方法和任务的基础上，对运输系统分析做出定义。

运输系统分析的目的就是通过交通运输系统的分析、开发研究得到能够实现系统目的的各种可行方案，然后比较各种可行方案的费用、效益、功能、可靠性及与环境的关系等各种技术经济指标，为决策者作最优决策提供可靠的资料和信息，最终实现各种物流环节的合理衔接，实现物质的空间效益和时间效益，并取得最佳的经济效益。

运输系统分析的方法是采用系统的观点和思想，将定性与定量分析相结合的方法，对所研究结构的目标，系统的结构和功能，系统各因素的状态以及它们之间的关系进行分析，提出各种可行方案，并进行比较、评价和协调。

运输系统分析的任务是向决策人提供系统方案和评价意见以及建立新的系统或改造现有系统的建议。

综上所述，运输系统分析的定义可描述为：运输系统分析就是针对运输系统内部所存在的基本问题，采用系统的观点、理论和方法，进行定性与定量相结合的分析，对所研究的问题提出各种可行方案和策略，通过分析对比、全面评价和协调，为达到运输系统的预期目标选出最优方案，实现其空间和时间的经济效应，为决策者最后判断提供科学的依据和信息。也就是说，运输系统分析就是为决策者选择一个行动的方向，通过对情况的全面分析，对可能采取的方案进行选优，是一种辅助决策方法。

2.1.3 运输系统分析的要素

运输系统分析首先应该明确系统分析的目的及目标，再经过研究提出实现目标的各种备选方案，再次通过建立模型并借助模型进行效益-费用分析，然后根据评价标准对备选方案进行综合评价，确定出备选方案的优先顺序，最后以报告、意见或建议的形式向决策者提供系统分析的结论。

所以，运输系统分析的要素是指运输系统分析的项目，具体目的及目标、备选方案、模型、费用和效益、评价标准和结论等。

1. 目的及目标

目的是对系统的总要求，目标是系统目的的具体化。目的具有整体性和唯一性，目标具有从属性和多样性。目标分析是系统分析的基本工作之一，其任务是确定和分析系统的目的及其目标，分析和确定为达到系统目标所必须具备的系统功能和技术条件。

2. 备选方案

方案是指为达到目标可采取的途径、手段和措施。为了达到预定的系统的目的，可以制订若干备选方案，通过对备选方案的分析和比较，从中选择出最优系统方案，这是系统分析中必不可少的一环。

3. 模　　型

模型是由说明系统本质的主要因素及其相互关系构成的。模型是研究和解决问题的基本框架，可以起到帮助认识系统、模拟系统和优化与改造系统的作用，是对实际系统问题的描述、模拟和抽象。在系统分析中经常通过建立相应的结构模型、数学模型或仿真模型等来规范分析各种备选方案。

4. 费用和效益

各备选方案实现系统目的所需投入或消耗的全部资源折算成货币形式就是费用，简单地说，费用就是实施方案的实际支出，而效益是指方案实施后获得的成效，可统一折算成货币尺度。建立一个系统要有投资，系统建成后要有效益；费用和效益是对方案的约束条件，只有效益大于费用的设计才是可取的，反之是不可取的。不同的方案必须采用同样的方法估计费用-效益，才能进行有意义的比较。

5. 评价标准

评价标准是衡量可行性方案优劣的指标，通过评价标准可对各个备选方案进行综合评价，确定出各方案的优劣顺序。标准必须定得恰当，而且要便于度量。常见的评价标准是由一组指标组成的。标准可能包括：费用效益比、性能周期比、费用周期等。有不同的指标体系，应根据不同的要求和科学技术条件具体确定。

6. 结　　论

结论就是系统分析的结果，具体形式有报告、意见或建议等。结论的作用只是阐明问题与提出处理问题的意见和建议，而不是进行决策。它只有经过决策者决策以后才能付诸行动，发挥它的社会效益和经济效益。所以结论一定要采用让决策者容易理解和使用的术语和方式表达。

由上述六个基本要素可组成系统分析要素结构图,如图 2-1 所示。

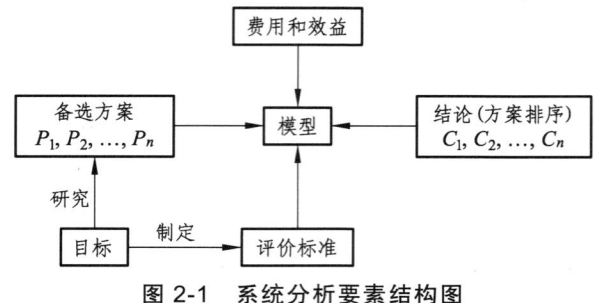

图 2-1 系统分析要素结构图

2.1.4 运输系统分析的特点与准则

一、运输系统分析的特点

由运输系统分析的定义,可总结出它具有以下四个特点。

1. 以整体为目标

在一个运输系统中,处于各个层次的分系统都分别具有特定的功能和目标,彼此分工合作,才能实现运输系统整体的共同目标。构成运输系统的所有要素都是有机整体的一部分,它们不能脱离整体而独立存在。运输系统总体所具有的性质,是其各个组成部分或要素所没有的,因此,如果只研究改善某些局部问题,而忽略或不重视其他分系统,则运输系统整体的效益将受到不利的影响。所以从事运输系统分析,必须考虑发挥运输系统总体的最高效益,不能只局限于个别分系统,以免顾此失彼。

系统总体目标和局部目标分别与其结构层次的高低相适应,低层次系统的局部目标从属于高层次系统的总体目标。在正常情况下,实现系统的局部目标是达到系统总体目标的手段;个别要素的局部目标只有与系统的总目标相适应时才能顺利实现。

2. 以特定问题为对象

系统分析是一种处理问题的方法,其目的在于寻求解决特定运输问题的最佳策略。许多运输问题都含有不确定的因素,而系统分析就是针对这种不确定情况,研究解决运输问题的各种方案及其可能产生的结果。不同的系统分析所解决的运输问题是不同的,即使对相同的运输系统要求解决不同的问题,也要进行不同的分析,拟定不同的求解方法。所以系统分析必须以能求得解决特定运输问题的最佳方案为重点。

3. 运用定量分析和其他科学方法

科学研究方法不能单凭想象、臆断、经验或者直觉,在研究许多复杂的交通问题时,必须要有准确可靠的数字和资料作为科学决断的依据。有些情况下,在利用数学方法描述有困难时,还要借用于结构模型解析法。

4. 凭借价值判断

进行运输系统分析时,对运输系统中的一些要素,必须从未来发展的观点,用某些方法进行科学预测,或者类比以往发生过的事实,来推断其将来可能产生的趋势或倾向。由于所提供的资料有许多是不确定的变量,而客观环境又会发生各种变化,因此,在进行运输系统分析时,还要凭借各种价值观念进行判断和优选。

二、运输系统分析的准则

系统分析没有特定的方法,必须随着分析对象的不同、分析问题的不同而具体考虑,但系统分析所遵循的准则是一致的。

1. 目的性准则

系统的建立总是出于某种需要和目的,系统分析总是针对所提出的具体目标而展开的。运输系统是具有一定发展规律和趋势的,因此,在进行系统分析时,应在尊重客观规律的前提下,确定运输系统应达到的目标。

2. 整体性准则

系统分析的一个基本思想就是要把研究的对象看作一个有机的整体,以整体效益为目标。各子系统局部效益的最优并不意味着总体系统效益的最优;系统总体的最优有时需要某些子系统放弃最优而实现次优或次最优。所以,进行系统分析,必须全面考虑总体与局部、局部与局部之间的关系,坚持"系统总体效益最优、局部效益服从总体效益"的原则。目前,工业发达国家都在探索实现交通运输一体化、发挥运输综合功能的途径,实现运输活动的整体优化,这就需要依据整体性准则进行系统分析。

3. 外部条件与内部条件相结合的准则

系统的生存和发展是以外部环境为条件的,环境的变化对系统有着很大的影响。对系统的内部条件进行分析,主要是研究系统的组成要素、要素之间的关系以及系统的结构、功能等。而对系统的外部条件进行分析和研究,在于弄清系统目前和将来所处环境的状况,把握系统发展的有利条件和不利因素。所以,在进行系统分析时,必须将系统内外部各种有关因素结合起来进行综合分析,才能实现系统的最优化。

例如,构成一个运输系统,不仅要考虑运输系统内部的结构、运输方式的组合等,还要考虑系统的外部条件如物流、信息流等,不考虑系统外部环境,仅仅从系统内部来考虑,是不可能达到系统整体最优的。

4. 当前利益与长远利益相结合的准则

进行系统分析的目的是要最终实现系统的最优化。所谓系统的最优化,包含着两方面的含义:一是从空间上要求最终实现系统的整体最优;二是从时间上要求全过程最优。因为系统大部分是动态的,它随着时间以及外界条件而变化。因此,选择系统最优方案时,不仅要从当前利益出发,而且还要考虑将来的利益,兼顾可持续发展。不少客观事实表明,一个系统在当前最优不等于在未来也最优;在全过程的某些局部阶段最优,也并不等于全过程最优。

例如,交通运输建设是百年大计,是提高国民经济效益的重要因素之一,但交通建设项目本身的经济效益则需要经过一定的时间才能够反映出来。如果对这种滞后性不能客观对待,只看眼前利益,不考虑长远利益,重生产轻交通,不重视基础性投资和交通设施的建设,只会是得不偿失。

5. 局部效益与整体效益相结合的准则

一个系统往往由许多子系统组成，子系统又由更低层的子系统组成。如果各个子系统的效益都好，那么整体效益也会较好，这当然是理想的，但在大多数情况下，在一个大系统中，有些子系统效益好，但系统的整体效益并不一定好。有的从个别子系统看是不好的，但从全局看却是有利的。因此，系统工程在争取系统整体最优时，必须全面考虑整体与局部以及局部与局部之间的关系，局部利益要服从整体利益。

6. 定量分析与定性分析相结合的准则

交通运输系统分析不仅要进行定量分析，而且要进行定性分析。交通运输系统分析的方法可以按照"定性—定量—定性"这一过程反复进行。只有了解交通运输系统各个方面的性质，才能进一步建立系统定量关系的数学模型，并做出定量分析，最后把定性分析和定量分析结合起来进行综合分析，从而找出最优方案。

系统工程处理的系统各组成部分之间的关系、系统整体和各个组成部分之间的关系、系统和环境之间的关系以及系统的现状和未来之间的关系，一般都是极其复杂的。对这种复杂的关系揭示得越清晰、越深刻、越精确，就越能够取得最优的综合运用效果。

2.1.5　运输系统分析的要点与步骤

一、运输系统分析的要点

当要对某个系统任务进行开发时，首先要对该系统进行分析，即先设定一系列的问题，然后对这些问题进行分析研究，直达找到满意的解决问题的对策。

如果此时拟提出几个"为什么"，就很容易抓住问题的要点，找到解决问题的关键：

（1）这个任务有何需要，所做的目的为何？即为什么要做（Why）。
（2）任务的对象是什么？即要做什么（What）。
（3）在什么时候做？即何时做（When）。
（4）做的场所在哪里？即何地做（Where）。
（5）是由谁来完成该对象？即由谁来做（Who）。
（6）怎样才能解决问题？即如何做（How）。

同样的道理，运输系统分析的要点可以用一句话来概括：在明确目标的基础上，什么人在什么时候和什么地点采用什么方法完成什么事情，直至得到圆满的答案。这句话可以归纳为"5W1H"，即英文词 Why、What、When、Where、Who、How。可以看出，运输系统分析的要点就是在分析时，由系统分析员提出一系列"为什么"，直至问题得到圆满解决为止。

二、运输系统分析的步骤

运输系统分析的一般步骤是：在通过对系统所处的现状进行分析之后，明确系统所要解决的问题，根据问题确立要达到的目标，然后寻找能达到目标的不同备选方案，再建立系统的模型，通过模型对备选方案进行评价，优选出最优或次优的可行方案。

1. 现状分析

在实际的运输系统分析中，只有通过准确的现状分析才能反映出存在的主要问题，随后才能恰当地提出解决方案。开始分析一个运输系统时，常常会觉得它非常复杂，因为运输系统可能包含很多子系统，每个子系统又由许多元素组成，元素之间的关系也是错综复杂。但是，不管多复杂的运输系统，总是可以从以下三个大的方面入手加以分析：

（1）运输对象（货物和旅客）的实际流动。

运输对象的实际流动是运输系统中最明显的一个方面。在分析绝大多数运输系统时，绘制运输对象从起点到讫点流动的示意图是一个很好的分析起始。

（2）支撑运输对象移动的信息流和信息系统。

信息流是伴随着运输对象的实际移动而经过整个系统的，它是现状分析中应该考虑的一个重要内容。

（3）控制整个运输系统的组织和管理结构。

运输过程是由不同的功能部门分别管理的，而且整个运输系统中各个功能部门之间的关系也是十分复杂的，对这些功能部门进行很好的组织和管理是十分重要的。因而，整个运输系统的组织与管理结构也就成为一个重要的分析内容。

同样重要的是要确定决策者对整个运输系统的态度。各种各样的研究结构显示，决策者对改善运输系统的理解和支持是成功的必要要素。因此，分析对今后计划起决定性作用的决策者的主观态度是必不可少的。

2. 明确问题，确立目标

找出问题不仅仅是运输系统中十分困难的部分，也是至关重要的部分，因此，应当给予足够的重视。系统分析首先要明确所要解决的问题以及问题的性质、重点和关键所在，恰当地划分问题的范围和边界，了解该问题的历史、现状和发展趋势，在此基础上确定系统的目标。明确目标对系统分析非常重要，如果目标不明确，那无论怎样进行分析也不会得到正确的结果。本阶段的任务包括阐明问题、划分系统和环境、提出问题的边界和约束条件、确定问题的目标。

3. 分析问题，寻找备选方案

在明确问题、确定目标之后，应广泛收集与所要解决的问题相关的一切资料，包括历史的和现实的。在分析和整理资料时，尤其要重视反映各种要素相互联系和相互作用的资料，尽量搞清楚那些占主要地位的内部和外部要素各自的特点和规律是什么、它们之间的关系是怎样的。在分析问题之后，就要决定系统分析的方法，寻找解决问题的各种可行方案，并进行初步筛选。良好的备选方案是进行良好系统分析的基础。

4. 建立模型（模型化）

由于模型是现实系统的抽象描述，是由一些与所分析的问题有关的主要因素构成，并表明这些要素之间的关系。所以，通过模型的建立，可以确认影响系统功能和目标的主要因素以及其影响程度，确认这些因素的关联程度、总目标和分目标的达成途径及其约束条件。凭借模型，可以对不同方案进行分析、设计和模拟，从而获得各种方案的费用和效益等数据，为选择最优方案提供依据。

实际上，系统分析的每一阶段都要建立模型。值得注意的是，系统工程的模型往往是推测式的，模型的精度不能与具有严密基础的数学模型相提并论；另外，这类模型也难以实验。

5. 备选方案的评价

备选方案的评价就是根据建立的模型，在定量预计各种方案在不同环境下所产生后果的基础上，考虑各种有关的定性因素，并运用已经确定好的评价准则，对各种备选方案进行比较和评价，显示出每一个方案的利弊得失和效益成本，从而获得对所有可行方案的综合评价结论。

在评价备选方案中，一个极其重要的方面是实施方案的可行程度和有关单位接受该方案的可能性。评价方案实施的现实性、难度和成本构成了该选择方案的重要部分。对方案实施条件进行严格而且现实的评价应当是选择方案的第一标准，原因就是，除非方案具有实施的现实可能性，否则它将没有任何价值。因此，对方案实施可行性的说明应当是所有案例分析报告中重要的部分。

系统分析的工作并非一蹴而就，每个步骤环节一次顺利完成的可能性很小，往往由于在某一步骤出现问题，而需返回到前面的步骤，甚至返回到确定目标阶段重新开始，只有这样，才能保证为决策提供完全、准确的信息。所以，运输系统分析是一个需要在信息反馈的基础上不断反复、不断调整的过程，这个过程如图 2-2 所示。

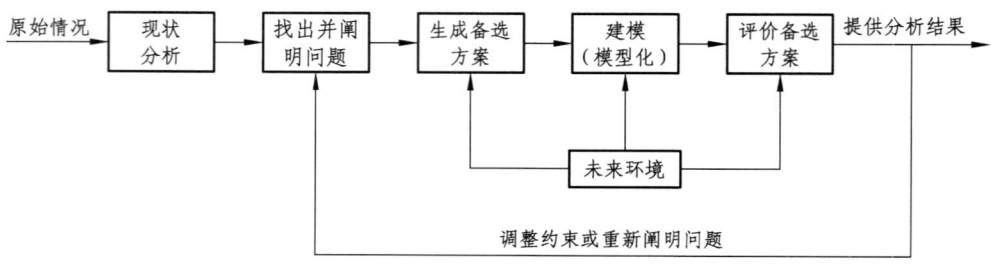

图 2-2 运输系统分析过程

2.2 运输系统目标分析

2.2.1 系统目标分析的意义和原则

一、系统目标分析的意义

系统目标分析是系统分析与系统设计的出发点，是系统目标分析的具体化。通过制定目标，把系统所应达到的各种要求落到实处。系统目标分析的目的，一是论证目标的合理性、可行性；二是获得分析的结果——目标集。应当指出的是，在系统目标和目标系统提出的方式上有时会发生主观愿望较多而客观根据较少的情况。系统目标分析的首要目的就是通过分析和论证，说明总目标建立的合理性，确定系统建立的社会价值，这样就可扫除盲目性，从而避免各种可能的损失和浪费。

对系统目标进行分析，正确地确定系统目标，具有十分重要的意义。因为系统目标的确定将关系到整个系统的方向、范围、投资、周期、人员分配等决策。不少客观实践证明，只有目标明确、有科学依据、符合客观实际，才能产生具有预期价值的系统。当目标不明确、不合理或根本就是错误时，开发出的系统就会变得毫无意义，其结果只会浪费大量的人力、物力、财力和时间。

例如，1960年，曾经有些地方用土法大量制造所谓的超声波发生器，并试图用来提高汽车的行驶速度和节约用油；还有人曾经在降水不到200 mm且无灌溉条件的牧区毁草造田，试图大幅度提高粮食产量等。这些活动虽然都花费了不少人力、物力，但几乎都没能达到预期的目的，主要原因是在系统开发的前期工作中，没有能够很好地进行系统目标分析，对系统开发的可行性没有做认真、细致的分析和研究。

所以，进行运输系统分析的首要任务就是运输系统目标的分析。随着运输系统在国民经济中的地位越来越重要、运输系统的规模越来越庞大，这一工作的意义也就越来越显得重要。

二、系统目标分析的原则

在进行系统目标分析时，必须遵循以下原则：
（1）技术上的先进性；
（2）经济上的合理性和有效性；
（3）和其他系统的兼容性与协调性；
（4）对客观环境变化的适应性。

2.2.2 运输系统目标分析的内容

一、系统目标分析的必要性

系统目标分析的必要性是指改造或新建一个系统究竟是否必要。对这个问题可以从以下四个方面来判断：

1. 现有系统的适应性

现有系统是否出现了与客观环境不适应，或是否出现了与国民经济发展不适应的情况。例如由于石油危机，原来耗油多的大型、豪华型轿车就不再能够适应新的环境，而必须研制生产节油的小型轿车。日本正是看准了这种趋势，及时开发节油小型汽车，才取得了巨大的成功。再如在水上运输系统方面，船舶向大型化，码头建设向专业化、深水化方面发展，这就要求要大力提高港口的装卸能力，码头的装卸工艺及其机械设备也要向大型、高效、自动化的方向发展，否则，就不能适应客观环境的要求。

2. 现有系统的先进性

由于科学技术的进步，现有系统是否过于落后而必须发展新系统。例如港口设备不足，设备陈旧、落后，并有新技术可供采用时，就必须引进新设备、新技术。再如原有的水运通信系统和导航系统的技术、设施早已落后，必须采用新的导航通信设备。目前在水运系统广泛采用计算机技术和最新的通信技术，就是为了使水运业的管理信息系统实现现代化和电子化。

3. 现有系统的竞争性

在客观环境中是否出现了功能超过现有系统的竞争系统。如运输系统工艺的变革，新的替代方式的出现等。比如铁路运输方面，最初采用的是蒸汽机车，以后又相继出现了功能更强、性能更好的内燃机车和电力机车，那么，就应该尽快研制、使用新的动力系统，以使整个系统的性能进一步提高。世界上许多工业发达国家的铁路牵引动力在20世纪50—60年代就以内燃和电力机车取代了蒸汽机车。印度从1971年起停止生产蒸汽机车，在1981—1982年度，内燃机车和电力机车牵引完成的货运量已占86%、客运量占55%。而我国，直到1988年，才停止生产蒸汽机车，在其他运输系统中也存在着技术装备水平落后的状况，影响了运输系统能力的发挥。

4. 系统用户的新要求

系统的用户如果提出了新的要求，就必须根据新的要求改造原有的系统或研制新的系统。如区域经济的开发，产业结构的调整，产生新的运输需求。例如社会、经济的发展，不仅要求有安全、快速、舒适的公路交通设施，而且交通量的密集化、汽车数量的增长，也要求公路要由量的增加到质的提高，要大力加强公路干线的改建和管理工作。在发达国家，从20世纪70年代开始，公路网里程已基本停止增长，但以原有路网为基础的技术改造工程，以及建设高级、次高级路面和高速公路的工程仍在继续。

二、系统目标的可实现性

系统目标的可实现性是指改造或新建一个系统时，提出的系统目标在客观上是否能够实现。如果不能实现，则系统的改造或新建就不能产生实际的效果。对这个问题，可以从以下两个方面来考虑：

1. 系统目标的科学性

系统目标的建立要有科学的依据和充分的论证，不能是空想的、盲目的。

2. 系统目标的可实现性

即考虑在现有的技术水平、经济力量、资源条件下是否能够实现系统的目标。

例如，我国提出1981—2000年的20年间的经济建设目标是：在不断提高经济效益的前提下，力争使我国工农业年总产值翻两番。这个目标就是经过充分论证的、有科学依据的、可实现的目标。这个可实现性可以从两个方面来看：一是从中华人民共和国成立后的历史来看，1953—1981年的29年间全国总产值年递增8.1%；1957—1980年的23年间全国总产值年递增7.6%；1961—1980年的20年间全国总产值年递增6.1%；而1981—2000年的20年间全国总产值年递增为7.2%。从历史增长速度来看，再考虑进去各种有利的条件和不利的因素，拟定的这个目标是可实现的。二是从国外经济发展的情况来看，日本有10年倍增计划；美国等发达国家在相当于我国经济的基础上翻两番用了30多年的时间，再分析有利条件和不利因素，上述目标实现的可能性是相当大的。

三、系统目标的完善性

系统目标的完善是指提出的目标是否充分体现了人们对系统特性要求的多样性和系统本

身所具有的多层次性特点。如果充分体现了这些特点，就说明系统的目的是比较完善的。对这个问题，可以从以下两个方面来考虑：

1. 人们对系统要求的多样性

人们对系统，特别是对那些庞大而且复杂的系统的特性往往存在着多种要求。例如设计一辆小汽车，人们就有性能好、成本低、耗油少、行驶安全、便于维修和美观大方等多方面的要求，这些要求实际上就是开发汽车系统时所要考虑的系统目标。

2. 考虑系统的多层性

由于系统的多层次特点，在改造或新建系统的内部必然存在着层次不同的各级子系统，在分析系统目标的时候，就必须充分考虑这种多层次的特点，不但要分析系统的总目标，还要分析子系统的目标，包括目标的科学性、可实现性以及完善性等。同时，还要考察系统的总目标和各级子系统的局部目标之间、子系统的各个局部目标之间是否协调、是否存在矛盾等。

四、系统有无具体的指标体系

一个系统可能有多个目标，要分为主要目标和次要目标。为了达到某一系统的目标，往往又规定了许多指标，这些指标虽然在数量上很多，但是它们是相互关联、相互影响的，构成了系统的指标体系。确定完善科学和切合实际的指标体系非常重要，只有正确地完成了这一步的工作，以后的工作才有依据。

2.3 运输系统结构分析

2.3.1 运输系统结构的含义

整体性是系统最基本的属性，而系统能够保持它的整体特性，在于它的结构。系统结构是系统内部各要素相互联系、相互作用的方式或秩序，即各要素之间的具体联系和作用的形式，是系统保持整体性以及具有一定功能的内在根据。

交通运输系统的结构，是指交通运输系统的组成要素及其各要素之间的组成方式和相互关系。具体来说，交通运输系统的结构，就是组成该运输系统的各要素（子系统）如铁路运输系统、水路运输系统、航空运输系统、公路运输系统、管道运输系统之间在数量上的比例和在空间上、时间上的联系方式。

运输系统结构分析的目的，就是要弄清和理顺运输系统各构成要素（子系统）之间的关系，为实现系统功能建立起优良的系统结构。

2.3.2 系统结构与系统功能的关系

1. 结构是完成系统功能的基础

要素与结构是功能的内在根据，功能是要素与结构的外在表现。一定的结构总是表现出一定的功能，一定的功能总是由一定的结构系统产生的。只有依靠结构才能把各个孤立的要素组成一个系统，才能具备所需系统的功能。例如，只有把飞机的各个零部件按照设计中规定的结构装配起来，才能形成一个飞行系统，具备飞行功能。如果把同样的那些零部件乱七八糟地堆放在一起，或不按规定而胡乱地拼在一起，则这些零部件就不会具备飞行功能，因而也不是一个飞行系统。所以说，系统结构是完成系统功能的基础，或者说系统的功能必须凭借结构才能够实现。

2. 不同的系统结构产生不同的系统功能和功能效率

系统的结构不仅在量的方面决定着系统功能的有无，而且在质的方面也影响着系统功能的强弱和系统效率的高低。

例如计算机网络，这是一种信息系统。在计算机台数和功能相同的条件下，采用分布式结构，即各计算机均和两个以上计算机相连，其工作的可靠性要比采用集中式或环式结构的可靠性高，一般局部故障都不会造成网络的瘫痪。

如果一个运输管理系统在结构上庞大臃肿，互相重叠，管理功能自然不强，效率自然不高。

系统的结构对系统的功能之所以有这样大的影响，是因为结构不同，组成系统的各个要素互相之间的关系和影响就不会完全相同，因而它们所起的协同作用也就有所差别。合理的结构必然有利于增强组成系统的各个要素之间的联系与影响，有利于增强各个要素联系在一起后所起的协同作用，从而使系统内部以及系统和环境之间的物质、能量、信息的流动方向、流动速度更加合理，变换和转换效率更高。所以，最优的系统结构必然有利于产生最优的系统功能和最高的功能效率。

2.3.3 运输系统结构分析的任务

由于系统的结构决定系统的功能，而且，最优的系统结构有利于产生最优的系统功能和最高的系统功能效率，所以，运输系统结构分析的任务就是：

1. 系统组成要素以及系统结构分析

分析运输系统由哪些要素组成，这些要素之间具有什么样的关系，这些关系产生什么样的系统结构，等等。

2. 系统结构的稳定性分析

系统结构的稳定性表示系统在其寿命周期内可靠地完成系统应有的功能的能力，系统要发挥其功能，保持良好的结构和稳定的运行状态，就必须具有抗干扰的功能。因此，必须重视系统结构稳定性分析。

3. 系统结构的合理性分析

结构决定功能，合理的结构必产生优良的功能，进行运输系统结构合理性的分析，就是要想办法创造结构优良的运输系统，防止运输系统的优良结构转化为不良结构；改进结构不良的运输系统，使其结构向有利的方向转化。

一个运输系统的结构优良，包含了两方面的含义：一是运输系统与国民经济其他系统之间保持一种协调发展的比例关系；二是运输系统内部铁路、公路、水路、航空、管道五种运输方式之间保持一种优化的比例。从目前我国运输体系的结构来看，虽然已经初步形成了以港口为枢纽并通过港口连接公路、铁路、航空和管道的综合运输网框架，但每种运输方式仍有各自的体系，隶属于不同的部门，并且形成一定的规模和独立性，尽管各种运输方式之间存在着可替代性，但这种替代性是建立在增加大量投资和费用上的。因此，对运输系统的结构进行合理性分析，有利于建立起优良的运输系统结构。

从上述三个方面分析运输系统的结构，都是为了提高运输系统的功能。但是运输系统的功能是多方面的，各种功能往往又是互相联系、互相制约、互相影响的。所以，在处理运输系统结构的时候，一定要全面考虑运输系统的各种功能以及各种功能之间的关系。

2.3.4　运输系统的合理结构——交通运输通道

铁路、公路、水路、航空、管道五种运输方式构成了综合交通运输体系，在不同的经济发展时期，不同的运输方式起着不同的作用，体现出不同的运输结构。那么，什么样的交通运输结构才是合理的结构？如何才能建立起合理的交通运输系统的结构呢？

在国家工业化的初期，铁路运输起着主导的作用，但随着生产结构和产品结构的不断变化，对客、货运输的质量都提出了更高的要求，货物运输要求更迅速、方便、安全；客运则要求高速、安全、舒适、方便。由于公路、航空等运输方式比铁路运输能更好地满足这些要求，所以在世界各国，公路和航空运输增长的幅度最大，大大地高于国民生产总值的发展速度，其地位和所起的作用也越来越重要。在经济高度发达的国家，公路已发展成为客、货运输的主要方式，航空也已经发展成为客运的重要方式，铁路运输在各种运输方式的激烈竞争中发展缓慢，甚至有所衰退。管道运输虽然受货种的限制，但由于世界经济对石油、天然气等能源的依赖，管道运输也在继续发展，并形成了自己庞大的运输体系。水运则一直在自己的运输范围内稳步成长。

由于不同的运输方式有不同的优势和劣势，站在单一运输方式的立场上难以建成统一的、合理的综合运输体系结构。因此，运输通道理论就应运而生了。20世纪60年代后期，美国最先提出了"运输通道"（或运输走廊）的概念，目前世界上已有许多国家特别是发展中国家运用"运输通道"来有效地规划和建设自己的运输体系结构，以实现交通运输系统结构的合理性。

关于运输通道的定义，目前较权威的有两种：一是公路运输工作者协会在《道路名词定义》一书中解释为："通道是一具有一定起讫点的连续长条地带，为了交通运输建设，需对地带内的交通量、地形和环境进行评价。"另一是国际公共运输联盟在《公共运输字典》中的解释："通道指的是某一地理区域，为一宽阔的长条地带。它顺着共同方向的交通流向前伸展，把主要交通流发生地连接起来。可能有若干条可供选择的不同运输路线。"运输通道也可以进一步地解释为：它是国家的产业通道，是运输的大动脉。运输通道具有高密度、高效能、高效益的特点。它是各种运输方式的最佳组合和互相补充，其中，主通道往往是由海运、骨干内河和铁路组成。我国综合运输体系建设于20世纪60年代，自80年代开始运用运输通道理论指导规划。经过近20年的建设，交通部、铁道部提出的铁路、公路、水运通道，目前已经形成了多条（组）国家级综合运输通道和区域运输通道。从交通地理的角度，结合我国区际运输分为以下五大运输经济区：东北区；东部北方区；东部南方区；西北区；西南区。与我国运输分区相对应，我国区际运输通道可分为六组，分别是：东北区对外通道、东部北方的横向通道、东部地区的南北向通道、东部南方地区的横向通道、西北地区对外通道、西南地区的对外通道。我国中长期铁路网规划，从综合交通运输系统发展需求和完善路网布局出发，提出实施以路网主通道建设为核心的铁路网主骨架发展模式。路网主骨架由"八纵八横"运输通道组成。公路特别是国道主干线的规划与建设，将对我国运输通道的更大发展产生重大影响，规划的高速公路及公路国道主干线共有"五条纵向干线，七条横向干线"，合计总长 3.5 万千米。因此，以铁路主骨架线路及高速公路（国道干线）形成的运输通道是我国综合交通运输体系的主运输通道。

运输通道的建设不仅是我国现阶段经济系统发展的客观需要，而且，还使我们建立起一个协调发展的运输结构，为解决各种运输方式在全国运输大系统中各自的合理发展规模问题提供了新的思路；使我们可以从全国运输大系统出发，把有限的资金用到运输系统建设的关键部位；国家还可以通过运输通道的建设，引导经济区间的合理联系，促进生产力的合理布局，实现对经济发展的宏观管理。

2.3.5 系统结构分析方法

系统结构分析方法很多，其中一种解释结构模型分析法（Interpretative Structural Modeling，ISM）应用较广，这种方法是利用图论中的关联矩阵原理来分析复杂系统的整体结构的。这种分析方法是根据系统中各要素之间存在的潜在关系（系统中各要素之间都存在一定的关系，有些是直接关系，有些是间接关系，有些是层次关系，有些是并列关系），利用图论中的关联矩阵定量地描述这些关系，从而通过计算建立系统的结构模型，并对该模型进行深入分析。这种方法常用来分析社会、经济、环境、规划、管理等方面的问题，为了解系统结构，制定系统规划提供科学的依据。

一、建立结构分析模型的步骤

（1）提出问题；
（2）确定构成系统的要素集合 S，并将各要素编号，列出要素明细表，记作：

$$S = \{S_1, S_2, S_3\}$$

（3）由有关分析人员进行讨论，找出各要素之间的直接关系，且引入如下二元关系式：

$$S_i RS_j = \begin{cases} 1 & \text{当}S_i\text{与}S_j\text{有直接关系时} \\ 0 & \text{当}S_i\text{与}S_j\text{有直接关系时} \end{cases} \quad (i, j = 1, 2, \cdots, n)$$

以建立各要素间的直接关系矩阵（邻接矩阵）M；
（4）通过对直接关系矩阵的计算，得到可达矩阵 T：

$$T = M^{n+1}$$

式中　n——直接关系矩阵 M 的阶数。

可达矩阵 T 除了反映系统中各要素间的直接关系外，还可以反映出系统中各要素间的间接关系。

（5）将可达矩阵 T 分解成两个集合：

① $R(S_i)$ 集合：包含由 S_i 可能到达的一切有关系的要素集合，称为 S_i 的母集合。

② $A(S_i)$ 集合：包含一切有关系的要素可以到达 S_i 的集合，称为 S_i 的子集合。

（6）计算 $R(S_i)$ 与 $A(S_i)$ 的交集，满足 $R(S_i)A(S_i)=R(S_i)$ 中的要素就是系统的最上位要素，即最高层次的要素。

（7）去掉最高层次要素，重复步骤（6），依次分出系统的第二层、第三层……直至最下层要素。

（8）根据上述分析，画出系统的层次结构图。

由此就可以得到系统的层次结构模型。

二、系统结构分析

下面通过例子来介绍系统结构模型的建立，以及如何利用结构模型进行系统分析。

【例 2-1】 设系统 $S=\{s_1,s_2,s_3,s_4\}$ 由 4 个要素组成，行要素记为 s_i，列要素记为 s_j，$j=1,2,3,4$。

1. 建立直接（邻接）关系矩阵

经分析人员初步分析确定，该系统中 4 个要素之间可建立如下的直接关系矩阵：

$$M = \begin{matrix} & \begin{matrix} s_1 & s_2 & s_3 & s_4 \end{matrix} \\ \begin{matrix} s_1 \\ s_2 \\ s_3 \\ s_4 \end{matrix} & \begin{pmatrix} 1 & 1 & 0 & 0 \\ 1 & 1 & 0 & 1 \\ 1 & 0 & 1 & 0 \\ 0 & 0 & 0 & 1 \end{pmatrix} \end{matrix}$$

即要素 s_1 与 s_2 有直接关系；s_2 与 s_1、s_4 有直接关系；s_3 与 s_1 有直接关系；余此类推。另外，由于每个要素都和自己有直接关系，所以，邻接矩阵主对角线上的元素均为 1。

直接关系矩阵只能反映系统要素之间的直接关系，不能反映系统要素间的间接关系。为了反映出系统要素间的间接关系，就必须对直接关系矩阵进行计算，求出系统的可达矩阵。

2. 求可达矩阵

可达矩阵 $T=M^{n+1}$，具体计算如下：

$$M^2 = M \times M = \begin{pmatrix} 1 & 1 & 0 & 0 \\ 1 & 1 & 0 & 1 \\ 1 & 0 & 1 & 0 \\ 0 & 0 & 0 & 1 \end{pmatrix} \begin{pmatrix} 1 & 1 & 0 & 0 \\ 1 & 1 & 0 & 1 \\ 1 & 0 & 1 & 0 \\ 0 & 0 & 0 & 1 \end{pmatrix} = \begin{pmatrix} 1 & 1 & 0 & 1^* \\ 1 & 1 & 0 & 1 \\ 1 & 1^* & 1 & 0 \\ 0 & 0 & 0 & 1 \end{pmatrix}$$

上述运算遵循布尔运算规则：

$$0+0=0 \quad 1+0=1 \quad 1+1=1$$
$$0\times 0=0 \quad 1\times 0=0 \quad 1\times 1=1$$

$$M^3 = M^2 \times M = \begin{pmatrix} 1 & 1 & 0 & 1 \\ 1 & 1 & 0 & 1 \\ 1 & 1 & 1 & 0 \\ 0 & 0 & 0 & 1 \end{pmatrix} \begin{pmatrix} 1 & 1 & 0 & 0 \\ 1 & 1 & 0 & 1 \\ 1 & 0 & 1 & 0 \\ 0 & 0 & 0 & 1 \end{pmatrix} = \begin{pmatrix} 1 & 1 & 0 & 1^* \\ 1 & 1 & 0 & 1 \\ 1 & 1^* & 1 & 1^* \\ 0 & 0 & 0 & 1 \end{pmatrix}$$

$$M^4 = M^3 \times M = \begin{pmatrix} 1 & 1 & 0 & 1 \\ 1 & 1 & 0 & 1 \\ 1 & 1 & 1 & 1 \\ 0 & 0 & 0 & 1 \end{pmatrix} \begin{pmatrix} 1 & 1 & 0 & 0 \\ 1 & 1 & 0 & 1 \\ 1 & 0 & 1 & 0 \\ 0 & 0 & 0 & 1 \end{pmatrix} = \begin{pmatrix} 1 & 1 & 0 & 1^* \\ 1 & 1 & 0 & 1 \\ 1 & 1^* & 1 & 1^* \\ 0 & 0 & 0 & 1 \end{pmatrix} = M^3$$

矩阵中带"*"号的元素是原直接关系矩阵中所没有的，它反映出了系统要素间的间接关系。由于 $M^4 = M^3$，说明再计算下去已无意义，故有：

$$M^5 = M^4 = M^3 = T$$

即

$$T = \begin{matrix} & s_1 & s_2 & s_3 & s_4 \\ & \begin{pmatrix} 1 & 1 & 0 & 1 \\ 1 & 1 & 0 & 1 \\ 1 & 1 & 1 & 1 \\ 0 & 0 & 0 & 1 \end{pmatrix} \end{matrix} = \begin{matrix} & s_1 & s_2 & s_3 & s_4 \\ & \begin{pmatrix} 1 & 0 & 0 & 0 \\ 1 & 1 & 0 & 0 \\ 1 & 1 & 1 & 0 \\ 1 & 1 & 1 & 1 \end{pmatrix} \end{matrix}$$

可达矩阵 T 反映了系统的总体结构。即不仅反映了系统中各要素之间的直接关系，而且反映了系统中各要素之间的间接关系。

例如：由直接关系矩阵可知，s_1 与 s_4 无直接关系，但是从可达矩阵可知，s_1 与 s_2、s_4 有关系，这说明，s_1 与 s_4 的关系是通过 s_2 传递的。

接下来我们就可以利用系统要素间的可达矩阵 T，进一步进行系统结构的层次分析。即分析系统可以分为几个层次；每个层次又有哪些要素；这些要素是如何互相影响的等。

将可达矩阵 T 分成两个集合：$R(s_i)$ 集合和 $A(s_i)$ 集合，并计算 $R(s_i)$ 和 $A(s_i)$ 的交集，$R(s_i) A(s_i) = R(s_i)$ 中的要素就是系统的最上位要素，即最高层次的要素。去掉最高层次的要素，重复上述步骤，依次可分出系统的第二层、第三层……直至最下层要素。

仍结合例 2-1 进行系统结构的层次分析，其集合 $R(s_i)$、$A(s_i)$ 及集合 $R(s_i)$ 与 $A(s_i)(i,j=1,2,3,4)$ 的交集如表 2-1 所示。

表 2-1 第一次计算结果

要素 s_i	母集合 $R(s_i)$	子集和 $A(s_i)$	$R(s_i) A(s_i)$
1	1, 2, 4	1, 2, 3	1, 2
2	1, 2, 4	1, 2, 3	1, 2
3	1, 2, 3, 4	3	3
4	4	1, 2, 3, 4	4

由表 2-1 可以看出，满足 $R(s_i) A(s_i) = R(s_i)$ 集合只有：

$$R(s_4) A(s_4) = R(s_4) = \{4\} = \{s_4\}$$

故：该系统的最上位要素集合是 $\{s_4\} = \{4\}$，该集合中的要素是系统的最上位要素。

去掉最上位要素 $\{s_4\}$，得集合 $R(s_i)$、$A(s_i)$ 及集合 $R(s_i)$ 与 $A(s_i)(i,j=1,2,3,4)$ 的交集如表 2-2 所示。

表 2-2 第二次计算结果

要素 s_i	母集合 $R(s_i)$	子集和 $A(s_i)$	$R(s_i) A(s_i)$
1	1, 2	1, 2, 3	1, 2
2	1, 2	1, 2, 3	1, 2
3	1, 2, 3	3	3

此时，满足 $R(s_i)A(s_i) = R(s_i)$ 集合的有：

$$R(s_1)A(s_1) = R(s_1) = \{1,2\}$$
$$R(s_2)A(s_2) = R(s_2) = \{1,2\}$$

这说明，系统的第二位要素集合是 $\{1,2\}$，该集合中的要素 s_1、s_2 是系统的第二位要素。去掉第二位要素 s_1、s_2 后，只剩下要素 s_3，该要素就是系统的最下位要素。

由以上步骤可知，该系统的结构可分为三个层次其结构如图 2-3 所示。

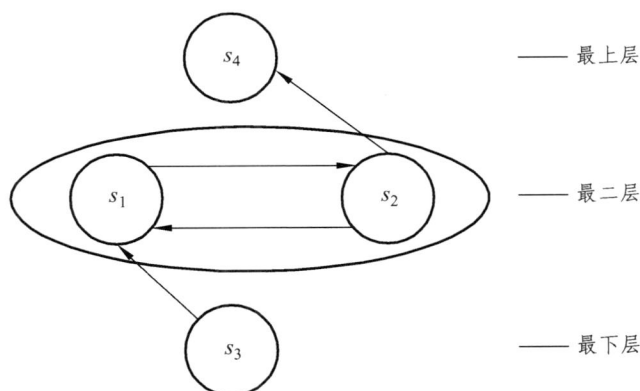

图 2-3 例 2-1 的系统分层有向图

即该系统的第一个层次包含一个要素 s_4，第二个层次中包含两个要素 s_1 与 s_2，最后一个层次中包含一个要素 s_3。

由上面的分析结果，我们还可以将原来的集合 $S = \{s_1,s_2,s_3,s_4\}$ 按层次重新排列：$S = \{s_4,s_1,s_2,s_3\}$。按照新的排列，系统 S 的可达矩阵 T 可以写为：

$$T = \begin{array}{c} \\ s_1 \\ s_2 \\ s_3 \\ s_4 \end{array} \begin{array}{c} s_1\ s_2\ s_3\ s_4 \\ \begin{pmatrix} 1 & 1 & 0 & 1 \\ 1 & 1 & 0 & 1 \\ 1 & 1 & 1 & 1 \\ 0 & 0 & 0 & 1 \end{pmatrix} \end{array} = \begin{array}{c} \\ s_1 \\ s_2 \\ s_3 \\ s_4 \end{array} \begin{array}{c} s_1\ s_2\ s_3\ s_4 \\ \begin{pmatrix} 1 & 0 & 0 & 0 \\ 1 & 1 & 0 & 0 \\ 1 & 1 & 1 & 0 \\ 1 & 1 & 1 & 1 \end{pmatrix} \end{array}$$

在可达矩阵 $\boldsymbol{T}$ 的改写形式中，用虚线框出的部分，是一个子系统，它的元素均为 1，这说明可达矩阵中存在着循环。将此循环去掉，并不改变矩阵 $\boldsymbol{T}$ 的性质。这样，可达矩阵 $\boldsymbol{T}$ 又可以写成：

$$\boldsymbol{T} = \begin{array}{c} \\ C_1 \\ C_2 \\ C_3 \end{array} \begin{array}{ccc} C_1 & C_2 & C_3 \\ \begin{pmatrix} 1 & 0 & 0 \\ 1 & 1 & 0 \\ 1 & 1 & 1 \end{pmatrix} \end{array}$$

其中：$C_1 = \{s_4\}$，$C_2 = \{s_1, s_2\}$，$C_3 = \{s_3\}$。

2.4 运输系统环境分析

2.4.1 环境分析的意义

运输系统工程的目的是实现运输系统的总体最优化。要达到此目的，就必须全面考虑运输系统的各子系统之间、运输系统与环境之间的关系。这是因为：

1. 系统之间的关系保持协调是系统功能发挥的保证

在研究系统的结构时，我们曾明确地指出过：结构是完成系统功能的基础，最优的结构有利于产生最优的功能和最高的功能效率。这就是说，系统的功能不完全取决于系统的结构，系统的结构再好，如果外部环境不能正常地为它提供输入，或不能正常地接受它的输出，或不断地对它进行干扰和破坏，这个系统的功能潜力是很难充分发挥出来的，甚至会根本无法正常地执行系统的功能。

2. 系统之间物质、能量和信息的交换关系是影响系统功能的主导关系

系统之间的关系是多种多样的，有层次关系、包含关系、并列关系等，究竟哪一种关系对系统功能的影响起主导作用？事实表明，对系统功能起主导作用的关系是系统间物质、能量和信息的交换关系。这种关系是系统在变换物质、能量或信息的过程中产生的。这些关系出了问题，物质、能量或信息的流动、变换、转化与循环就会受到阻碍，系统的功能自然就不会正常。所以，研究这种关系对系统功能的影响以及它的形成法则，对科学地规划、设计、管理和控制系统有着极为重要的意义。

2.4.2 系统与环境的关系（Relationships between system and environment）

系统和环境之间的相互影响，主要是通过物质、能量和信息的交换引起的。由于客观世界本身是一个多层次的大系统，某一系统的环境实际上是由另一些系统组成的，所以系统和环境之间的交换关系可以归结为系统和系统之间的交换关系。

由于一个系统对另一个系统的输入、输出起的作用不同，因而，系统间存在的关系就不同。归纳起来，有以下四种关系：

1. 互依关系

如果甲系统需要的某种物质、能量或信息是由乙系统的输出供应的,那么,甲乙两系统之间的关系就叫作互依关系,如图 2-4 所示。

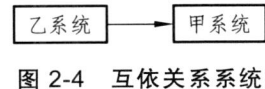

图 2-4 互依关系系统

如交通运输系统与整个国民经济系统之间就是一种互依关系。互依关系,在有的情况下又表现为一种"互补关系",即甲乙两系统在物质、能量、信息或功能上相互补充。比如,交通运输系统与国民经济系统之间也可以说是一种互补关系。

2. 竞争关系

如果甲乙两系统需要同一种输入,且都是由丙系统的输出供应的,或者丙系统需要的某种输入是由甲乙两系统的输出供应的,且甲乙两系统之间再没有其他物质、能量或信息的交换关系,那么,甲乙两系统之间的关系就叫作竞争关系,如图 2-5 所示。

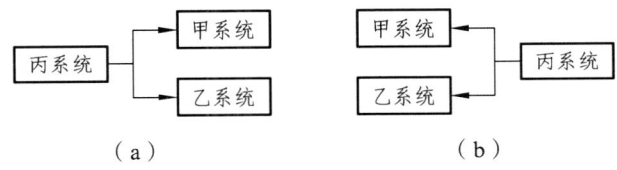

图 2-5 竞争关系系统

图 2-5(a)中所描述的关系中,甲乙两系统是争输入来源;而图 2-5(b)所描述的关系中,甲乙两系统是争输出的场所。上述两种关系都属于竞争关系。在交通运输系统中,各种不同运输方式如铁路运输、水路运输、公路运输、航空运输之间存在的就是既竞争又互补的关系。

运输系统之间的互补关系,表现为在特定的环境和条件下,有时候必须由几种运输方式同时参与才能够完成某种运输任务。而运输系统之间的竞争关系,则表现为在运输系统中各种运输方式之间的可替代性,由此产生了各子系统之间的竞争关系。

系统之间的竞争可能会导致两种不同的结果:一是竞争促进了系统竞争力的提高,使系统的功能不断得到改进;二是导致竞争力弱的系统功能下降、瘫痪甚至崩溃。如资本主义社会的小企业、小工厂因竞争能力弱而竞争失败倒闭就属于后者。了解了竞争系统之间的这种关系以及竞争所可能产生的后果,就要充分利用竞争有利的一面,并对竞争施以适当的控制,以防止不良竞争后果的出现。

3. 吞食关系

如果甲系统的输入是乙系统本身,而且乙系统进入甲系统后,经甲系统的变换作为原系统的基本属性完全消失,那么,甲乙两系统之间的关系就叫作吞食关系。甲系统叫吞食系统,乙系统叫被吞食系统。食物链(网)中各相邻物种之间的关系就是典型的吞食关系。旧轮船拆卸回炉和旧轮船之间的关系也是吞食关系。

4. 破坏关系

如果甲系统的输出传给乙系统后，或甲系统掠取乙系统的组成元素作为自己的输入后，削弱了乙系统的功能，或导致乙系统瘫痪甚至崩溃，那么甲乙两系统之间的关系就叫作破坏关系。交通运输系统给自然环境系统带来的污染、噪声等，就是对自然环境系统的破坏。

如上所述，交通运输系统与环境之间存在着各种复杂的关系，有些是依存关系，有些是竞争关系，有些则是破坏关系。无论是开发一个新系统还是改造一个旧系统的时候，都必须对运输系统与环境之间的关系进行认真的分析，使系统与环境相互协调，共同发展。

2.5 案例分析

案例 2-1 城市地区铁路物流中心选址的原则和环境分析

由于物流需求来源于社会经济活动，其与社会生产、经济生活有着密切的联系，从宏观上看，经济建设与发展的不同阶段对物资需求的数量、品种、规模等有所不同。从微观上看，物流需求因需求主体的不同其形式也会有所不同。从城市角度来看，物流需求主要来源于生产企业的生产资料、产品交换和城市居民的生活资料消费。其中工业企业的生产活动所引致的物流活动是社会物流需求的主要来源。此外，由于城市生产布局规划、社会经济水平、资源分布、用地规模等因素的不均衡分布使城市物流需求在地域空间上存在一定的地域差异和分布形态方面的区别，这种空间分布形态会直接影响物资流动的流量和流向，从而对物流设施规划具有重大的影响。

首先，铁路物流中心的选址过程必须遵循一定的原则：

（1）适应性原则：铁路物流中心的选址须与国家以及省市的经济发展方针、政策相适应，与我国物流资源的分布和需求分布相适应，与国民经济和社会发展相适应。

（2）协调性原则：铁路物流中心的选址应将国家的物流网络作为一个大系统来考虑，使物流中心的设施设备，在地域分布、物流作业生产力、技术水平等方面互相协调。

（3）经济性原则：铁路物流中心发展过程中，有关选址的费用，主要包括建设费用及物流费用（经营费用）两部分。铁路物流中心的选址定在市区、近郊区或远郊区，其未来物流活动辅助设施的建设规模及建设费用，以及运费等物流费用是不同的，选址时应以总费用最低作为物流中心选址的经济性原则。

（4）战略性原则：铁路物流中心的选址，应具有战略眼光：一是要考虑全局，二是要考虑长远。局部要服从全局，目前利益要服从长远利益，既要考虑目前的实际需要，又要考虑日后发展的可能。

基于上述原则，对铁路物流中心选址环境进行分析：

（1）政策环境。

① 党和国家的总方针；

② 国民经济发展的要求；

③ 改革开放的方针。

（2）自然环境。
① 气象条件；
② 地质条件；
③ 水文条件；
④ 地形条件。
（3）经营环境。
① 经营环境；
② 商品特性；
③ 物流费用；
④ 服务水平。
（4）基础设施状况。
① 交通条件；
② 公共设施状况。
（5）其他因素。
① 国土资源利用；
② 环境保护要求；
③ 周边状况。

综上，铁路物流中心的选址应综合运用定性和定量分析相结合的方法，在全面考虑选址影响因素的基础上，粗选出若干个可选的地点，进一步借助比较法、专家评价法、模糊综合评价等数学方法进行量化比较，最终得出较优方案。

案例2-2 港址选择环境分析的内容

港址选择涉及政治、经济、地理、技术、交通、城市设施等因素，因此，必须把影响港址选择的各方面因素分析透彻，科学合理地选择好新港港址。下面以上海新港选址为例，进行如下的环境因素分析：

（1）政策环境。
① 党和国家的总方针；
② 国民经济发展的要求；
③ 改革开放的方针。
（2）物理技术环境。
① 气候条件（风级、浪高）；
② 航道（现状、稳定性、增深可能性）；
③ 暗滩河势（暗滩、河势稳定性以及保存的难易程度；
④ 回淤（淤积量、清淤条件）；
⑤ 地质条件（软土层厚度）；
⑥ 主要港口建筑物（围堰、码头、防波堤的结构及施工条件）；
⑦ 规模（泊位数、船型适应性）；
⑧ 运行与维修（航行、装卸、运行、维修的方便与安全）。

（3）经济与经营环境。

① 投资额；

② 建设周期；

③ 投资回收期；

④ 每年可创造的利润和税金；

⑤ 对农业、渔业、服务行业、航运业、地方工业、上海市、长江流域、全国经济国际贸易收益的影响。

（4）对周围城市及地区的规划与发展的影响。

（5）与全国交通网络的联系及与"老港口"的关系。

（6）资源环境。

① 符合国家能源政策的程度；

② 对上海能源的影响；

③ 需投入的能源（煤、油等）；

④ 电力供应能力；

⑤ 需征用的土地；

⑥ 征用土地的可能性；

⑦ 填土源条件；

⑧ 淡水供应能力；

⑨ 建筑材料的供应；

⑩ 项目的施工力量；

⑪ 副食品供应。

（7）环境保护。

① 废水排放；

② 废气排放；

③ 对生态的影响；

④ 对风景名胜区、名胜古迹的影响。

（8）与国内重大项目的关系。

① 南水北调；

② 三峡工程。

（9）军事。

① 与军港建设的关系；

② 与社会治安、国家安全的关系。

思考与练习

1. 什么是运输系统分析？
2. 运输系统分析的要素和意义是什么？

3. 怎样理解运输系统分析的准则？
4. 运输系统目标分析的内容是什么？意义又何在？
5. 什么是系统结构？怎样理解系统结构与系统功能之间的关系？
6. 什么是系统环境？系统与环境之间都有哪几种关系？
7. 系统结构分析的基本思想及在系统分析中所起作用分别是什么？
8. 为何要判断矩阵进行一致性检验，方法如何？
9. 已知系统 $S=\{s_1, s_2, s_3, s_4, s_5\}$ 的直接关系矩阵为：

$$M = \begin{array}{c} \\ s_1 \\ s_2 \\ s_3 \\ s_4 \end{array} \begin{array}{cccc} s_1 & s_2 & s_3 & s_4 \\ \begin{pmatrix} 1 & 1 & 0 & 0 \\ 0 & 1 & 1 & 0 \\ 0 & 0 & 1 & 1 \\ 0 & 0 & 0 & 1 \end{pmatrix} \end{array}$$

试用结构分析法分析该系统的结构，并建立该系统的层次结构模型。

10. 已知可达矩阵 R，求结构模型。

$$R = \begin{pmatrix} 1 & 0 & 0 & 0 & 1 & 0 & 1 \\ 0 & 1 & 0 & 0 & 0 & 0 & 0 \\ 0 & 0 & 1 & 0 & 1 & 1 & 0 \\ 0 & 1 & 0 & 1 & 0 & 0 & 0 \\ 0 & 0 & 0 & 0 & 1 & 0 & 0 \\ 0 & 0 & 1 & 0 & 1 & 1 & 0 \\ 0 & 0 & 0 & 0 & 1 & 0 & 1 \end{pmatrix}$$

第3章　交通运输系统模型

系统、模型（即系统模型）、仿真（即系统仿真）三个概念是一根链条上的三个环节，是一个工作程序的三个步骤。研究系统要借助模型，有了模型要进行运作——这就是仿真。根据仿真的结果，修改模型，再进行仿真（反复若干次）；根据一系列仿真的结果，得出现有系统的调整、改革方案或者新系统的设计、建造方案，中间穿插若干其他环节。这就是系统工程研究解决实际问题的工作过程。

系统建模是系统研究的核心工作，运筹学等多门课程都是为了解决系统建模问题。系统仿真有专门的课程。这两部分内容在这里只是一个概念，即介绍系统模型的基本概念和构建系统模型的若干思路，介绍系统仿真的几种方法。其中，系统模型部分需要重点掌握，系统仿真部分作为一般了解。

3.1　系统模型的基础理论

一、系统模型的定义和作用

模型可以说是现实系统的替代物。模型反映出系统的主要组成部分、各部分之间的相互作用，以及在运用条件下的因果作用及相互关系。利用模型可以用较少的时间和费用对实际系统作研究和实验，可以重复演示和研究，因此更易于洞察系统的行为。建立模型是科学和艺术的结合，不仅需要科学理论和工程技术知识，也需要实践的经验和技艺。模型是现实系统的理想化抽象或简洁表示，描绘了现实系统的某些主要特点，是为了客观地研究系统而发展起来的。

系统模型是对于系统的描述、模仿和抽象，它反映系统的物理本质与主要特征。列宁认为物质的抽象、自然规律的抽象、价值的抽象以及其他等，一句话，一切科学的（正确的、郑重的、非瞎说的）抽象，都更深刻、更正确、更完全地反映着自然。

二、系统模型的特性

1. 特　征

模型有三个特征：
（1）它是现实世界部分的抽象或模仿；
（2）它是由那些与分析的问题有关的因素构成的；
（3）它表明了有关因素间的相互关系。

模型是描述现实世界的一个抽象。由于模型要描述现实世界，因此它必须反映实际；由于它的抽象特征，因此又应高于实际。在构造模型时，要兼顾它的现实性和易处理性。考虑到现实性，模型必须包含现实系统中的主要因素。考虑到易处理性，模型要采取一些理想化的办法，即去掉一些外在的影响并对一些过程作合理的简化。当然，这样会使模型的现实性有所牺牲。一个好的模型要兼顾到现实性和易处理性。如果偏重哪一方面，都不是一个好的模型。

2. 本　质

利用模型与原型之间某方面的相似关系，在研究过程中可以用模型来代替原型，通过对模型的研究得到关于原型的一些信息。这里的相似关系是指两事物不论其自身结构如何不同，其某些属性是相似的。

3. 作　用

（1）模型本身是人们对客体系统一定程度研究结果的表达。这种表达是简洁的、形式化的。

（2）模型提供了脱离具体内容的逻辑演绎和计算的基础，这会导致对科学规律、理论、原理的发现。

（3）利用模型可以进行"思想"实验。

总之，模型研究具有经济、方便、快速和可重复的特点，它使人们可以对某些不允许进行试验（如社会、经济）的系统进行模拟试验研究，快速显示它们在各种条件下漫长的反映过程，并很经济，可重复进行。

4. 地　位

模型的本质决定了它的作用的局限性。它不能代替对客观系统内容的研究，只有在和客体系统内容研究相配合时，模型的作用才能充分发挥。模型是对客体的抽象，由它得到的结果必须再拿到现实中去检验。系统模型的作用与地位如图 3-1 所示。

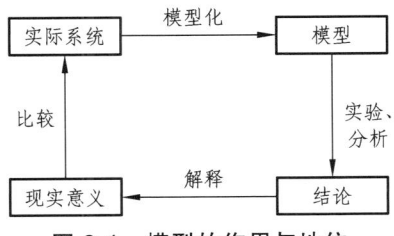

图 3-1　模型的作用与地位

3.2　系统模型的分类及举例

3.2.1　系统模型的分类

一、系统模型的分类方法

1. 模型分类方法之一

从模型的形式来分，模型可以分为三大类：物理模型、数学模型和概念模型。

（1）物理模型　所谓物理的（physical），是广义的，具有物质的、具体的、形象的含义。物理模型又可分为以下几种：

① 实体模型——系统本身。当系统的大小刚好适合在桌面上研究而又没有危险性的时候，就可以把系统本身作为模型（这里所谓桌面上是广义的，当然包括落地式）。

实体模型包括抽样模型，例如标准件的生产检验、胶卷和药品的检验，是从总体中抽取一定容量的样本来进行，样本就是实体模型。

② 比例模型——对于系统的放大或缩小，使之适合在桌面上研究。

③ 模拟模型——根据相似系统原理，利用一种系统去代替另一种系统。这里说的相似系统，是指物理形式不同而有相同的数学表达式，特别是相同的微分方程的系统。在工程技术中，常常是用电学系统代替机械系统、热学系统进行研究。

（2）数学模型是用数学语言对系统所作的描述与抽象。依据所用的数学语言不同，数学模型可以分为以下几类：

① 解析模型——用解析式子表示的模型。

② 逻辑模型——表示逻辑关系的模型，如方框图、计算机程序等。

③ 网络模型——用网络图形来描述系统的组成元素以及元素之间的相互关系（包括逻辑关系与数学关系），如统筹法的统筹图。

④ 图像与表格——这里说的图像是坐标系中的曲线、曲面和点等几何图形，以及甘特图、直方图、切饼图等，它们通常伴有数据表格。

⑤ 信息网络与数字化模型——这是一类新的模型。

（3）概念模型是指如下形式的模型：任务书、明细表、说明书、技术报告、咨询报告等，以及表达概念的示意图。这种模型与数学模型或物理模型相比，在工程技术中很难直接使用。但是在系统工程的工作之初，问题尚不明晰，物理模型和数学模型都很难建立，则不得不采用这一模型。

对各种模型都要一分为二。物理模型来得形象生动，但是不易改变参数。数学模型容易改变参数，便于运算、求最优解，但是很抽象，有时不易说明其物理意义。各类模型对于系统研究的关系如图 3-2 所示。

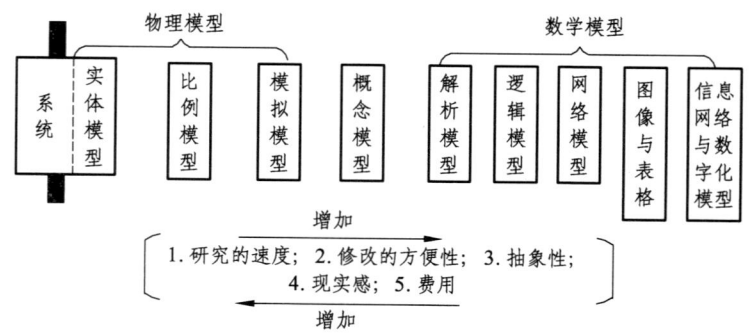

图 3-2 系统模型分类与特征比较

系统工程力求采用数学模型，开展定量研究，实现从定性到定量的综合集成。

2. 模型分类方法之二

这种分类方法如图 3-3 所示，各种模型的意义如下：

（1）同构模型——模型与系统之间存在一一对应关系（同构关系）。
（2）同态模型——模型与系统的一部分存在着一一对应关系（同态关系）。
（3）形象模型——将研究对象经过某种度量的或标尺的变换而得到的模型，模型与对象之间仅存在度量与尺度的差异，如地球仪等。
（4）模拟模型——在不同性质的系统之间建立起同构或同态关系，如电路振荡与机械振动的模拟模型。
（5）符号模型——对象的组成元素与相互间关系都由逻辑符号表示。
（6）数学模型——用数学符号与公式来描述研究对象的结构与内在关系。
（7）启发式模型——运用直观观察、推理或经验，并联系已知的理论与已构成的模型知识，这样建立的模型称为启发式模型。
（8）白箱模型——对研究对象内部的结构和特性完全清楚了解而建立的模型。
（9）黑箱模型——对研究对象内部的结构与特性完全不了解而建立的模型。
（10）灰箱模型——对系统内部结构与特性只有部分了解而建立的模型。

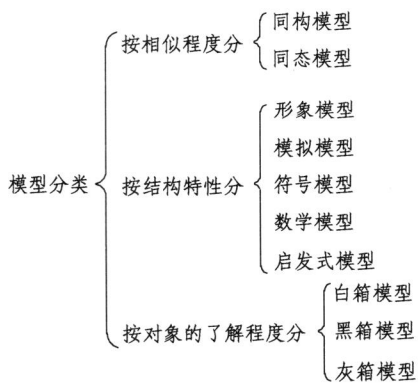

图 3-3　模型分类方法之二

此外，还有不少对系统模型分类的方法，例如：

按照变量的性质，可将数学模型分为确定性模型与随机性模型；

按照变量之间的关系，模型分为线性模型与非线性模型；

按照模型中是否显含时间 t，模型分为动态模型与静态模型；

按照变量取值是否连续，模型分为连续型模型和离散型模型；

根据学科性质，模型还可以分为运筹学模型、计量经济学模型、投入产出模型、经济控制论模型、系统动力学模型等。

二、模型库与模型体系

各种模型的集合，称为模型库。尺有所短，寸有所长，任何一种模型，都有自己的优点与不足。多种模型互相取长补短，组成模型体系，才能解决复杂系统的综合性问题。例如，系统动力学模型适宜于长期的、总量的研究，对于近期的、细节的研究则不精确。计量经济学和线性规划模型恰恰相反。系统动力学与计量经济学模型主要利用时间序列的历史数据，而线性规划与投入产出模型利用横断面数据。在系统工程项目研究中，把各种适用的模型拿来组成一个模型体系，既可以利用纵剖面的历史数据，又可以利用横断面的最新数据；既可以进行宏观的、总量的、长期的研究（战略研究），又可以进行微观的、细节的、近期的研究（战术研究）。同时，还要利用代尔菲（Delphi）法、层次分析法（AHP）等，把一些定性因素量化，实现定量分析与定性分析相结合的研究。

模型库与模型体系不同。首先，模型库中的模型是形式的模型，是封存待用的模型，可以用于任何适用的场合，因而具有普遍适用的意义；而模型体系中的模型已经启封运用于某个特定的课题，它们在形式的框架中已经装进了具体的内容。其次，模型库中封存的各种模型之间没有有机的联系，而模型体系则是依据课题研究的需要，从模型库中选择合适的模型加以配置的。模型体系具有整体的功能。模型库好比是装有全部棋子的木盒，而模型体系则是在棋盘上摆布的阵势。

在同一个系统的各种模型中，不同的模型可能具有类似的功能，如预测功能。于是，同一功能可以用几种不同的模型来实现，它们相互验证、补充和加强。此外，同一种模型也可以在系统的不同层次上建立并交互运行。例如线性规划模型可以建立在全厂层次上，安排全厂的生产计划，也可以建立在车间层次上，安排具体一些的生产计划，它们构成线性规划模型群。模型群是模型体系中的分体系，即完成局部任务的小一些的模型体系。

在一个模型体系中，各个模型的变量允许而且欢迎有交集，即某些变量可以既出现在这个模型中，又出现在那个模型中。其好处是可以相互印证运算结果，修改模型参数，保证研究成果的合理性。

对于系统工程的项目研究而言，选择模型、建立模型体系是十分重要的。而对于系统工程的基本建设而言，开发新模型、充实模型库是十分重要的。系统工程项目研究经验的积累，必将导致新模型的开发、新方法的出现以及新概念与新理念的诞生，从而推动系统工程学科的发展。

3.2.2 常用运输系统模型举例

一、运输问题

1. 问题描述

设某种要调运的物资，有一组供应点（产地或称发地）m 个，一组需求点（销地或称收点）n 个，如果每个供应点的供应量及每个需求点的需求量都已经确定，即第 i 个产地有 a_i 单位的物资发出，第 j 个需求点需要收进 b_j 单位的物资；并且从每一个产地到每一个销地的单位运价是已知的，假定把单位物资从第 i 个产地调运到第 j 个销地去的单位运价为 c_{ij}。

2. 模型的构建

设供应点为 A_i，该供应点的供应量是 $a_i(i=1,2,\cdots,m)$；
设需求点为 B_j，该需求点的需求量是 $b_j(j=1,2,\cdots,n)$；
c_{ij} 为第 i 个供应点到第 j 个需求点的单位运价；
由供应点 A_i 发往需求点 B_j 的物资调运量是 x_{ij} 单位。

假设 m 个供应点的总供应量等于 n 个需求点的总需求量（这样，调运问题满足供需平衡，称为平衡运输问题）。这时，由各供应点 A_i 调出的物资总量应等于它的供应量 $a_i(i=1,2,\cdots,m)$；而每一个需求点 B_j 调入的物资总量应等于它的需求总量 $b_j(j=1,2,\cdots,n)$。

目标函数：

$$\min S = \sum_{i=1}^{m}\sum_{j=1}^{n} c_{ij} \cdot x_{ij} \tag{3-1}$$

约束条件

$$\sum_{j=1}^{n} X_{ij} = a_i \quad (i=1,2,\cdots,m)$$

$$\sum_{i=1}^{m} X_{ij} = b_j \quad (j=1,2,\cdots,n)$$

$$\sum_{i=1}^{m} a_i = \sum_{j=1}^{n} b_j$$

$$x_{ij} \geqslant 0 \quad (i=1,2,\cdots,m;j=1,2,\cdots,n)$$

二、任务分配问题

1. 问题描述

以运输问题的 n 项任务由 n 个司机去完成的情况为例。有 n 个司机被分配完成 n 项运输任务，不同的司机完成某一项任务的费用都不一样。要求每个司机完成其中一项任务，每个任务只能由一名司机完成，则如何分配任务，才能使总的费用最小？

2. 模型的构建

$$\left. \begin{aligned} \min Z &= \sum_{i=1}^{n}\sum_{j=1}^{n} c_{ij} x_{ij} \\ \text{s.t.} \sum_{i=1}^{n} x_{ij} &= 1 \\ \sum_{j=1}^{n} x_{ij} &= 1 \\ x_{ij} &= 0 \text{ 或 } 1 \end{aligned} \right\} \tag{3-2}$$

c_{ij} 表示第 i 个司机完成第 j 项任务的运输成本（工作成本或工作时间等价值系数）；

x_{ij} 表示第 i 个司机去完成第 j 项任务，其值为 1 或 0。当其值为 1 时表示第 i 个司机被分配去完成第 j 项任务；其值为 0 时，表示第 i 个司机不被分配去完成第 j 项任务。

三、货物配装问题

1. 问题描述

货物配装的目的是在车辆载重量为额定值的情况下，合理进行货物的安排，使车辆装载货物的价值最大（如重量最大、运费最低等）。

设货车的载重量上限为 G，用于运送 n 种不同的货物，货物的重量分别为 $W_1, W_2, \cdots, W_n$，每一种货物对应于一个价值系数，分别用 $P_1, P_2, \cdots, P_n$ 表示，它表示价值、运费或重量等。设 X_k 表示第 k 种货物的装入数量。

2. 模型的构建

可以把装入一件货物作为一个阶段，把装货问题看作动态规划问题。一般情况下，动态规划问题的求解过程是从最后一个阶段开始由后向前进行的。由于装入货物的先后次序不影响装货问题的最优解，所以我们的求解过程可以从第一阶段开始，由前向后逐步进行。

$$\begin{cases} \max f(x) = \sum_{k=1}^{n} P_k \cdot X_k \\ \text{s.t.} \sum_{k=1}^{n} W_k \cdot X_k \leq G \\ X_k > 0 \quad (k = 1, \cdots, n) \end{cases} \quad (3\text{-}3)$$

四、品种混装问题

1. 问题描述

在实际的物流过程中，储运仓库（或货运车站）要把客户所需的货物组成整车，运往各地。不同客户的货物，要分别在一站或多站卸货。在装货、运输和卸货的过程中，为了减少装卸、运输过程中出现差错，一般要按照品种、形状、颜色、规格、到达地点把货物分为若干类，在装车时分别进行处理，这就是品种混装问题。

2. 模型的构建

设装车的货物可以分为 1 类，2 类，$\cdots$，m 类，共有 N 件（捆）待运货物。其中 1 类货物有 N_1 件（捆），它们的重量分别分 $G_{11}, G_{12}, \cdots, G_{1N_1}$；2 类货物有 N_2 件（捆），它们的重量分别为 $G_{21}, G_{22}, \cdots, G_{2N_2}$；第 s 类货物共有 N_s 件（捆），它们的重量分别为 $G_{s1}, G_{s2}, \cdots, G_{sN_s}$。以此类推，可以看出：

货物总的件（捆）数：

$$N = \sum_{s=1}^{m} N_s \quad (s = 1, 2, \cdots, m) \quad (3\text{-}4)$$

式中　N_s——第 s 类货物的件（捆）数；
　　　m——货物的种类数；
　　　N——货物的总件数；

设：

$$X_n = \begin{cases} 1 & \text{第 } r \text{ 类第 } s \text{ 件货物装入} \\ 0 & \text{第 } r \text{ 类第 } s \text{ 件货物不装入} \end{cases}$$

品种混装问题要求同一货车内每类货物至多装入 1 件（捆），同一客户的多件同类货物可记作一件（捆）。在这样的假设条件下，可以把品种混装问题的数学模型表示如下：

$$\max\ G = \sum_{r=1}^{m}\sum_{s=1}^{N_r} G_{rs} X_{rs}$$

$$\text{s.t.}\begin{cases} \sum_{s=1}^{m} X_{rs} \leqslant 1\ (r=1,2,\cdots,m) \\ \sum_{r=1}^{m}\sum_{s=1}^{N_r} G_{rs} X_{rs} \leqslant G_0 \end{cases} \tag{3-5}$$

式中 m——货物的类别数;

N_r——第 r 类货物的件数;

G_{rs}——第 r 类第 s 件货物的重量;

G_0——货车载重量的上限。

该数学模型的目的是对合理分类后的货物进行装载,使实际载重量 G 的值最大。该数学模型属于整数规划的问题,可以用单纯形法进行求解。

3.3 系统模型的构建

一、构建系统模型的方法

建立系统模型是一种创造性的劳动。建模方法难以一一列举,这里简单介绍几种思考方法:直接分析法、数据分析法、情景分析法、代尔菲法。

1. 直接分析法

当研究的问题比较简单又足够明确时,可以根据物理的、化学的、经济的规律,通过一般的推理分析将模型构造出来,这就是直接分析法。

2. 数据分析法

有些对象的结构性质不很清楚,但可以对反映系统功能的数据进行分析来探讨系统结构模型。这些数据是已知的,或者是事先按照需要收集起来的。

数据分析法包括抽样调查与统计分析(如全国人口普查)、时间序列分析、相关分析和横断面数据分析。时间序列分析和相关分析通常是用最小二乘法寻找拟合曲线或回归曲线,然后合理外推,预测系统未来情况的。横断面数据分析(某一年度或其他时点的数据)在经济计量学中有多种模型,线性规划与投入产出分析也是利用横断面数据进行分析的。

统计模型一定要进行统计检验。

3. 情景分析法

情景分析法通常用于建立概念模型。情景分析法是设想未来行动所处的环境和状态,预测相应的技术、经济和社会后果。情景分析法大多数靠经验、直觉和逻辑推理。

4. 代尔菲法

这是一种专家调查法。它通过多轮征询专家群体中的个人意见并且进行统计分析,使专家意见的总体质量不断改善。实践表明,代尔菲法构造的集体讨论模式,可以起到和情景分析法模型同样的作用,预测的后果较之会议讨论往往要准确些,适合于预测事件何时发生、某项指标在未来的数值(数量级)等。

二、构建系统模型的一般原则

1. 建立方框图

一个系统是由许多子系统组成的。建立方框图的目的是简化对系统内部相互作用的说明,一个方框代表一个子系统。系统作为一个整体,可用子系统的连接来表示。这样,系统的结构就很清晰。如图 3-4 所示的编组站作业系统,每个子系统用一个方框来表示,每个方框有自己的输入和输出。

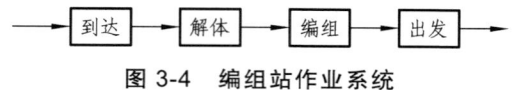

图 3-4 编组站作业系统

2. 考虑信息相关性

模型中只应包括系统中与研究目的有关的那些信息。例如,编组站作业系统优化中,研究编组站能力就不需要考虑编组站作业信息化的状况,否则会增加模型的复杂性。

3. 考虑准确性

建模时,对所收集的用以构模的信息应考虑其准确性。

4. 考虑集结性

模型要素的集结性,就是模型要素的层次性。编组站到达场作业又可以分成接入、检查(车辆检查、商务检查)、推峰这几个环节。

三、构建系统模型的基本步骤

建立数学模型的一般步骤如下:

(1)明确目标;

(2)找出主要因素,确定主要变量;

(3)找出各种关系(内含的科学定律,产品生产的物耗、能耗等);

(4)明确系统的资源和约束条件;

(5)用数学符号、公式表达各种关系和条件;

(6)代入数据进行"符合计算",检查模型是否反映所研究的问题;

(7)简化和规范模型的表达形式。

由于现实系统的复杂性和易变性,往往需要修正现有的模型。有时建立的模型过于复杂,求解困难,这就要把模型加以简化与近似。对模型进行修正与简化的方法通常有:

(1)去除一些变量。例如应用优选法模型时,如果变量太多,验证次数就会大大增加,这时根据已有的经验,抓住其中一两个主要变量进行优选试验,往往可以事半功倍。

（2）合并一些变量。即把性质类同的一些变量合并为一个变量，以减少变量的数目。例如，国民经济平衡模型，本来要考虑成千上万种产品，在我国 1997 年度投入产出表中，为了计算方便，就把它合并为 6 大类 40 个大部门 124 种产品（产品部门）；在《中国国民经济核算体系 2002》一书中我国的国民经济分为 21 个产业部门。

（3）改变变量的性质。通常采用的办法有：把某些变量看成常量；把连续变量看作离散变量；把离散变量看作连续变量；限定变量在一定范围内变动。

（4）改变变量之间的函数关系。把非线性关系近似为线性关系可以简化问题，这是常常采用且行之有效的办法，但是自组织理论告诉我们：对于线性化要保持警惕性，如果在线性化求得解答之后能尝试一下求解原来的非线性问题，也许会有意外的收获。在随机模型中，常用一些熟知的概率分布函数，例如正态分布、指数分布等，去代替那些不太好处理的概率分布函数。

（5）改变约束。增加某些约束，或去掉某些约束，或对约束进行一些修改。一般地，增加约束后得到的解答偏低，称之为保守的或悲观的解。减少约束后得到的解答偏高，称之为冒进的或乐观的解。虽然两者都不是真正的解，但是可以指出解的范围，这在对系统进行初步估计时是很有用处的。

模型有粗细之分。一般地说，在研究一个新系统时，首先是构建一个简单的粗模型，以求得对于系统的解能有一个概略的了解，找到前进的方向，然后将模型逐步细化，求得较为精确的解。

3.4　交通运输系统工程模型技术的新进展

随着系统工程理论的发展和应用的不断深入，系统工程所研究的问题越来越多地涉及复杂系统、非线性系统，传统的模型方法已经不能适应这种研究的需要，规划论、"硬"的优化技术已经很难应对这种局面。

高度非线性及复杂性是现实系统的基本特征，用传统的"硬"技术理解和预测这种多变量、多参数、非线性的复杂系统是不适用的，而且很难建立起合适的数学模型，因此迫切需要建立与之相适应的新的"软"技术。传统的分析方法由于其精确性和定量化而不能处理现实复杂多变的系统。事实表明，在处理这类系统时，必须面对程度越来越高的不精确性和不确定性问题。

随着信息技术和计算机智能化的发展，针对这种情况，Zadeh 提出了一种新的方法——软计算（Soft Computing）。软计算不是一个单独的方法论，而是一个方法的集合。在这个集合中，主要成员包括模糊逻辑控制（Fuzzy Logic Control）、神经网络（Neural Network）、近似推理以及一些具有全局优化性能且通用性强的 Meta-Heuristic 算法，如遗传算法（Genetic

Algorithms，GA）、模拟退火算法（Simulated Annealing，SA）、禁忌搜索算法（Taboo Search，TS）、蚁群算法（Ant System，AS）等。这些方法的特点是，更多地借鉴了生物原理和人的思维，因此有人也称之为"拟人"方法。这些方法更适应于解决管理、经济和复杂的工程大系统问题。

模糊逻辑推广了经典的二值逻辑，可以具有无穷多个中间状态，是处理不精确性和不确定性的有效工具。模糊技术以模糊逻辑为基础，从人类思维中的模糊性出发，对于模糊信息进行量化，其中最重要的一步是利用专家的知识和实际经验来定义相应模糊集的隶属函数。在模糊理论研究中，隶属函数是最基本的研究对象，它的确定主要是靠专家的知识和实际经验，其中包含有主观的因素。但这并不意味着由此建立的理论不可靠。相反，正是因为利用了这一点，模糊集反映了人脑的思维特征，而使得模糊理论在许多以人为主要对象的领域（如管理领域、经济领域）得到了成功应用。模糊控制是基于模糊集的一种"软控制"，相应的控制算法则是人脑思维的量化模拟。所以模糊集及模糊控制理论是智能信息处理、软计算技术的基础。

人工神经网络是模仿人脑生理特征的新型智能信息处理系统，它以模拟生物神经元为基础，使系统具有自适应性、自组织性、容错性等。可以通过优化网络拓扑结构、设计网络连接权的学习算法来改善系统的各种性能。即使一个给定的网络也具有很强的映射能力，所以神经网络是进行曲线拟合、近似实现各种非线性复杂系统的有效工具。人工神经网络开创了用已知的非线性系统去近似实现实际应用中的复杂系统，甚至是"黑箱"的典型范例。由于神经网络从另一个方面反映了人脑的特性，所以它也构成了软计算的基础。

软计算的另一个基本内容是超启发式（Meta-Heuristic）算法，例如其中的遗传算法对目标函数的要求很低，甚至无须知道目标函数的表达式，所以该算法非常适于对非线性复杂系统的研究。

与传统的"硬计算"完全不同，软计算的目的在于适应现实世界遍布的不精确性，以达到可处理性、鲁棒性、低成本求解以及与现实更好地紧密联系。

在软计算方法集合中，每一种方法具有其优点，它们之间是互补的而不是竞争的。这些技术紧密集成，形成了软计算的核心。通过它们的协同工作，可以保证软计算有效地利用人类知识，处理不精确以及不确定的情况，对位置或变化的环境进行学习和调节以提高性能。针对学习和自适应，软计算需要强化计算。

例如，神经网络和遗传算法都是对生物学原理的模拟。遗传算法是基于生物的进化机制，而神经网络则是人脑的典型特征的表现，将二者进行有机结合可以达到很好的实际效果。另一方面，模糊系统的设计可以由遗传算法或神经网络来完成。虽然模糊技术已在许多应用领域取得了成功，专家的知识可以用模糊规则很好地表现出来，但规则的提取和隶属函数的选择却十分困难，这时可以利用神经网络的自学习和自组织性来解决这一问题。分类已知的训练数据并规定模糊规则的数量，用神经网络模糊分割输入空间，通过学习获取相应于所有规则的隶属函数的特性，并生成对应于任意输入矢量的隶属值，这时由神经网络的拟合功能可产生相应的隶属函数。在此过程中，为了解决基于局部区域的梯度学习算法缺乏全局性和易陷入局部最小这类缺陷，并且对网络结构进行优化，可以利用遗传算法来完善相应的功能，获取最佳的效果。反过来，也可凭借模糊系统或神经网络的学习能力来设置遗传算法中的各种参数，包括种群的尺度、交叉概率、变异概率以及算法迭代的步数等，使遗传算法自适应地自我调节和进化。总之，将模糊逻辑、神经网络和遗传算法进行有机结合，可以有效地处理非线性复杂系统，对智能信息进行表示、传递、存储和恢复。

3.5 案例分析

案例　现以美国阿拉斯加东北部的普拉德霍湾油田向美国本土运送原油为例进行系统分析

一、任务与环境

1. 问　题

如何由阿拉斯加东北部的普拉德霍湾油田向美国本土运输原油的问题。

2. 任务和环境

（1）系统开发任务。

要求每天由阿拉斯加的油田向美国本土运送 200 万桶原油。

（2）系统开发环境。

油田处于北极圈内，海湾常年处于冰封状态，陆地更是常年冰冻，最低气温达 $-50\ ℃$。

二、备选方案与分析

1. 最初方案

方案Ⅰ：由海路用游船运输；

方案Ⅱ：用带加温系统的油管输送。

2. 方案分析

方案Ⅰ：其优点是每天仅需四至五艘超级油轮就可满足输送量的要求。存在的问题是：第一，要用破冰船引航，既不安全又增加费用；第二，起点和终点要建造大型油库这是一笔巨额花费，而且考虑到海运可能受到海上风暴的影响，油库的储量应在油田产量的十倍以上。归纳起来这一方案的主要问题是：不安全、费用大、无保证。

方案Ⅱ：其优点是可以用成熟的管道输油技术。存在的问题是：第一，要在沿途设加温站，这样一来管理复杂，而且要供给燃料，然而运送燃料本身又是一件相当困难的事情；第二，加温后的输油管不能简单地铺在冻土里，因为冻土层受热融化后会引起管道变形，甚至造成断裂。为了避免这种危险,有一半的管道需要用底架支撑和做保温处理,这样架设管道的成本费要比铺设地下油管高出三倍。

3. 决策人员的处理策略

(1) 考虑到安全和供油的稳定性,暂把方案Ⅱ作为参考方案,进行近一步的、细致的研究,为规划做准备;

(2) 继续拨出经费,广泛邀请系统分析人员提出新方案。

4. 提出竞争方案Ⅲ

方案Ⅲ:其原理是把含 10%~20%氯化钠的海水加入到原油中去,使在低温下的原油呈乳状液,仍能畅流,这样可以用普通的输油管道运送了。这个方案获得了很高的评价,并取得了专利。其实,这一原理早就用于生产汽车的防冻液了,而将这一运力运用到这个工程来说是一个很有价值的创造。

那么,是否还有其他更好的方案呢?

5. 提出竞争方案Ⅳ

方案Ⅳ:将天然气转换为甲醇以后再加到原油中去,以降低原油的熔点,增加流动性,从而用普通的管道就可以同时输送原油和天然气了。

这个方案的提出充分体现了系统工程方法的综合性和与各种专业知识的相关性。这个方案是由两个系统分析人员马斯登和胡克提出来的,他们对石油的生成和变化有着十分丰富的经验和知识。他们注意到,埋在地下的石油最初是油气合一的,这时它们的熔点非常低,经过漫长的年代以后,油气才逐渐分开。他们提出的方案Ⅳ与方案Ⅲ相比而言更好:第一,不需要运送无用的附加混合剂——海水;第二,不需要另外铺设天然气管道。一条管道既运气又运油,可谓一举两得。

三、方案的选择

最后选定的是方案Ⅳ,由于采用这一方案,仅铺设管道费用就节省了近 60 亿美元,比方案Ⅲ省了一半的费用。

从阿拉斯加原油输送方案的系统分析中,我们可以看到系统分析工作的重要性以及系统工程的价值。假如不进行系统方案的分析,仅在方案Ⅰ、方案Ⅱ上搞优化;不去追寻一系列的为什么,不去寻求更好的系统方案,就不可能得到方案Ⅳ。即使确定了最好的管道直径、管道壁厚,加压泵站的压力和距离等也得不到方案Ⅳ所带来的好处的。

思考与练习

1. 系统模型的定义和作用是什么?
2. 系统模型有哪些主要特征?
3. 模型化的本质和作用是什么?

4. 系统模型有哪些不同分类方法?
5. 什么是模型库?模型库与模型体系的区别?
6. 构建系统模型的主要方法有哪些?
7. 构建系统模型的一般原则是什么?
8. 构建系统模型的基本步骤是什么?
9. 什么是软计算?
10. 软计算与传统"硬计算"的区别?

第4章 交通运输系统预测

4.1 系统预测的概述

4.1.1 系统预测的基本理论

一、预测科学

预测是对未来所发生的事情进行合理的估计，是在研究事物发生、发展所呈现的规律性以及分析现状条件、环境因素制约和影响的基础上，推测事物未来演变的状态和发展的趋势。

在调查研究基础上对事物的未来进行科学分析，研究其发展变化的规律叫作预测分析，预测分析中所采用的方法和手段，称为预测技术。两者总称为预测的理论和方法，把预测的理论和方法作为一个整体来研究的科学叫预测科学，简称为预测。预测指根据客观事物的过去和现在的发展规律，借助科学的方法和手段，对事物的发展趋势和状况进行描述、分析，形成一种科学的假设和判断的理论。预测是一门广泛运用于社会、经济、科学技术等各个领域的新科学。

二、预测的基本原理

（1）整体性原理。事物是由若干相互关联元素构成的有机整体，事物发展变化过程也是一个有机整体，以整体性为特征的系统思想是预测的基本思想。

（2）可知性原理。由于事物发展过程的统一性，即事物发展的过去、现在和将来是一个统一的整体，所以人类不但可以认识预测对象的过去和现在，而且也可以通过过去、现在的发展规律，推测将来的发展变化。

（3）可能性原理。预测对象的发展有各种各样的可能性，预测是对预测对象发展的各种可能性的一种估计。如果认为预测是必然结果，则失去了预测的意义。

（4）相似性原理。把预测对象与类似的已知事物的发展进行类比，可以对预测对象进行描述。

（5）反馈原理。预测未来的目的是为了更好地指导当前工作，因此应用反馈原理不断地修正预测才会更好地指导当前工作，为决策提供依据。

三、预测的特性

（1）科学性与先进性。预测的途径主要是因果分析、类比分析以及统计分析等，其中所采用的手段和技术通常是较先进的。

（2）近似性。预测过程所采用的信息主要从历史资料中获取，历史资料的准确性与完整性都将影响预测的准确程度；同时，预测时需要对实际问题进行抽象、简化，其中包含了一定程度的近似。

（3）不确定性。预测结果所面临的对象往往受外部因素的影响，外部因素的发展常常受到人为因素的干扰，使预测对象的发展变化具有多样性和不确定性。

（4）局限性。近似性和不确定性决定预测结果具有局限性，决策者不能完全按照预测结果进行决策。

（5）导向性。合理的预测结果往往给出了未来发展方向和如何改进现有系统的有用信息，具有良好的导向性。

四、预测的意义

（1）预测本身和预测结果并不是目的，作用体现在被决策者直接或间接地运用于决策。预测结果及预测过程中得到的有关信息可作为决策时的输入数据。

（2）在预测分析过程中，随着预测者和决策者交流的深入，二者对预测对象有了更深刻、更全面的了解和认识，可以得到许多未来可能发生事情的有价值的看法以及有预见性地解决问题的启示和方法。

（3）预测过程本身具有宣传和鼓动作用，往往能帮助决策者调动群众的积极性，预测结果即使不精确，也因具有良好的导向性而帮助决策者实现其战略目标。

4.1.2 系统预测的分类

一、按预测技术的性质分类

（1）定性预测。所谓定性，就是确定预测目标未来发展的性质。定性预测分析大多根据专业知识和实际经验进行，对把握事物的本质特征和大体程度有重要作用。这种预测主要利用直观材料，依靠个人经验，对今后的状况进行预测。常用方法有专家调查法、市场调查法、主观概率法、交叉概率法、类推法等。

定性预测技术是以定性概念判断事物发展趋势、探讨事物变化规律的方法。它特别适用于在缺乏资料或者社会与环境因素是主要影响因素的情况下对事物未来的预测。实践中，有时即使有足够的数据资料，在应用定量预测时，也伴之采用定性预测技术，提高预测的准确性。

定性预测技术的优点是方法简便、灵活，缺点是缺乏数量概念，易带片面性。

（2）定量预测。所谓定量，就是确定未来事件可能出现的具体结果（数据），从数量上来描述事件发展的趋势和程度。

定量预测是指建立在数学、统计学、数理逻辑、控制论、运筹学等基础上，通过图表、数学模型、计算机模拟仿真进行的预测。定量预测方法按其基本依据不同可分为三类：第一类是依据历史统计数据随时间规律性变化建模进行预测，称为时间序列预测，常用的有加权平均法、指数平滑法、灰色预测法等；第二类是把所要预测的对象同其他有关因素联系起来分析，判定出揭示因果关系的模型，根据模型再进行预测，称为相关分析预测，常用的有投入产出法、回归分析法等；第三类是将多种预测方法综合使用的组合预测法。

二、按预测对象分类

（1）社会预测。对有关社会发展问题的预测，如人口增长预测、就业预测、教育预测等。

（2）经济预测。对经济发展速度、总产值、国民经济增长速度、市场需求等问题的预测。

（3）科学预测。对科学发展的趋势、方向、产品发展及新学科的预测。

（4）技术预测。对新技术发明可能应用的领域、范围和速度，以及新设备、新工艺等特点、性能的预测。

（5）军事预测。对战争特点、规模，以及武器装备等与军事有关的问题的预测。

另外预测还可以根据预测期限长短分为近期预测、短期预测、中期预测、长期预测和未来预测。按变量之间的关系可分为因果关系模型、时间关系模型和结构关系模型等。按变量的形式又可分为线性预测模型和非线性预测模型。按变量的数量分为一元模型和多元模型等。

4.1.3 系统预测的步骤

一、预测的基本要素

（1）时间。不同的预测方法适用于不同的预测期限。一般来说，定性预测较多地用于长期观测，而定量预测适宜于各个预测期。

（2）数据。不同的预测方法，适用于不同的数据类型。有的数据按一定周期变化，有的是随机波动的。因此，在选择预测方法时，应注意提供的数据形式。

（3）模型。大多数预测方法都要求运用某种模型。每种模型的应用前提是不同的，在不同问题中应用相同的模型，其功效也是不同的。

（4）费用。预测是一个研究过程，预测费用的多少影响预测方法的选择。

（5）精度。定量预测的精度或准确度对决策者是重要的。不同情况下对预测结果的精度要求可能是不同的。

（6）实用。预测是为决策服务的，只有理解容易、使用方便、结果可信的预测方法才能被广泛使用。

二、预测的步骤

（1）确定目标。为确定预测对象，提出预测目的和目标，明确预测要求等。

（2）确定预测要素。鉴别、选择和确定预测要素，从大量影响因素中，挑选出与预测目的有关的主要影响因素。

（3）选择预测方法。预测方法很多，到目前为止，各类预测方法在150种以上。因此应根据预测的目的和要求，考虑预测工作的组织情况，合理地选择效果较好的、既经济又方便的一种或几种预测方法。

（4）收集和分析数据。根据预测目标和所选择预测方法的要求去收集所需原始数据。原始数据是进行预测的重要依据，对原始数据的要求是数据量足、质量高，只有这样，才能贴切地反映事物的规律。

（5）建立预测模型。建立预测模型是预测的关键工作，它取决于所选择的预测方法和所收集到的数据。建立模型的过程分为建立模型和模型的检验分析两个阶段。只建模型，不进行检验的预测是不令人信服的。只有通过检验的模型，才能用于预测。

（6）模型的分析。对系统内部、外部的因素进行评定，找出使系统转变的内部因素和客观环境对系统的影响。

（7）利用模型预测。所建立的模型是在一定假设条件下得到的，因此也只适用于一定条件和一定预测期限。如果将其推广到更大范围，就要利用分析、类比、推理等方法来确定模型的适用性。只有在确认模型符合预测要求时，才可利用模型进行预测。

（8）预测结果分析。利用模型所得的预测结果并不一定与实际情况符合。因为在建立模型时，往往有些因素考虑不周或因资料缺乏以及在处理系统问题时的片面性等，使预测结果与实际情况偏离较大，故需从两个方面进行分析：① 用多种预测方法预测同一事物，将预测结果进行对比分析、综合研究之后加以修正和改进；② 应用反馈原理及时用实际数据修正模型，使预测模型更完善。预测步骤如图 4-1 所示。

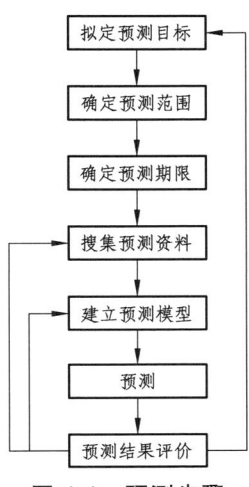

图 4-1　预测步骤

4.2　定性预测方法

4.2.1　个人判断法

个人判断法，又称经验判断法或主观估计法。主要是靠具有丰富经验和综合分析能力的人员在已知必要的背景资料后对未来进行预测的一种方法。该方法是一种即兴的直观预测方法，优点是能够在专家交流中捕捉瞬间的思路，激发创造性思维，产生富有创造性的意见，在交流会议上能够获取的大量信息，可以提供比较全面和广泛的计划、方案。

经验判断法一般通过交流会议进行，会议分为三个阶段：

（1）明确问题。使会议参加者明确要预测的问题是什么。

（2）发表意见。使到会的专家和技术人员对要预测的问题提出各种不同的看法，广泛发表意见。

（3）认真讨论，找出最终满意的答案。

4.2.2　德尔菲法

德尔菲法属于专家调查法的一种，是在专家个人判断和专家会议调查的基础上发展起来的。

由主持单位根据预测目的、要求，设计意见征询表，有选择地聘请一组专家，向他们提供与预测问题有关的资料，发给征询表，要求专家根据自己的经验进行判断，对征询表的问题作出回答。把第一轮征询表收回后，将各位专家的意见归纳整理、列表，再发给各位专家，使他们能把自己的判断和他人的意见进行比较，以修正自己的判断。一般需要经过四轮的意见反馈，直到各专家的意见基本统一以后，询问结束。最后整理预测结果，写出预测报告，对未来进行预测。德尔菲法流程图如图 4-2 所示。

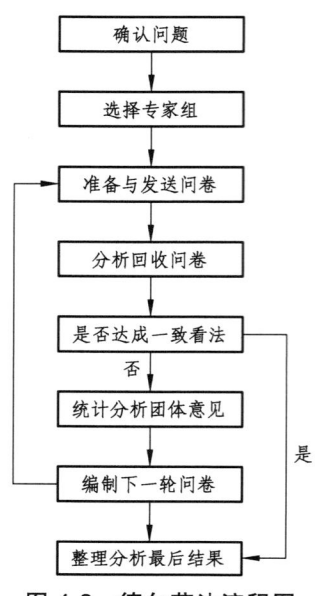

图 4-2　德尔菲法流程图

一、特　点

德尔菲法本质上是一种反馈匿名函询法。其大致流程是：在对所要预测的问题征得专家的意见之后，进行整理、归纳、统计，再匿名反馈给各专家，再次征求意见，再集中，再反馈，直至得到一致的意见。其过程可简单表示如下：

匿名征求专家意见-归纳、统计-匿名反馈-归纳、统计……若干轮后停止。

由此可见，德尔菲法是一种利用函询形式进行的集体匿名思想交流过程。它有三个明显区别于其他专家预测方法的特点，即匿名性、多次反馈、小组的统计回答。

1. 匿名性

因为采用这种方法时所有专家组成员不直接见面，只是通过函件交流，这样就可以消除权威的影响。这是该方法的主要特征。匿名是德尔菲法的极其重要的特点，从事预测的专家彼此互不知道其他有哪些人参加预测，他们是在完全匿名的情况下交流思想的。后来改进的德尔菲法允许专家开会进行专题讨论。

2. 反馈性

该方法需要经过 3~4 轮的信息反馈，在每次反馈中使调查组和专家组都可以进行深入研究，使得最终结果基本能够反映专家的基本想法和对信息的认识，所以结果较为客观、可信。小组成员的交流是通过回答组织者的问题来实现的，一般要经过若干轮反馈才能完成预测。

3．统计性

最典型的小组预测结果是反映多数人的观点，少数派的观点至多概括地提及一下，但是这并没有表示出小组的不同意见的状况。而统计回答却不是这样，它报告 1 个中位数和 2 个四分点，其中一半落在 2 个四分点之内，一半落在 2 个四分点之外。这样，每种观点都包括在这样的统计中，避免了专家会议法只反映多数人观点的缺点。

二、工作流程

在德尔菲法的实施过程中，始终有两方面的人在活动，一是预测的组织者，二是被选出来的专家。首先应注意的是德尔菲法中的调查表与通常的调查表有所不同，它除了有通常调查表向被调查者提出问题并要求回答的内容外，还兼有向被调查者提供信息的责任，它是专家们交流思想的工具。德尔菲法的工作流程大致可以分为四个步骤，在每一步中，组织者与专家都有各自不同的任务。

1．开放式的首轮调研

（1）由组织者发给专家的第一轮调查表是开放式的，不带任何框框，只提出预测问题，请专家围绕预测问题提出预测事件。因为，如果限制太多，会漏掉一些重要事件。

（2）组织者汇总整理专家调查表，归并同类事件，排除次要事件，用准确术语提出一个预测事件一览表，并作为第二步的调查表发给专家。

2．评价式的第二轮调研

（1）专家对第二步调查表所列的每个事件作出评价。例如，说明事件发生的时间、争论问题和事件或迟或早发生的理由。

（2）组织者统计处理第二步专家意见，整理出第三张调查表。第三张调查表包括事件、事件发生的中位数和上下四分点，以及事件发生时间在四分点外侧的理由。

3．重审式的第三轮调研

（1）发放第三张调查表，请专家重审争论。

（2）对上下四分点外的对立意见作一个评价。

（3）给出自己新的评价（尤其是在上下四分点外的专家，应重述自己的理由）。

（4）如果修正自己的观点，也应叙述改变理由。

（5）组织者回收专家们的新评论和新争论，与第二步类似地统计中位数和上下四分点。

（6）总结专家观点，形成第四张调查表。其重点在争论双方的意见。

4．复核式的第四轮调研

（1）发放第四张调查表，专家再次评价和权衡，作出新的预测。是否要求作出新的论证与评价，取决于组织者的要求。

（2）回收第四张调查表，计算每个事件的中位数和上下四分点，归纳总结各种意见的理由以及争论点。

值得注意的是，并不是所有被预测的事件都要经过四步。有的事件可能在第二步就达到统一，而不必在第三步中出现；有的事件可能在第四步结束后，专家对各事件的预测也不一定都是达到统一。不统一也可以用中位数与上下四分点来作结论。事实上，总会有许多事件的预测结果是不统一。

三、原　则

（1）挑选的专家应有一定的代表性、权威性。

（2）在进行预测之前，首先应取得参加者的支持，确保他们能认真地进行每一次预测，以提高预测的有效性。同时也要向组织高层说明预测的意义和作用，取得决策层和其他高级管理人员的支持。

（3）问题表设计应该措辞准确，不能引起歧义，征询的问题一次不宜太多，不要问那些与预测目的无关的问题，列入征询的问题不应相互包含；所提的问题应是所有专家都能答复的问题，而且应尽可能保证所有专家都能从同一角度去理解。

（4）进行统计分析时，应该区别对待不同的问题，对于不同专家的权威性应给予不同权数而不是一概而论。

（5）提供给专家的信息应该尽可能的充分，以便其作出判断。

（6）只要求专家作出粗略的数字估计，而不要求十分精确。

（7）问题要集中，要有针对性，不要过分分散，以便使各个事件构成一个有机整体，问题要按等级排队，先简单后复杂，先综合后局部。这样易引起专家回答问题的兴趣。

（8）调查单位或领导小组意见不应强加于调查意见之中，要防止出现诱导现象，避免专家意见向领导小组靠拢，以至得出专家迎合领导小组观点的预测结果。

（9）避免组合事件。如果一个事件包括专家同意的和专家不同意的两个方面，专家将难以做出回答。

四、实施步骤

德尔菲法的具体实施步骤如下：

（1）确定调查题目，拟定调查提纲，准备向专家提供的资料（包括预测目的、期限、调查表以及填写方法等）。

（2）组成专家小组。按照课题所需要的知识范围，确定专家。专家人数的多少，可根据预测课题的大小和涉及面的宽窄而定，一般不超过20人。

（3）向所有专家提出所要预测的问题及有关要求，并附上有关这个问题的所有背景材料，同时请专家提出还需要什么材料。然后，由专家做书面答复。

（4）各个专家根据他们所收到的材料，提出自己的预测意见，并说明自己是怎样利用这些材料并提出预测值的。

（5）将各位专家第一次判断意见汇总，列成图表，进行对比，再分发给各位专家，让专家比较自己同他人的不同意见，修改自己的意见和判断。也可以把各位专家的意见加以整理，或请身份更高的其他专家加以评论，然后把这些意见再分送给各位专家，以便他们参考后修改自己的意见。

（6）将所有专家的修改意见收集起来，汇总，再次分发给各位专家，以便做第二次修改。逐轮收集意见并为专家反馈信息是德尔菲法的主要环节。收集意见和信息反馈一般要经过三、四轮。在向专家进行反馈的时候，只给出各种意见，但并不说明发表各种意见的专家的具体姓名。这一过程重复进行，直到每一个专家不再改变自己的意见为止。

（7）对专家的意见进行综合处理。

需要我们注意四点：

（1）并不是所有被预测的事件都要经过五步。可能有的事件在第三步就达到统一，而不必在第四步中出现。

（2）在第五步结束后，专家对各事件的预测也不一定都达到统一。不统一也可以用中位数和上下四分点来作结论。事实上，总会有许多事件的预测结果都是不统一的。

（3）必须通过匿名和函询的方式。

（4）要做好意见甄别和判断工作。

五、优缺点

德尔菲法的优点在于其简单易行，可靠性较经验判断法好，能够充分发挥出人的智慧和经验，适用于没有足够信息资料的中长期经济预测与科技预测，还可以支持决策，尤其适用于难以用精确的数学模型处理，需要征求意见的人数较多、人员较分散、经费有限、难以多次开会或因某种原因不宜当面交换意见的问题。

德尔菲法的缺点是受人的主观因素影响较大，如权威人士的影响、心理状态、个人兴趣、主观偏见的影响等，预测需要的时间也较长。由于不同的专家个体，其主观估计意见和一致性不可能完全一样，因此预测结果具有一定的不稳定性。

德尔菲法因存在定性预测的局限性，一般经常与定量预测结合使用。

【例4-1】 用德尔菲法预测某货运站未来的运量情况，预测具体过程如下：

（1）提出问题。预测某货运站未来的运量情况。

（2）聘请专家。聘请4位经济学家、4位科技专家、4位企业家，发放意见征询表，要求每人对该服务区域内未来（以第4年为例）的运输量进行预测，分为最高运输量、最可能运输量和最低运输量3种情况。

（3）意见汇总、整理、计算、分析。经过三轮的意见反馈，得到运输量预测统计（见表4-1）。

表4-1 德尔菲法预测运输量 （万吨·千米）

专家组		第一轮			第二轮			第三轮		
		最低	最可能	最高	最低	最可能	最高	最低	最可能	最高
经济学家	A	1 000	1 500	2 000	1 100	1 500	2 100	1 200	1 600	2 200
	B	1 200	1 300	2 100	1 000	1 600	2 300	1 700	1 900	2 500
	C	900	1 400	1 900	1 000	1 300	1 800	1 200	1 500	2 200
	D	1 320	1 550	2 530	1 350	1 400	2 600	1 200	1 800	2 800
科技专家	A	890	1 230	1 980	900	1 530	2 310	1 200	1 650	2 150
	B	1 250	1 560	1 980	1 000	1 560	2 530	1 100	1 800	3 000
	C	780	1 300	1 800	500	1 350	1 900	750	900	1 700
	D	980	1 560	2 000	1 000	1 200	1 900	1 100	1 500	2 000

续表

专家组		第一轮			第二轮			第三轮		
		最低	最可能	最高	最低	最可能	最高	最低	最可能	最高
企业家	A	1 240	1 860	2 480	1 364	1 860	2 640	1 488	1 984	2 728
	B	979	1 353	2 178	990	1 683	2 541	1 320	1 815	2 365
	C	992	1 488	1 984	1 091	1 488	2 083	1 190	1 587	2 182
	D	1 350	2 100	2 850	1 500	1 950	2 700	1 800	2 250	3 300
合计		12 881	18 120	25 782	12 795	14 821	27 368	15 248	20 286	29 125

（4）根据统计表 4-1，可以求出需要预测的运输量。

取第三轮的预测数，用平均数求解：

最低运输量平均值=15 284/12=1 271（万吨·千米）

最可能运输量平均值=20 286/12=1 691（万吨·千米）

最高运输量平均值=29 125/12=2 427（万吨·千米）

第四年交通量预测值=（1 271+1 691+2 427）/3=1 796（万吨·千米）

4.2.3 前景分析法

前景分析法是对一些兼具合理性和不确定性的事件在未来一段时间内可能呈现的发展态势的假定和描述，旨在预测这些发展态势的发生并比较分析其可能性产生的影响。主要步骤为：

（1）要素分析：确定所要进行预测的相关的每个层面和影响因素。

（2）确定预测主题：明确要预测的内容和目标。

（3）建立新的情景：依据预测主题，寻找资料，充分考虑主题将来会出现的状况。

（4）寻找影响因素：影响因素是指对系统的发展起作用的因素，特别是那些对系统的发展起重要作用的因素。

4.3 时间序列预测法

4.3.1 趋势外推法

所谓时间序列，就是同一变量的一组观察值，按发生的先后次序排列，它的发展变化是有一定规律的。时间序列预测法是以历史时间、序列数据为基础，用概率统计的方法尽可能减少偶然因素的影响，运用一定的数学方法使其向外延伸，预测未来发展变化趋势的一种方法。时间序列预测法的优点是其预测结果人为的主观因素较少、简便易行，费用不大；缺点是不能反映随机受到的外部环境影响，预测结果的可靠性、实用性较差，只适于进行短期预测。

趋势外推法认为事物发展有跳跃过程，但主要还是渐进的，如果掌握了事物过去的发展规律，就可以根据这种规律预测未来。这种方法基于两条假设：决定事物过去发展的因素也将决定未来发展，影响发展趋势的条件在预测期内是不变或变化不大；事物发展过程是渐进变化的，不是跳跃式变化。

趋势外推法预测时一般包括六个阶段：选择预测趋势线的函数类型；收集数据；拟合曲线；趋势外推；预测结果分析和说明；研究预测结果在决策和规划中的应用。趋势外推的实质是利用某种函数分析描述预测对象某参数的发展趋势，常用的函数形式有：直线、多项式、指数曲线、生长曲线等。

【例 4–2】 分析预测 2010 年安徽省道路运输客运量发展水平，历史资料见表 4-2。

表 4-2 安徽省历年客运量

年份	客运量（万人）	年份	客运量（万人）	年份	客运量（万人）
1990	35 706	1995	54 143	2000	58 026
1991	35 186	1996	54 278	2001	58 245
1992	37 213	1997	54 321	2002	62 087
1993	32 682	1998	55 715	2003	59 544
1994	40 440	1999	57 120	2004	65 075

利用数据拟合指数曲线得出预测模型，Y 代表客运量，t 代表自 1990 年起的时间年限，由指数曲线模型得出 2005—2010 年客运量预测结果见表 4-3。

表 4-3 安徽省 2005—2010 年客运量预测值

年份	2005	2006	2007	2008	2009	2010
客运量（万人）	72 549	76 117	79 861	83 790	87 911	92 235

4.3.2 移动平均法

移动平均法是以预测对象最近一组历史数据（实际值）的平均值直接或间接地作为预测值的方法。当预测值得到每一个新的历史数据时，就可以计算出新的平均值用作预测。移动平均法是将原来时间序列的时间跨度扩大，采用逐项推移的方法计算时间序列平均数，形成一个新的时间序列，以消除短期的、偶然性因素引起的变动（即不规则变动），从而使事物的发展趋势更加明显地表现出来。

一次 N 元移动平均法的数学模型为：

$$F_t = (A_{t-1} + A_{t-2} + \cdots A_{t-N})/N \tag{4-1}$$

式中　F_t——对下一期的预测值；

N——移动平均的时期个数；

$A_{t-1}, A_{t-2}, \cdots A_{t-N}$——前期实际值。

移动平均法对序列中最近 N 项观测值的每一项给予相等的权重，而对以前的观测值完全不给权重。移动平均数计算的每个新的预测值，就是对以前的移动平均预测值的调整，随着 N 的增大，预测值间的调整越小，平滑的效果越明显。

移动平均法对模型变化应取决于观测点数 N。对于 N 值一般应根据具体情况，采用折中办法确定，大体有以下四种选择方法：

（1）水平式。趋势保持不变，移动平均值是无偏差的，预测值与 N 值无关。

（2）脉冲式。趋势仅在一段时间内突然增加或减少，随后又保持不变，N 值取得越大，预测值的误差就越小，因此 N 值应取大些。

（3）阶梯式。趋势仅在开始一段时间保持不变，然后增加或减少到一个水平后又保持不变，N 值越小，预测值的误差就越小，因此 N 值应取小些。

（4）斜坡式。趋势周期递增或递减，预测值比实际趋向落后，N 取值应越小越好。

移动平均法的优点是计算简单，一般用于短期预测，缺点是只能预测最近一期的数值，逐期移动、逐期预测，因此要求保存大量的历史资料。移动平均法适用于接近平稳的时间序列预测，时间参数 t 是均匀的，或其均值函数是一常数。

【例 4-3】 某运输公司过去 10 年货运量的统计资料见表 4-4。

表 4-4 历史货运量数据

周期（年）	1	2	3	4	5	6	7	8	9	10
货运量（万吨）	245	250	256	280	274	255	262	270	273	284

用移动平均法分别取 $N=3$ 和 $N=4$ 计算预测该公司当年的货运量（见表 4-5）。

表 4-5 移动平均法预测货运量

实际值 A_t（万吨）	预测值 F_t		绝对误差值 $|A_t - F_t|$	
	$N=3$	$N=4$	$N=3$	$N=4$
245	—	—	—	—
250	—	—	—	—
256	—	—	—	—
280	250.33	—	29.67	—
274	262.00	257.75	12.00	16.25
255	270.00	265.00	15.00	10.00
262	269.67	266.25	7.67	4.25
270	263.67	267.75	6.33	2.25
273	262.33	265.25	10.67	7.75
284	268.33	265.00	15.67	19.00
—	275.67	272.25	—	—
平均绝对误差			13.86	9.92

4.3.3 加权移动平均法

加权移动平均法对各个时期的历史数据赋以不同的权值，来反映不同时期数据对预测对象的影响，一般来说，距预测期较近的数据，对预测值的影响较大，因此其权值也较大；距预测期较远的数据，对预测值的影响较小，因此其权值也较小。加权移动平均法的数学模型为：

$$F_t = w_1 A_{t-1} + w_2 A_{t-2} + \cdots w_N A_{t-N} \tag{4-2}$$

式中　w_1，w_2，…，w_N——与各期相对应的权重；$w_1 + w_2 + \cdots w_N = 1$。

【例 4-4】 用加权移动平均法预测表 4-4 的货运量，取 $N=3$，2，1（见表 4-6）。

表 4-6　加权移动平均法预测货运量

实际值（万吨）	预测值	绝对误差值
245	—	—
250	—	—
256	—	—
280	252.17	27.83
274	267.00	7.00
255	273.00	18.00
262	266.50	3.50
270	261.67	8.33
273	264.83	8.17
284	270.17	13.83
…	278.00	—
平均绝对误差		12.38

4.3.4　指数平滑法

指数平滑法是由布朗（Robert G. Brown）所提出，布朗认为时间序列的态势具有稳定性或规则性，所以时间序列可被合理地顺势推延；他认为最近的过去态势，在某种程度上会持续到最近的未来，所以将较大的权数放在最近的资料。

指数平滑法是生产预测中常用的一种方法。也用于中短期经济发展趋势预测，所有预测方法中，指数平滑是用得最多的一种。简单的全期平均法是对时间数列的过去数据一个不漏地全部加以同等利用；移动平均法则不考虑较远期的数据，并在加权移动平均法中给予近期资料更大的权重；而指数平滑法则兼容了全期平均和移动平均所长，不舍弃过去的数据，但是仅给予逐渐减弱的影响程度，即随着数据的远离，赋予逐渐收敛为零的权数。

也就是说指数平滑法是在移动平均法基础上发展起来的一种时间序列分析预测法，它是通过计算指数平滑值，配合一定的时间序列预测模型对现象的未来进行预测。其原理是任一期的指数平滑值都是本期实际观察值与前一期指数平滑值的加权平均。

指数平滑法利用对历史数据进行平滑来消除随机因素的影响，只需要本期的实际值和本期的预测值便可以预测下一期的数据，不需要保存大量的历史数据。

一次指数平滑法的数学模型为：

$$F_t = ay_t + (1-a)F_{t-1} \tag{4-3}$$

式中　　a——平滑常数（$0<a<1$）；

　　　　F_t——时间 t 的平滑值；

　　　　y_t——时间 t 的实际值；

　　　　F_{t-1}——时间 $t-1$ 的平滑值。

a 的大小对预测值的影响与移动平均法中的观测值个数 N 对预测效果的影响相同。当 a 的值趋近 1 时，新的预测值中将包含一个相当大的调整，即用前次预测中所产生的误差进行调整。相反，当 a 的值趋近 0 时，新的预测值就没有对前次预测的误差做相当大的调整。

当时间数据是水平式时，简单的平滑法能得到有效的结果，并且费用低廉，但这种方法的缺点是：当预测变量的数据模式有较大变化时，指数平滑法的预测效果并不令人满意；在处理长期趋势或水平模式时没有效果；没有一个好办法来确定适当的权数 a 值。

【例 4-5】　对表 4-4 中的数据运用一次指数平滑法进行预测，分别取 $a=0.1$ 和 $a=0.9$ 进行预测，计算结果见表 4-7。由于 $a=0.9$ 时平均绝对误差小于 $a=0.1$ 时的平均绝对误差，因此取 $a=0.9$ 时的预测结果较好。

表 4-7　指数平滑法预测货运量

实际值	预测值		误差值	
	$a=0.1$	$a=0.9$	$a=0.1$	$a=0.9$
245	…	—	—	—
250	245.00	245.00	5.00	5.00
256	245.50	249.50	10.50	6.50
280	246.55	255.35	33.45	24.65
274	249.90	277.54	34.10	3.54
255	252.31	274.35	2.69	19.35
262	252.58	256.94	9.42	5.06
270	253.52	261.49	16.48	8.51
273	255.17	269.15	17.83	3.85
284	256.66	272.62	27.05	11.38
—	259.66	282.86	—	—
平均绝对误差			16.28	9.76

4.3.5　灰色预测模型

灰色理论认为系统的行为现象尽管是朦胧的，数据是复杂的，但它是有序的，是有整体功能的。灰数的生成，就是从杂乱中寻找出规律。同时，灰色理论建立的是生成数据模型，不是原始数据模型，因此，灰色预测是一种对含有不确定因素的系统进行预测的方法。

灰色预测通过鉴别系统因素之间发展趋势的相异程度，即进行关联分析，并对原始数据进行生成处理来寻找系统变动的规律，生成有较强规律性的数据序列，然后建立相应的微分方程模型，从而预测事物未来发展趋势的状况。其用等时距观测到的反应预测对象特征的一系列数量值构造灰色预测模型，预测未来某一时刻的特征量，或达到某一特征量的时间。

灰色预测模型分类：

（1）灰色时间序列预测。即用观察到的反映预测对象特征的时间序列来构造灰色预测模型，预测未来某一时刻的特征量，或达到某一特征量的时间。

（2）畸变预测。即通过灰色模型预测异常值出现的时刻，预测异常值什么时候出现在特定时区内。

（3）系统预测。通过对系统行为特征指标建立一组相互关联的灰色预测模型，预测系统中众多变量间的相互协调关系的变化。

（4）拓扑预测。将原始数据作曲线，在曲线上按定值寻找该定值发生的所有时点，并以该定值为框架构成时点数列，然后建立模型预测该定值所发生的时刻。

一、GM(1,1) 模型的基本原理

人们常用颜色深浅来表示系统信息完备程度，把内部特性已知的信息系统称为白色系统；把未知的或非确知的系统称为黑色系统；既含有已知的、又含有未知的或非确知的信息系统就是灰色系统。1982 年我国学者邓聚龙教授创立了灰色系统，并将其应用于预测分析，取得了很好的效果。

灰色预测是将已知的数据序列按照某种规则构成动态或非动态的白色模块。再按照某种变化、解法来求解未来的灰色模型。具体讲，当一时间序列无明显趋势时，采用累加的方法生成一个趋势明显的时间序列，按该序列增长趋势建立预测模型，并考虑灰色因子的影响进行预测，然后采用"累减"的方法进行逆运算，恢复时间序列，得到预测结果。

灰色预测模型有多种形式。一般的，将预测模型为 n 阶微分方程和 h 个变量的灰色模型记作 GM(n,h)。GM(1,1) 表示是一阶的、单个变量的微分方程，GM(1,n) 表示是一阶的、n 个变量的微分方程。

GM(1,n) 模型有许多用途。但是，变量的值除了依赖自身各时刻的值之外，还要依赖其余 n-1 个变量在各个时期的值。因此，在预测过程中 为了得到预测的值，首先必须预测其余 $n-1$ 个变量的值。这在预测中是不可取的，作为灰色系统理论在预测中的应用，GM(1,n) 模型并不适合。GM(1,1) 模型的计算过程中只涉及变量一个时刻的值，适合预测工作，国内外多领域的使用表明，GM(1,1) 模型预测精度高、使用简便、适用范围广。

灰色预测的另一个重要特点是，模型使用的不是原始数据序列，而是生成的数据序列。灰色预测的数据，不是直接从生成模型得到的数据，而是经过还原后的数据，或者说通过生成数据的 GM 模型得到的预测值，必须进行逆生成处理。

二、GM(1,1) 建模步骤

1. 确定原始数列

$$X^{(1)} = \{X^{(0)}(1), X^{(0)}(2), \cdots, X^{(0)}(n)\} \tag{4-4}$$

2. 对数据进行累加处理

灰色系统建模时，必须采取一定的方式对原始数据进行生成处理，使生成数据序列变成有规律序列。数据的生成方式主要采用累加生成，累加生成即对原始数据列中各时刻的数据依次累加，从而形成新的序列。作一次累加生成，即得生成数列：

$$X^{(1)} = \{X^{(1)}(1), X^{(1)}(2), \cdots, X^{(1)}(n)\} \tag{4-5}$$

一般地，对非负数列，累加生成次数越多，数列的随机性就弱化得越多。当累加生成次数足够大时，时间序列便由随机转变为非随机了。

3. GM(1，1) 模型的建立

可以证明，原始非负序列 $X^{(0)}$ 做一次累加生成的序列 $X^{(1)}$ 具有近似的指数规律，称为灰指数率。所以把生成序列 $X^{(1)}$ 视为 t 的连续函数，建立如下微分方程：

$$\frac{dX^{(1)}(t)}{dt} + aX^{(1)}(t) = b \tag{4-6}$$

式中　　a——发展灰数；

　　　　b——内生控制灰数。

4. 确定 GM(1，1) 预测模型的参数

a,b 为待估参数向量，设参数向量 $B = (a,b)^T$，$Y = (X^{(0)}(2), X^{(0)}(3), \cdots, X^{(0)}(n))^T$，利用最小二乘法求解，可得 B 的估计值：$\hat{B} = \begin{pmatrix} \hat{a} \\ \hat{b} \end{pmatrix} = (X^T X)^{-1} X^T Y$

将已知的 B 代入公式，利用高等数学求解一阶线性微分方程的方法，即可得预测模型：

$$\hat{x}^{(1)}(t+1) = \left[X^{(0)}(1) - \frac{\hat{b}}{\hat{a}} \right] e^{-\hat{a}t} + \frac{\hat{b}}{\hat{a}} \tag{4-7}$$

5. 还原模型

可得原始序列的预测公式为：

$$\hat{x}^{(0)}(t+1) = [\hat{x}^{(1)}(t+1) - \hat{x}^{(1)}(t)] \tag{4-8}$$

6. 模型精度检验

在 t 时刻原始数列的实际值与预测值之差，称为 t 时刻的残差。残差与实际值之比，称为在 t 时刻的相对残差，即

$$\Delta^{(0)}(t) = |X^{(0)}(t) - \hat{x}^{(0)}(t)|, \; t = 1,2,3,\cdots,n \tag{4-9}$$

$$\Phi(t) = \frac{\Delta^{(0)}(t)}{X^{(0)}(t)} * 100\%, \; t = 1,2,\cdots,n \tag{4-10}$$

原始序列的标准差：

$$S_1 = \sqrt{\frac{1}{n-1}\sum_{t=1}^{n}[X^0(t)-\overline{X}^{(0)}]^2} \qquad (4\text{-}11)$$

绝对误差序列的标准差：

$$S_2 = \sqrt{\frac{1}{n-1}\sum_{t=1}^{n}[\Delta^0(t)-\overline{\Delta}^{(0)}]^2} \qquad (4\text{-}12)$$

标准差比：

$$C = \frac{S_2}{S_1} \qquad (4\text{-}13)$$

按 $|\Delta^{(0)}(t)-\overline{\Delta}^{(0)}|<0.6745S_1$ 的频率估算小误差概率：

$$P = P\{|\Delta^{(0)}(t)-\overline{\Delta}^{(0)}|<0.6745S_1\} \qquad (4\text{-}14)$$

一般按照表 4-8 的标准来判定精度等级。

指标 C 越小越好，它表明尽管原始数据很离散，但是模型所得值与实际值之差并不太离散。指标 P 越大越好，它表明残差与残差平均值之差小于给定值。按 C 和 P 两个指标，由表 4-8 可综合评定预测模型的精度等级。凡是精度等级"不合格"或"勉强"者，应予以修正。

表 4-8　灰色预测精度等级

预测模型精度等级	好	合格	勉强	不合格
P	> 0.95	> 0.80	0.70	≤ 0.70
C	< 0.35	0.50	< 0.65	≥ 0.65

三、应用 GM(1，1) 模型进行预测

【例 4-6】　某公路历年交通量数据见表 4-9，利用 GM(1,1) 模型预测远景交通量。

表 4-9　历年交通量

年份	1995	1996	1997	1998	1999	2000
平均日交通量（千辆/日）	26.7	31.5	32.8	34.1	35.8	37.5

同时得到离散时间预测模型为：

$$\hat{x}^{(0)}(t+1) = 713.006e^{0.0431t} - 686.306$$

（1）还原并进行后检验，计算结果列于表 4-10。

表 4-10 检 验 值

年份	K	计算值	原始值	残差	误差
1996	1	8 167	8 013	-154	-1.92
1997	2	9 325	9 353	28	0.3
1998	3	10 646	10 821	175	1.62
1999	4	12 154	12 304	150	1.22
2000	5	13 878	13 755	-123	-0.89

故预测精度等级为好，该预测模型可以应用。

（2）预测远景交通量。

将远景年的时间值代入 GM(1,1) 模型相应函数，预测得到交通量（见表 4-11）。

表 4-11 远景交通量预测

年份	2001	2003	2006
预测年均日交通量（n/d）	15 843	20 653	26 921

4.4 回归分析预测法

4.4.1 一元线性回归

事物内部的变化关系一般分为两类：变量间是一种确定的函数关系；变量间是一种不确定的相关关系。回归分析预测法就是对其中具有相关关系的变量，通过数理统计方法建立起变量间的回归方程，从而对变量间的密切程度进行描述，并实现对变量回归的估计和测定，进而应用回归方程进行预测。回归分析预测模型按照变量的个数，可以分为一元回归分析和多元回归分析；按照变量之间的关系，又可以分为线性回归分析和非线性回归分析。其中大多数非线性回归分析的问题都可以转化为线性回归分析的问题来处理，且多元回归分析的原理又同一元回归分析的原理一致。

回归分析的主要步骤如下：

（1）收集资料。通过调查分析，确定待预测变量可能的相关因素，并收集和处理这些因素的相关统计资料。

（2）初步建立预测模型。应用相关知识及实践经验对预测目标和影响因素作定性分析，确定是否存在相关关系，若存在，选取回归模型。

（3）计算模型中的参数。根据最小二乘法估计参数，求出回归方程。

（4）检验模型，确定回归预测模型。由于任意给定样本值，都可以建立一个回归方程，根据所给的样本所建立的回归方程不一定反映事物发展的内在规律。因此，在运用回归方程进行预测之前，必须对回归方程和回归系数进行检验。

（5）利用模型进行预测。利用模型进行预测并讨论预测结果的置信度。

一元线性回归方程如下：

$$Y = a + bX \tag{4-15}$$

式中 Y——因变量；
X——自变量；
a, b——参数。

对于每一个 x_i，就有一个对应的估计值 $\hat{y}_i$，估计值 $\hat{y}_i$ 与实际值 y_i 存在着离差，设两者之间的离差为 e_i，则：

$$e_i = y_i - \hat{y}_i = y_i - a - bx_i \tag{4-16}$$

离差的平方和为：

$$\sum_{i=1}^{n} e_i^2 = \sum_{i=1}^{n} (y_i - a - bx_2)^2 \tag{4-17}$$

离差平方和反映了 n 个统计数据 y_i 与回归总方程的偏差程度。根据最小二乘法原理，离差平方与最小的回归方程为最优方程，即满足：

$$\min \sum_{i=1}^{n} e_i^2 = \min \sum_{i=1}^{n} (y_i - a - bx_i)^2 \tag{4-18}$$

满足上式的 a 和 b 就是要求的回归方程的参数 a 和 b。

参数 a 和 b 可用下列公式计算：

$$b = \frac{L_{XY}}{L_{XX}} \tag{4-19}$$

$$a = \overline{y} - b\overline{x}$$

式中

$$\overline{x} = \frac{1}{n} \sum_{i=1}^{n} x_i$$

$$\overline{y} = \frac{1}{n} \sum_{i=1}^{n} y_i$$

$$L_{XX} = \sum_{i=1}^{n} (x_i - \overline{x})^2 = \sum_{i=1}^{n} x_i^2 - \frac{1}{n} (\sum_{i=1}^{n} x_i)^2$$

$$L_{XY} = \sum_{i=1}^{n} (x_i - \overline{x})(y_i - \overline{y}) = \sum_{i=1}^{n} x_i y_i - \frac{1}{n} (\sum_{i=1}^{n} x_i)(\sum_{i=1}^{n} y_i)$$

一元线性回归的相关性检验一般可采用相关系数检验，相关系数是反映两变量间是否存在相关关系，以及这种相关关系的密切程度。相关系数用 r 表示，其计算公式如下：

$$r = \frac{L_{XY}}{\sqrt{L_{XX} L_{YY}}} \tag{4-20}$$

相关系数的符号很重要，正号代表正相关，r 在 $0\sim1$；负号代表负相关，r 在 $-1\sim0$。当 $r=1$ 时，表示变量完全线性相关；当 $r=0$ 时，表示变量不存在线性相关。当 $0<r\leqslant0.3$ 时，为微弱相关；当 $0.3<r\leqslant0.5$ 时，为低度相关；当 $0.5<r\leqslant0.8$ 时，为显著相关；当 $0.8<r\leqslant1$ 时，为高度相关。

【例 4-7】 某市社会总产值与货运量之间有线性相关关系（见表 4-12），试建立数学模型，并预测该市社会总产值达 60 亿元时，该市的货运量是多少？

表 4-12 某市社会总产值与货运量之间的关系

社会总产值（亿元）	38.4	42.9	41.0	43.1	49.2	55.1
货运量（千万吨）	15.0	25.8	30.0	36.6	44.4	50.4

回归模型系数列于表 4-13。

表 4-13 回归模型系数

序号	总产值 X	货运量 Y	XY	X^2	Y^2
1	38.4	15.0	576	1 474.56	225
2	42.9	25.8	1 106.82	1 840.41	665.64
3	41.0	30.0	1 230	1 681	900
4	43.1	36.6	1 577.46	1 857.61	1 339.56
5	49.2	44.4	2 184.48	2 420.64	1 971.36
6	55.1	50.4	2 377.04	3 036.01	2 540.16
合计	269.7	202.2	9 451.8	12 310.23	7 641.72

$9\,451.8 - 9\,088.89 = 362.91$

相关系数检验：

$$L_{XX} = \sum_{i=1}^{n}(x_i - \bar{x})^2 = \sum_{i=1}^{n}x_i^2 - \frac{1}{n}(\sum_{i=1}^{n}x_i)^2 = 12\,310.23 - \frac{1}{6}\times 269.7^2 = 187.22$$

$$L_{YY} = \sum_{i=1}^{n}(y_i - \bar{y})^2 = \sum_{i=1}^{n}y_i^2 - \frac{1}{n}(\sum_{i=1}^{n}y_i)^2 = 7\,641.72 - \frac{1}{6}\times 202.2^2 = 827.58$$

$$L_{XY} = \sum_{i=1}^{n}(x_i - \bar{x})(y_i - \bar{y}) = \sum_{i=1}^{n}x_iy_i - \frac{1}{n}(\sum_{i=1}^{n}x_i)(\sum_{i=1}^{n}y_i) = 9\,451.8 - \frac{1}{6}\times 269.7 \times 202.2 = 362.91$$

$b = \dfrac{L_{XY}}{L_{XX}} = \dfrac{827.58}{187.22} = 4.420$，$a = \bar{y} - b\bar{x} = 33.7 - 4.420 \times 44.95 = -164.979$

则所求的线性回归方程为：$Y = -164.979 + 4.420X$

相关系数为：$r = \dfrac{L_{XY}}{\sqrt{L_{XX}L_{YY}}} \dfrac{362.91}{\sqrt{187.22 \times 827.58}} = 0.922$

$r = 0.922$ 属于高度相关，说明货运量与社会总产值之间的相关性很高。

4.4.2 多元线性回归

当预测对象 y 受多个因素影响时，如果与 y 之间具有线性相关关系，则可以建立多元线性回归模型进行分析和预测，其一般形式如下：

$$\hat{Y} = a + b_1 X_1 + b_2 X_2 + \cdots + b_m X_m \tag{4-21}$$

多元线性回归分析的方法与一元线性回归分析基本相同，只是变量更多，计算更为复杂，和一元线性回归预测模型一样，多元线性回归模型建立时也采用最小二乘法估计模型参数。求下式的最小值：

$$\sum_{l=1}^{m}(Y_i - \hat{Y}_i)^2 = \sum_{l=1}^{m}(Y_i - a - b_1 X_{1i} - b_2 X_{2i} - \cdots - b_m X_{mi})^2 \tag{4-22}$$

对上式中的 a, b_i 分别对求偏导，并令其等于零，得到：

$$L_{11}b_1 + L_{21}b_2 + \cdots + L_{m1}b_m = L_{Y1}$$

$$L_{12}b_1 + L_{22}b_2 + \cdots + L_{m2}b_m = L_{Y2}$$

$$\cdots\cdots$$

$$L_{1m}b_1 + L_{2m}b_2 + \cdots + L_{mm}b_m = L_{Ym}$$

$$a = \bar{Y} - \sum_{i=1}^{m} b_i \bar{X}_i \tag{4-23}$$

上式中：

$$\bar{X}_i = \frac{1}{n}\sum_{k=1}^{n} X_{ik} \quad (i=1,2,3,\cdots,m)$$

$$\bar{Y} = \frac{1}{n}\sum_{k=1}^{n} Y_k$$

$$L_{ij} = \sum_{k=1}^{n}(X_{ik} - \bar{X}_i)(X_{ik} - \bar{X}_j) = \sum_{k=1}^{n} X_{ik} X_{jk} - \frac{1}{n}(\sum_{k=1}^{n} X_{ik})(\sum_{k=1}^{n} X_{jk}) \quad (i,j=1,2,3,\cdots,m)$$

$$L_{Yj} = \sum_{k=1}^{n}(Y_k - \bar{Y})(X_{jk} - \bar{X}_j) = \sum_{k=1}^{n} X_{jk} Y_k - \frac{1}{n}(\sum_{k=1}^{n} X_{jk})(\sum_{k=1}^{n} Y_k) \quad (i,j=1,2,3,\cdots,m)$$

$$L_{YY} = \sum_{k=1}^{n}(Y_k - \bar{Y})^2 = \sum_{k=1}^{n}(Y_k - \hat{Y}_k)^2 + \sum_{k=1}^{n}(\hat{Y}_k - \bar{Y})^2 \tag{4-24}$$

同一元线性回归分析一样，对已经确定的多元线性回归分析模型能否较好地反映事物之间的内在规律，要进行线性相关的检验。全相关系数是反映因变量受许多自变量共同影响而变化的相关程度的指标，计算公式如下：

$$R = \sqrt{\frac{b_1 L_{Y1} + b_2 L_{Y2}}{L_{YY}}} \quad (0 \leqslant R \leqslant 1) \tag{4-25}$$

【例 4-8】 某地区客运周转量的增长与该地区总人口的增长和人均月收入有关。已经掌握近 10 年的有关资料，见表 4-14，如果预测 5 年后该地区的总人口为 430 万人，人均月收入为 72.5 美元，预测该地区 5 年后的客运周转量。

表 4-14 相关数据及计算

序号	客运周转量 Y（千万人千米）	总人口数 X_1（万人）	人均月收入 X_2（美元）	YX_1	YX_2	$X_1 X_2$	X_1^2	X_2^2	Y^2
1	70	200	45	14 000	3 150	9 000	40 000	2 025	4 900
2	74	215	42.5	15 910	3 145	9 137.5	46 225	1 806.25	5 476
3	80	235	47.5	18 800	3 800	11 162.5	55 225	2 256.25	6 400
4	84	250	52.5	21 000	4 410	13 125	62 500	2 756.25	7 056
5	88	275	55	24 200	4 840	15 125	75 625	3 025	7 744
6	92	285	57.5	26 220	5 290	16 387.5	81 225	3 306.25	8 464
7	100	300	60	30 000	6 000	18 000	90 000	3 600	10 000
8	110	330	57.5	36 300	6 325	18 975	108 900	3 306.25	12 100
9	112	350	62.5	39 200	7 000	21 875	122 500	3 906.25	12 544
10	116	360	65	41 760	7 540	23 400	129 600	4 225	13 456
合计	926	2 800	545	267 390	51 500	156 187.5	811 800	30 212.5	88 140

客运量与总人口、人均月收入存在相关关系，现用二元线性回归方程进行分析：

$$L_{11} = \sum_{k=1}^{10}(X_{1k} - \bar{X}_1)^2 = \sum_{k=1}^{10} X_{1k}^2 - \frac{1}{10}(\sum_{k=1}^{10} X_{1k})^2 = 811\,800 - \frac{1}{10} \times 2\,800^2 = 27\,800$$

$$L_{12} = \sum_{k=1}^{10}(X_{1k} - \bar{X}_1)(X_{2k} - \bar{X}_2) = \sum_{k=1}^{10} X_{1k} X_{2k} - \frac{1}{10}(\sum_{k=1}^{10} X_{1k})(\sum_{k=1}^{10} X_{2k})$$

$$= 156\,187.5 - \frac{1}{10} \times 2\,800 \times 545 = 3\,587.5$$

$$L_{22} = \sum_{k=1}^{10}(X_{2k} - \bar{X}_2)^2 = \sum_{k=1}^{10} X_{2k}^2 - \frac{1}{10}(\sum_{k=1}^{10} X_{2k})^2 = 30\,212.5 - \frac{1}{10} \times 545^2 = 510$$

$$L_{Y1} = \sum_{k=1}^{10} X_{1k} Y_k - \frac{1}{10}(\sum_{k=1}^{10} X_{1k})(\sum_{k=1}^{10} Y_k) = 267\,390 - \frac{1}{10} \times 2\,800 \times 926 = 8\,110$$

$$L_{Y2} = \sum_{k=1}^{10} X_{2k} Y_k - \frac{1}{10}(\sum_{k=1}^{10} X_{2k})(\sum_{k=1}^{10} Y_k) = 51\,500 - \frac{1}{10} \times 545 \times 926 = 1\,033$$

$$L_{YY} = \sum_{k=1}^{n}(Y_k - \bar{Y})^2 = \sum_{k=1}^{n}(Y_k - \bar{Y}_k)^2 + \sum_{k=1}^{n}(\hat{Y}_k - \bar{Y})^2$$

得到方程组：

$$27\ 800 b_1 + 3\ 587.5 b_2 = 8\ 110$$

$$3\ 587.5 b_1 + 510 b_2 = 1\ 033$$

$$b_1 = 0.329, \quad b_2 = -0.289$$

$$a = \bar{y} - b_1 x_1 - b_2 x_2 = 92.6 - 0.329 \times 280 - (0.289) \times 54.5 = 16.23$$

因此所求的回归方程为：$\hat{Y} = 16.23 + 0.329 X_1 - 0.289 X_2$

对得到的回归方程进行相关性检验，相关系数：

$$R = \sqrt{\frac{b_1 L_{Y1} + b_2 L_{Y2}}{L_{YY}}} = 0.991$$

可见变量 X_1、X_2 与 Y 之间的线性相关关系高度显著，得到回归方程能够很好地反映客运量与总人口和人均收入之间的关系。

将预测年份总人口、人均收入代入方程，得到预测年份客运周转量为：

$$\hat{Y} = 16.23 + 0.329 X_1 - 0.289 X_2 = 136.7 \text{（千万人千米）}$$

4.4.3 非线性回归

实际问题中，有时因变量与自变量间的依存关系并非都是线性关系，而是存在非线性关系，通常的做法是采用变量代换法将非线性回归问题转化成线性回归问题，利用线性回归方法求解，常见的非线性回归模型线性化处理方法见表 4-15。

表 4-15 常见的非线性回归模型的线性化处理

线性回归类型	函数形式	变换手段	变量代换	线性回归模型
指数回归	$y = ae^{bx}$	等式两边取对数 $\log y = \log a + bx$	$Y = \log y$ $A = \log a$	$Y = A + bx$
幂回归	$y = ax^b$	等式两边取对数 $\log y = \log a + bx$	$Y = \log y$ $A = \log a$ $X = \log x$	$Y = A + bX$
皮尔函数回归	$y = \dfrac{k}{(1 + ae^{-bx})}$	等式两边取对数 $\ln\left(\dfrac{k}{y} - 1\right) = \ln a - bx$	$Y = \ln\left(\dfrac{k}{y} - 1\right)$ $A = \ln a$ $B = -b$	$Y = A + Bx$
抛物线回归	$y = a_0 + a_1 x + a_2 x^2$		$x_1 = x$ $x_2 = x^2$	$y = a_0 + a_1 x_1 + a_2 x_2$
双曲线回归	$\dfrac{1}{y} = a + \dfrac{b}{x}$		$Y = \dfrac{1}{y}$ $X = \dfrac{1}{x}$	$Y = a + bX$

4.5 投入产出预测法

一、概　念

投入产出方法是一种经济数学方法,是经济和数学结合的产物。投入产出可用于研究经济系统中各子系统之间的投入与产出之间的相互关系,进行经济预测、经济计划、政策模拟以及综合平衡。所谓投入,指的是从事一项经济活动的消耗。如生产过程以及运输过程中所消耗的原材料、辅助材料、能源、机器设备和人的劳动等,就是从事生产和运输活动的投入。而产出,则指的是从事经济活动的结果。如生产活动的结果,是得到一定数量的产品;运输活动的结果,是得到一定数量的运输量,这些都是它们的产出。投入产出分析的最大特点就是对复杂的经济系统及其相互关系能够比较准确、全面和清晰的地反映出来,因而该方法广泛应用于国民经济这一相互交织复杂系统中的宏观经济预测、经济分析、政策模拟、计划制定和经济控制领域等。

二、发　展

产出法是美国经济学家 W. 列昂捷夫首先提出的。但与这一类模型有联系的早期研究可追溯到 1758 年发表的 F. 奎奈的经济表、19 世纪到 20 世纪初数理经济学派 L. 瓦尔拉的全局均衡理论以及苏联编制的国民经济平衡表。1904 年,俄国经济学家德米特里耶夫提出了计算产品完全劳动消耗的思想和公式。在前人工作的基础上列昂捷夫在 1936 年发表《美国经济系统中的投入与产出的数量关系》一文中正式提出投入产出法。50 年代以后这种方法逐渐得到世界各国的普遍采用,世界上已有 90 多个国家编制了投入产出表,在此过程中提出了各种分析归纳的方法。现在已经使用的就有多种类型的投入产出模型。我国在 1974—1976 年编制了第一个中国性投入产出表,即中国 1973 年 61 类主要产品的投入产出表。

三、投入产出表结构

理论上,投入产出表所反映的部门之间的联系,是生产技术经济联系。因此,表中第一部分是投入产出表的核心部分,即所反映的主要是部门之间的生产技术联系(但也反映经济联系,特别是在价值形态表的条件下,因为这时表中各元素受价格和各种结构变动的影响)。

表 4-16　投入产出表

产出流量投入		消耗部门				最终需求		总产出
		1	2	…	n	消费累计出口	合计	
生产部门	1 2 ⋮ n	x_{11} x_{21} ⋮ x_{n1}	x_{12} x_{22} ⋮ x_{n2}	… … 	x_{1n} x_{2n} ⋮ x_{nn}		y_1 y_2 ⋮ y_n	x_1 x_2 ⋮ x_n

续表

产出流量投入		消耗部门	最终需求		总产出
		1 2 $\cdots$ n	消费累计出口	合计	
新创价值	纯收入合计	v_1 v_2 $\cdots$ v_n m_1 m_2 $\cdots$ m_n z_1 z_2 $\cdots$ z_n			
总投入		x_1 x_2 $\cdots$ x_n			

投入产出表描述了各经济部门在某个时期的投入产出情况。它的行表示某部门的产出，列表示某部门的投入。如表 4-16 中第一行 x_1 表示部门 1 的总产出水平，x_{11} 为本部门的使用量，x_{ij}（$j=1$，2，$\cdots$，n）为部门 1 提供给部门 j 的使用量，各部门的供给最终需求（包括居民消耗、政府使用、出口和社会储备等）为 y_j（$j=1$，2，$\cdots$，n）。这几个方面投入的总和代表了这个时期的总产出水平。

四、投入产出的数学模型

1. 模型中的符号

在建立投入产出模型之前，我们先来明确一下投入产出表中的各符号的含义：

X_i：表示第 i 部门的产值，$i=1,2,3,\cdots,n$。

X_{ij}：表示第 i 部门的产品用作第 j 部门生产消耗的数量，i，$j=1,2,3,\cdots,n$。

Y_i：表示第 i 部门最终产品的合计数，$i=1,2,3,\cdots,n$。

V_j：表示第 j 部门在生产过程中所支付的劳动报酬，如工资、奖金等。

M_j：表示第 j 部门生产工作者所创造的社会纯收入的数额，如利润、税金等。

D_j：表示第 j 部门生产过程中所消耗的固定资产价值，即固定资产折旧额。

2. 建模依据及模型

投入产出模型的建立是居于两个基本假设的：

一方面，一切生产部门生产的总产品，不是用于生产性消耗，就是用于最终消耗。也就是说，从投入产出表的水平方向来看，应该有如下的关系式：

$$\begin{cases} X_{11} + X_{12} + \cdots + X_{1n} + Y_1 = X_1 \\ \qquad \vdots \\ X_{n1} + X_{n2} + \cdots + X_{nn} + Y_n = X_n \end{cases} \quad (4\text{-}26)$$

上述等式可以写成：

$$\sum_{i=1}^{n} X_{ij} + Y_i = X_i \quad (i=1,2,3,\cdots,n) \quad (4\text{-}27)$$

另一方面，国民生产总值应等于中间产品的转移价值加上新创造价值的总和。也就是说，从表的垂直方向来看，应该具有如下关系：

$$\begin{cases} X_{11} + X_{21} + \cdots + X_{n1} + D_1 + V_1 + M_1 = X_1 \\ \vdots \\ X_{1n} + X_{2n} + \cdots + X_{nn} + D_n + V_n + M_n = X_n \end{cases} \quad (4\text{-}28)$$

同样上式可以写为：

$$\sum_{i=1}^{n} X_{ij} + D_j + V_j + M_j = X_j \quad (j = 1, 2, 3, \cdots, n) \quad (4\text{-}29)$$

由于实物型投入产出表中各类产品的度量单位不一样，所以不能相加。即实物型的投入产出表没有第二组关系式。从总量上说，国民生产总值应该与各部门的固定资产折旧总额及新创造价值总额之和相等，即

$$\sum_{i=1}^{n} Y_i = \sum_{j=1}^{n} (D_j + V_j + M_j) \quad (j = 1, 2, 3, \cdots, n) \quad (4\text{-}30)$$

但是，某个部门所提供的最终产品与该部门的新创造价值与固定资产折旧额之和，在数值上并不一定相等。一般来说：

$$Y_i \neq D_j + V_j + M_j \quad (i, j = 1, 2, 3, \cdots, n) \quad (4\text{-}31)$$

这两组关系式就构成了投入产出的数学模型。这个模型实际上是一个有 $2n$ 个方程的线性方程组。

五、模型中的系数

1. 直接消耗系数 a_{ij}

直接消耗系数 a_{ij} 表示第 j 部门在单位产品生产过程中消耗第 i 部门产品的数量。即

$$a_{ij} = \frac{X_{ij}}{X_j} \quad (i, j = 1, 2, 3, \cdots, n) \quad (4\text{-}32)$$

2. 完全消耗系数 b_{ij}

直接消耗系数反映了国民经济各部门之间产品在生产过程中的直接消耗关系，称为直接联系。此外，国民经济各部门之间的产品在生产过程中还存在着间接消耗关系，称为间接联系。例如，生产船舶要消耗钢材，生产钢材要消耗矿石，这就使得船舶的生产与矿石的生产发生了间接地消耗关系。所谓完全消耗系数，就是直接消耗系数与全部间接消耗系数之和。

一般情况下，间接消耗系数具有如下的关系：一次间接消耗系数是由有关的两个直接消耗系数乘积的连加；二次间接消耗系数是由有关的三个直接消耗系数乘积的连加；三次间接消耗系数是由有关的四个直接消耗系数乘积的连加；以此类推，k 次间接消耗系数，则要由有关的 $k+1$ 个直接消耗系数乘积的连加才能得到。

如果令完全消耗系数为 b_{ij}，直接消耗系数为 a_{ij}，则根据以上分析，b_{ij} 为：

$$b_{ij} = a_{ij} + a_{ik}a_{kj} + a_{ik}a_{ks}a_{sj} + a_{ik}a_{ks}a_{sk}a_{kj} + \cdots \quad (4\text{-}33)$$

根据矩阵的乘法原理，两个矩阵的乘积是其行与列元素乘积的连加，上式符合矩阵的乘法原理，故可以采用矩阵形式来表示，即

$$B = A + A^2 + A^3 + A^4 + \cdots + A^k + \cdots \tag{4-34}$$

式中　B——完全消耗系数矩阵；

　　　A——直接消耗系数矩阵；

　　　A^2——一次间接消耗系数矩阵；

　　　A^3——二次间接消耗系数矩阵；

　　　A^k——$k-1$次间接消耗系数矩阵。

当$k \to \infty$时，式（4-34）就包含了全部的间接消耗。

将式（4-34）两端都加上一个单位矩阵I，并设$k \to \infty$得：

$$B + I = I + A + A^2 + A^3 + A^4 + \cdots + A^k \tag{4-35}$$

用$(I-A)$乘式（4-35）的右端得：

$$\begin{aligned}(I-A)&(I + A + A^2 + A^3 + A^4 + \cdots + A^k) \\ &= I + A + A^2 + A^3 + A^4 + \cdots + A^k - \\ &\quad A - A^2 - A^3 - A^4 - \cdots - A^k - A^{k+1} \\ &= I - A^{k+1}\end{aligned} \tag{4-36}$$

由于价值性的投入产出表中，直接消耗系数都小于1，根据矩阵的乘法原理，当矩阵内部的各元素都为正值，并且都小于1时，该矩阵经k（$k \to \infty$）次乘方后，其元素将趋于零，即式（4-36）是收敛的。因此，式（4-36）中的A^{k+1}可以忽略不计，这样，式（4-36）变为：

$$(I-A)(I + A + A^2 + A^3 + A^4 + \cdots + A^k) = I \tag{4-37}$$

又根据矩阵的逆定理，式（4-37）可表示为：

$$(I-A)(I-A)^{-1} = I \tag{4-38}$$

将式（4-38）代入式（4-35）得：

$$B + I = (I-A)^{-1} \tag{4-39}$$

所以：

$$B = (I-A)^{-1} - I \tag{4-40}$$

完全消耗系数b_{ij}是第j部门每增加一个单位最终产品时，需要完全消耗第i部门产品的数量，包括直接消耗量和间接消耗量。

3. 最终需要系数 $\overline{b}_{ij}$

式（4-40）说明，完全消耗系数矩阵B与$I-A$的逆矩阵之间存在着密切的关系，两者之间仅相差一个单位矩阵。

$I-A$的逆矩阵称之为列昂节夫逆矩阵，或者称为最终需要系数矩阵$\overline{B}$。

$$\overline{B} = (I-A)^{-1} \tag{4-41}$$

$$X = (I-A)^{-1}Y \tag{4-42}$$

当 Y 为单位产品时，就有 $X = (I-A)^{-1}$。

这说明，生产单位最终产品，对各部门产品的完全需要量为 $(I-A)^{-1}$。也就是说，最终需要系数 $\overline{b}_{ij}$ 是第 j 部门每生产一个单位产品时，需要完全消耗第 i 部门产品的数量，最终需要系数 $\overline{b}_{ij}$ 构成最终需要系数矩阵。

以上三个系数是利用投入产出方法进行经济计划、经济预测、经济分析工作时常用到的三个系数。只要我们知道了各部门之间的流量情况，就可以计算直接消耗系数矩阵 A，有了 A，就很容易求出另外两个系数矩阵来。

【例 4-9】 假定某地区投入产出表如表 4-17 所示，计划期确定，甲部门为优先发展部门，发展指标为 1 000 万吨；乙、丙以及运输部门围绕甲部门的发展而发展，计划期最终需求分别为 200 万、100 万及 80 万吨。试预测计划期其他各部门的发展规模。

表 4-17 某地区投入产出表

产出\投入	中间需要					最终需要	合计
	甲部门	乙部门	丙部门	运输部门	合计		
甲部门	180	104	115	80	479	81	560
乙部门	140	261	206	140	747	113	860
丙部门	160	208	115	100	583	37	620
运输部门	80	157	69	20	326	34	360

（1）利用式（4-28），计算表 4-17 中国民经济的直接消耗系数矩阵如下：

$$A = \begin{pmatrix} 0.321 & 0.121 & 0.185 & 0.222 \\ 0.250 & 0.303 & 0.322 & 0.389 \\ 0.286 & 0.242 & 0.185 & 0.278 \\ 0.143 & 0.183 & 0.111 & 0.056 \end{pmatrix}$$

（2）计算列昂节夫逆矩阵 $(I-A)^{-1}$。

$$(I-A) = \begin{pmatrix} 0.679 & -0.121 & -0.185 & -0.222 \\ -0.250 & 0.679 & -0.332 & -0.389 \\ -0.286 & -0.242 & 0.815 & -0.278 \\ -0.143 & -0.183 & -0.111 & 0.944 \end{pmatrix}$$

$$(I-A)^{-1} = \begin{pmatrix} 3.137 & 1.598 & 1.618 & 1.873 \\ 3.063 & 3.649 & 2.589 & 2.986 \\ 2.474 & 2.051 & 2.936 & 2.292 \\ 1.360 & 1.191 & 1.092 & 2.191 \end{pmatrix}$$

（3）由 $X = (I-A)^{-1}Y$ 有 $X' = (I-A)^{-1}Y'$。

其中：

$$X = \begin{pmatrix} 1\,000 \\ X_2' \\ X_3' \\ X_4' \end{pmatrix} \quad Y = \begin{pmatrix} Y_1' \\ 200 \\ 100 \\ 80 \end{pmatrix}$$

即

$$\begin{pmatrix} 1\,000 \\ X_2' \\ X_3' \\ X_4' \end{pmatrix} = \begin{pmatrix} 3.137 & 1.598 & 1.618 & 1.873 \\ 3.063 & 3.649 & 2.589 & 2.986 \\ 2.474 & 2.051 & 2.936 & 2.292 \\ 1.360 & 1.191 & 1.092 & 2.191 \end{pmatrix} \begin{pmatrix} Y_1' \\ 200 \\ 100 \\ 80 \end{pmatrix}$$

由此可得：

$Y_1' = 117.552$

$X_2' = 1\,587.642, X_3' = 1\,177.984, X_4' = 682.55$

由计算结果可知：当甲部门的计划期总产出为 1 000 万 t，且乙、丙及运输部门的计划期最终需求将分别为 200 万 t、100 万 t 和 80 万 t 时，甲部门的最终需求为 117.552 万 t；乙、丙及运输部门的总产出分别为 1 587.642 万 t、1 177.984 万 t 和 682.55 万 t。

4.6 案例分析

案例 4-1 成绵乐客运专线客流预测

一、通道范围的确定

成绵乐运输通道北起成都，南至乐山，东至四川第二大城市绵阳，通道以成都平原为核心，德阳、绵阳和眉山、峨眉、乐山为两翼，位于成都平原城市连绵区域内。因此，通道包括成都、德阳、绵阳和眉山、乐山五市。

二、运输通道客运量影响因素分析

（1）经济发展水平的影响；
（2）人口的影响；
（3）居民消费水平的影响；
（4）运输服务价格的影响；
（5）运输服务水平的影响；
（6）旅游业对旅客运输量的影响；
（7）其他运输方式的开通对旅客运输量的影响。

三、通道沿途的社会经济概况

区域内有副省级城市成都以及绵阳、德阳、眉山和乐山4个地级市的14县（市、区），是四川省经济最为发达、最富活力的城市带。沿线五市2000—2005年主要社会经济指标见表4-18。

表 4-18　区域五市 GDP 及人口数量表

年份	GDP（亿元）					人口（万人）				
	绵阳	德阳	成都	眉山	乐山	绵阳	德阳	成都	眉山	乐山
2000	318	264	1 313	125	146	518	379	1 003	346	346
2001	330	286	1 491	135	161	520	379	1 017	346	346
2002	370	315	1 663	150	180	523	380	1 031	346	347
2003	396	355	1 871	174	216	526	380	1 045	347	348
2004	455	425	2 186	217	266	529	381	1 060	347	348
2005	483	462	2 371	217	266	529	382	1 082	347	348

四、通道客运量现状

川渝经济圈是我国西部以成都、重庆为双核，大中城市群密布的最成熟的经济区，绵德成乐走廊是川渝地区最重要的经济带和旅游带，包括绵阳、德阳、成都、眉山及乐山五市。区域历年客运量见表4-19。

表 4-19　区域历年客流量表

年份	绵阳	德阳	成都	眉山	乐山	小计
2000	7 501	7 055	46 459	5 589	5 895	72 499
2001	8 401	6 693	52 433	5 302	5 900	78 728
2002	8 896	7 092	28 885	5 297	970	56 141
2003	7 321	6 961	28 234	5 199	5 642	53 357
2004	7 748	7 366	30 870	5 502	5 093	56 578
2005	7 986	7 512	37 963	6 102	5 778	65 359

五、回归分析预测

回归分析预测法就是从各种经济现象之间的相互关系出发，通过对与预测对象有联系的现象变动趋势的分析，推算预测对象未来状态数量表现的一种预测模型。二元线性回归的定义为：影响运量的因素为两个（X_1、X_2），总的相关关系仍是线性的。

预测公式:
$$Y = b_0 + b_1 x_1 + b_2 x_2$$

回归模型检验:
$$R = \sqrt{1 - \frac{\sum (Y_i - \overline{Y}_i)^2}{\sum (Y_i - \overline{Y})^2}}$$

预测实现（见表 4-20、表 4-21）。

表 4-20 区域五市客运量二元线性回归预测方程及其相关系数

城市	二元线性回归方程	相关系数	相对误差（%）
绵阳	$Y = -2\,832 + 3.79X_1 + 17.95X_2$	$R = 0.904$	6.32
德阳	$Y = 1\,588 + 2.41X_1 + 16.42X_2$	$R = 0.942$	10.16
成都	$Y = -120\,800 + 29.41X_1 + 84.86X_2$	$R = 0.900$	7.38
眉山	$Y = -70.60 + 0.22X_1 + 15.63X_2$	$R = 0.965$	11.51
乐山	$Y = -2\,864 + 7.39X_1 20.55X_2$	$R = 0.950$	8.24

表 4-21 区域客流量二元线性回归法预测表　　　　　　　　（单位：万人）

年份	绵阳	德阳	成都	眉山	乐山
2020	11 192	9 075	57 689	6 589	9 016
2030	12 801	10 092	81 543	7 415	10 962

案例 4-2　基于情景分析法的北京市道路省际客运需求预测研究

一、确定预测主题和内容

选择北京市"十一五"道路省际旅客运输需求为预测对象，应用情景分析法进行运输需求预测和《北京市道路运输规划》的编制，预测主题为北京市道路省际班线客运量。

二、确定主要影响因素

分析和预测北京市道路省际旅客运输量需要以分析旅客运输发展状况为着眼点，而道路省际旅客运输受多种因素的影响，主要体现在运输需求的数量变化、质量变化、方向及范围发展等四个层面上。经分析确定，北京市道路省际旅客运输发展影响因素主要包括：① 社会经济发展；② 道路旅客运输服务效率；③ 其他旅客运输方式的影响（或道路旅客运输在综合运输中的地位）；④ 区域经济联系；⑤ 城镇化进程；⑥ 新的城市总体规划等六个方面，如图 4-3 所示。

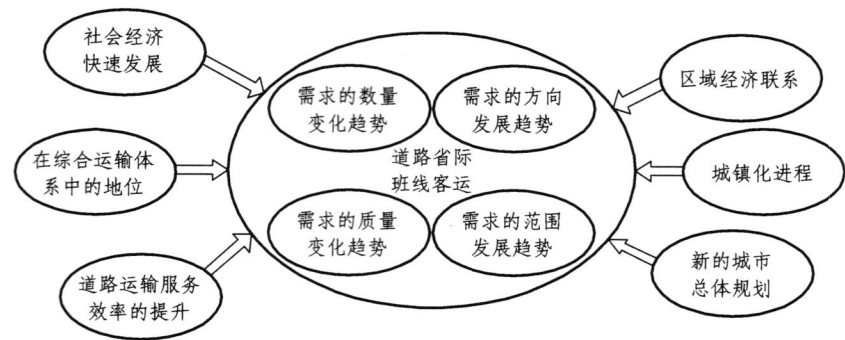

图 4-3 北京市道路运输客运需求主要影响因素

三、具体发展分析

1. 社会经济发展

道路运输业是国民经济的子行业,其发展水平反映国民经济发展的要求,当经济繁荣时,对运输的需求必然旺盛,反之则减缓。"十五"期间伴随着首都地区生产总值保持 10%以上的高速度增长,北京市道路省际客运量也保持着 9.4%的年均增长速度,2004 年道路省际客运量为 2000 年的 1.2 倍,全社会客运量也呈现出接近 20%的高速增长态势。道路旅客运输需求发展与未来国民经济发展有密切关系。

2. 道路旅客运输服务效率

随着公路客运市场的整顿和规范、站场及车辆等服务设施和装备水平不断提高,GPS、GIS、INTERNET 等信息化和网络化进一步加强以及现代化管理和组织手段的普遍采用,公路客运的整体服务质量与服务水平将得到逐步改善,都将吸引道路旅客运输需求的发展。

3. 其他旅客运输方式的影响

近年来参与客运的铁路和民航为适应和抢占市场也做出了许多积极有效的调整,各种旅客运输方式竞争日趋激烈。表 4-22 所示统计数据表明,2000 年以来,虽然连续两年道路省际客运量增长速度有所回升,但道路长途的分担比例已由 1998 年的 30%下降到 2002 年的 26%,相比而言铁路客运则一直是北京中长途客运的主角,其分担率一直占到六成左右,民航方面则连续保持快速稳定增长,由 1998 年的 11.9%增加到 2002 年的 14.7%。

表 4-22　北京市历年各种运输方式客运量分担率

年份	客运量	客运量分担率(%)		
		公路	铁路	民航
1998	6 422	29.6	58.6	11.8
1999	6 679	25.3	62.9	11.8
2000	6 932	22.3	64.3	13.4
2001	7 708	24.2	61.6	14.2
2002	8 498	26.1	59.2	14.7
2003	9 320	23.5	58.3	18.2

四、情景分析预测

利用情景分析的方法,根据近年来北京市各种省际旅客运输发展趋势,结合上述对北京市旅客运输影响因素分析,按可持续发展、传统发展和危机发展等三种方案对道路省际运输进行情景方案的描述:

1. 可持续发展情景(高方案)

这种情况基于以下假定:

(1)在"十一五"期间,省际间长途客运加快建立高效的协调机制,为中长道路客运线路有较大增长提供发展条件。

(2)铁路快速客运专线的开通,以及在小城镇经而不停或频次较少,给省际客运留有较大发展空间。

(3)道路客运充分抓住以上机遇,且通过完善客运站场联网售票系统和站场内外交通组织的优化等措施使服务质量逐步完善,并与城市公交、出租汽车、自备汽车及铁路、机场实现有效衔接,使乘车或换乘都更加便利。因此,道路客运在逐步吸引铁路和民航客源的情况下,使分担率有较大程度的提升。道路省际客运量比重 2005 年达到 24%~26%,2010 年将达到 26%~28%。

2. 传统发展情景(中方案)

这一方案假定在未来规划时间段内,将延续历史上过去同样时间段内的政策,过去发展趋势保持平稳延续,即虽然在预测期道路省际运输效率有所提升、服务质量有所改善、城际间客运协调机制逐步完善,但由于铁路和民航与道路客运的竞争加剧,使道路客运的市场份额基本保持平稳。道路省际客运量比重 2005 年达到 23%~25%,2010 年仍保持在 23%~25%。

3. 危机发展情景(低方案)

这一方案假定在预测期内区域规划、城市综合交通规划、客运结构、客运基础设施投入、不同运输模式的效率水平没有重大突破或特别大的变化,而是处于较为平稳、渐进的状态,同时没有重要运输政策和措施实施的情况。在这种情况下,近期道路运输发展缓慢,远期将逐步失去了难得的机遇,其市场份额逐渐被其他方式所替代。道路省际客运量比重 2005 年为 22%~24%,2010 年将达到 20%~22%。

根据前述不同情景下道路省际客运的需求特征和发展趋势,结合当前北京市道路省际客运发展的现状,将北京市道路客运量 2010 年的推荐预测值定为:3 800~4 500(万人),近期以危机发展情景为主要参考对象,远期考虑可持续发展情景的目标要求。

从以上实例分析可以看出,通过情景分析可以预测规划实施过程中可能存在的障碍,并且,可以针对不同影响因素做出相应的对策。因此,对政府部门来说,情景分析导致了决策,而这些决策又反过来使这种情景分析更为可行。在这种意义上讲,情景分析不仅是对未来的预测,而且还间接起着影响未来的作用。

思考与练习

1. 什么是预测?其基本原理是什么?
2. 常用的定量与定性预测方法有哪些?
3. 预测的基本要素有哪些?预测的基本步骤有哪些?
4. 德尔菲法的特点、原则以及工作关键程序有哪些?
5. 何谓时间序列法?主要的时间序列预测方法有哪些?
6. 何谓回归分析法,回归分析法用于预测的主要步骤有哪些?主要的回归分析方法有哪些?
7. 某航运公司过去 10 年货运量的统计资料见表 4-23,试用简单滑动预测法预测该公司今年的货运量。

表 4-23

周期(年)	1	2	3	4	5	6	7	8	9	10
货运量(吨)	245	250	256	280	274	255	262	270	273	284

8. 用指数平滑预测法预测 7 题的值。分别取 $\alpha = 0.1$ 和 $\alpha = 0.9$。
9. 某市 1991—1995 年的货运量与该市社会总产值的一组统计资料如表 4-24 所示,试分析该市货运量与社会总产值之间的关系。并预测,当该市的货运量达到 50 千万吨时,该市的社会总产值是多少亿万元?

表 4-24

年度(年)	1991	1992	1993	1994	1995
货运(千万吨)$_i$	15.0	25.8	30.0	36.6	44.4
总产(亿万元)$_i$	39.4	42.9	41.0	43.1	49.2

10. 某地区客运量的增长同该地区总人口的增长及人均收入有关。1986—1995 年有关资料见表 4-25。如果 1998 年该地区的总人口为 430 万人,人均月收入为 725 元,要求预测 1998 年该地区的客运量。

表 4-25

年份	客运量 Y(千万人千米)	总人口 X_1(万人)	人均月收入 X_2(10 元)	X_1Y	X_2Y	X_1X_2	X_1^2	X_2^2	Y^2
1986	70	200	45.0	14 000	3 150	9 000	40 000	2 025	4 900
1987	74	215	42.5	15 910	3 145	9 137.5	46 225	1 806.25	5 470

续表

年份	客运量 Y（千万人千米）	总人口 X_1（万人）	人均月收入 X_2（10元）	X_1Y	X_2Y	X_1X_2	X_1^2	X_2^2	Y^2
1988	80	235	47.5	18 800	3 800	11 162.5	55 225	2 256.26	6 400
1989	84	250	52.5	21 000	4 410	13 125	62 500	2 756.25	7 056
1990	88	275	55.0	24 200	4 840	15 125	75 625	3 025	7 744
1991	92	285	57.5	26 220	5 290	16 387.5	81 225	3 306.25	8 464
1992	100	300	60.0	30 000	6 000	18 000	90 000	3 600	10 000
1993	110	330	57.5	36 300	6 325	18 975	108 900	3 306.25	12 100
1994	112	350	62.5	39 300	7 000	21 875	12 500	3 906.25	12 544
1995	116	360	65.0	41 760	7 540	23 400	129 600	4 225	13 456
合计	926	2800	545	267 390	51 500	156 187.5	811 800	30 212.5	88 134

第 5 章　交通运输系统网络计划

长期以来，安排工程项目的进度计划时，往往采用横道图表（bar chart）的方法，工程项目中每项活动的开始时间和结束时间都是按一定的时间尺度用横道图表述处理的。但是横道图表不能确切地反映不同活动之间的逻辑关系、时间衔接和资源、费用优化等。20 世纪 50 年代晚期发展起来的网络计划技术，就是针对以上要求发展起来的技术，本章将介绍这种项目的管理与分析技术。

5.1　概　述

20 世纪以来，科学、技术和生产迅速发展，科研与生产的体系和规模变得庞大、复杂，在大规模的科研和生产过程中，工序繁多，参加的单位和人员成千上万，如何最好地组织生产，使各环节密切配合，很难凭经验做到，那就需要用科学的方法去组织、安排、控制各个工序。

20 世纪 50 年代，美国启动"北极星导弹计划"，北极星导弹是美国的地（水）对地中程导弹，射程为 1 500 英里，包括导弹、核潜水艇和水下通信设备等，是一个比较复杂的武器系统。从事研制工作的共有 8 家总承包公司、250 家分公司，还有近 9 000 个转包商，管理工作极其复杂。负责该计划的美国海军特种计划局在该研究的管理中创造了一种"计划评审技术"（Program Evaluation and Review Technique，PERT），使得原定 6 年的计划，提前 2 年完成，节约经费 10%～15%。同期，美国杜邦公司在它的公司体制改革过程中提出了运用图解理论的方法来制订计划，第二年，它被应用于建造一个价值 1 000 万美元的化工厂，使整个工期缩短了 4 个月，这种项目管理的方法称为"关键路线法"（Critical Path Method，CPM）。

PERT 与 CPM 的区别在于对工作项目时间的估计不同。PERT 考虑不确定性因素，着重于时间的控制。CPM 兼顾时间和费用两大因素。两者在应用中互相补充，互相渗透，渐为一体，用 PERT/CPM 表示，统称为网络计划技术。它是借助统筹图的网络来表达研究的内容，用于制订计划，安排工作，控制工程的进度，平衡资源，降低总费用等方面。1965 年，我国著名的数学家华罗庚教授在我国开始推广和应用 PERT 和 CPM，定名为"统筹法"，该方法在我国国民经济各部门得到了广泛的应用，并取得了显著的效果。

网络计划技术的优点在于它特别适用于生产技术复杂、工作项目繁多的项目计划安排上。如产品研制开发、工程项目、生产准备、设备大修等，对优化时间、资源、人力及费用方面具有很强的实用性。它是运筹学应用于实际中案例成功最多的一种方法，目前，许多大型工程项目在招标过程中，必须要出具网络计划报告，在实际工作中，已经开发了运用于项目工程管理的商业软件。

网络计划技术的基本原理是：将研究的工程作为一个系统，用网络图表达工程系统中各工序间相互制约的关系；通过计算找出关键路线；从系统整体出发，选择一个兼顾时间和费用两方面的最佳方案，并在计划的执行过程中进行有效的控制和协调，以保证用最少的消耗获得较大的经济效益。

1. 网络计划技术的优点

（1）生产（工程）进度计划应用网络图图形化之后，对整个工程项目一目了然，省去了很多的文字说明。

（2）执行计划的各单位，对自己在该工程项目中担负的任务和所处的地位比较清楚，有利于加强责任感和提高积极性。

（3）统观全局，有利于抓住主要矛盾，便于领导决策和指挥。

（4）局部环节出了问题，易于发现和及时解决。

2. 推广和应用网络计划技术应具备的条件

（1）网络计划技术对于一次性工程项目，效果比较明显，但对于设计不稳定，材料、协作等无把握的项目，原则上是不适宜的。

（2）网络计划技术强调组织实践，因此，要有强有力的作业监督和现场服务。

（3）网络计划修改后，要认真组织各有关单位和部门，共同协商说明，以维护计划的严肃性。

5.2 网络计划图的绘制

网络计划技术是用网络图来表达某任务或项目的计划的技术，所以它是生产任务或工程项目及其组成部分内在联系的综合反映，是制订计划、进行计算及控制和管理的基础。网络图由带有编号的圆圈和若干条箭线，按照一定的要求连接而成，箭线上标明工作（工序）的内容和完成该项工作（工序）所要的时间（小时、天、周、月等）。为了更好地弄清概念，可以结合下面的例子来理解。

【例 5-1】 某工厂要组织进行一次机器大修，这项修理工程用网络图表示，如图 5-1 所示。

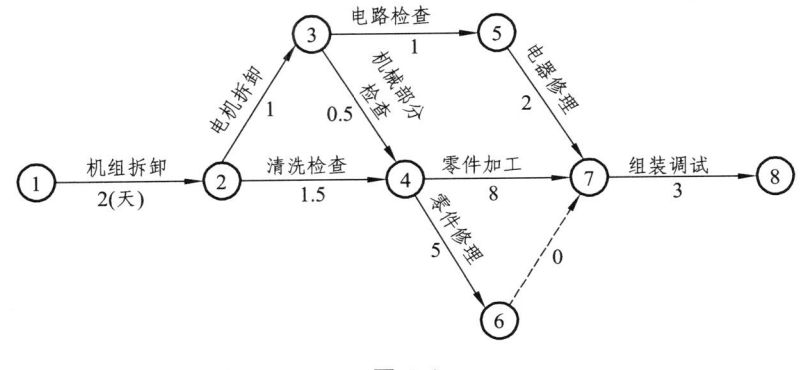

图 5-1

图 5-1 表示了整个修理工程的各项工序（工作）及其相互关系。

5.2.1 基本概念

1. 工　序

工序又称"作业"或"活动",是指一项需要消耗人力、物力、经过一定时间才能完成的生产(或活动)过程,如例 5-1 中"机组拆卸""清洗检查""零件加工"等就是工序,一般用箭线"→"表示。箭线尾表示工序的开始,箭线头表示工序的结束,箭线上(或下)的数字表示完成工序所需的时间,但是箭线不表示矢量,可长可短,长短不表示时间长短,时间长短出箭线上的权(数字)表示,箭线还可以弯曲,但不能中断。

2. 虚工序

虚工序是指不消耗资源(人力、物力)、不占用时间的工序。引出虚工序概念,是为了表示工序间的逻辑关系和某些作图的需要。如例 5-1 中⑥——→⑦就是一个虚工序,它仅表示组装调试要在零件修理之后,同时,如果不引出此虚工序,零件加工与零件修理连在一起使④到⑦的时间无法确定。虚工序常用虚线"——→"表示,其权为 0。

3. 节　点

节点又称"事项"或"事件",是表示前道工序完成,后道工序开始的交接点。节点用带编号的圆圈表示,它仅是工序开始或结束的一个符号,不消耗资源,也不占用时间。

4. 路线、路线长度、关键路线、关键工序

(1)路线是指从初始节点开始的一条通路,或者说是从初节点到终节点连贯的工作序列,是从初节点到终节点的一条链。

(2)路线长度是指路线上各工序时间之和。

(3)关键路线是指网络中最长的路线,短于关键路线的任何路线称为非关键路线。关键路线有着特别重要的地位和作用,它决定了整个工程的总工期,是整个工程的关键所在,后面还要详细论述。关键路线一般要用双箭线标出,一个网络图上至少有一条关键路线,也可以不止一条。

(4)关键工序是指关键路线上的工序。

图 5-1 中,有四条路线,它们是:

Ⅰ. ① $\xrightarrow{2}$ ② $\xrightarrow{1}$ ③ $\xrightarrow{1}$ ⑤ $\xrightarrow{2}$ ⑦ $\xrightarrow{3}$ ⑧　　路线长为 9

Ⅱ. ① $\xrightarrow{2}$ ② $\xrightarrow{1}$ ③ $\xrightarrow{0.5}$ ④ $\xrightarrow{8}$ ⑦ $\xrightarrow{3}$ ⑧　　路线长为 14.5

Ⅲ. ① $\xrightarrow{2}$ ② $\xrightarrow{1.5}$ ④ $\xrightarrow{8}$ ⑦ $\xrightarrow{3}$ ⑧　　路线长为 14.5

Ⅳ. ① $\xrightarrow{2}$ ② $\xrightarrow{1.5}$ ④ $\xrightarrow{5}$ ⑥ $\xrightarrow{0}$ ⑦ $\xrightarrow{3}$ ⑧　　路线长为 11.5

显然,路线Ⅱ和Ⅲ为关键路线,它们上面的每道工序都是关键工序。

5.2.2 绘制网络计划图的规则

为了清楚地用网络图表示各工序间的相互关系,绘制出一张好的网络图要具有通读性。

绘制网络图应该遵循如下规则：

（1）有向图的方向从左指向右。网络计划技术的网络图是一个有向网络，规定从左指向右，这是大家遵守的习惯。

（2）节点编号的大小顺序为从左到右，从上到下。为了计算的方便，必须遵循此规定，以保证工序箭线尾节点的编号小于箭线头节点的编号。

（3）不允许存在多个初节点和多个终节点。任何一项计划都是一个系统的整体，总是只有一个开端和一个结束。一般将所有的初节点汇总成一个初节点，所有的终节点汇总成一个终节点，如图 5-2 所示（还可引用虚工序汇总）。

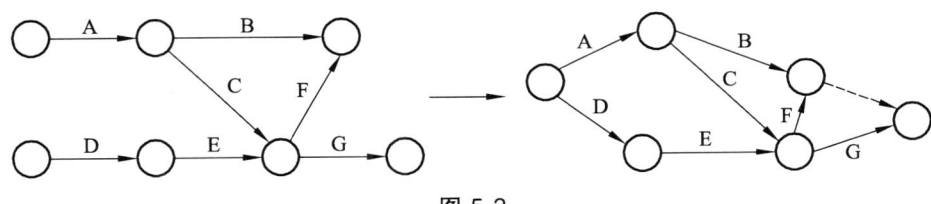

图 5-2

（4）工序的前后关系用节点衔接，只有当进入中间节点的全部工序完成后，才能从该节点开始，进行新的后续工序。如图 5-3 所示，只有 A、B、C 三个工序都完成以后，D、E 两个工序才能开始，称 A、B、C 为 D、E 的紧前工序，而称 D、E 为 A、B、C 的紧后工序。

（5）不允许出现如图 5-4 所示的闭回路。任何一项任务或工序，从开始到结束都是随着时间推移而逐步进行的过程，时间是不可逆的，因此，网络计划也是具有不可逆性，但是闭合回路中必存在时间的倒逆，如图 5-4 所示的 C 工序，这是现实中不可能出现的。

图 5-3　　　　　　　　　　　　　　　　图 5-4

（6）作网络图尽量避免交叉，万不得已出现交叉时要用拱桥式画出，如图 5-5（a）所示，有些交叉经过调整后可以避免，如图 5-5（b）所示。

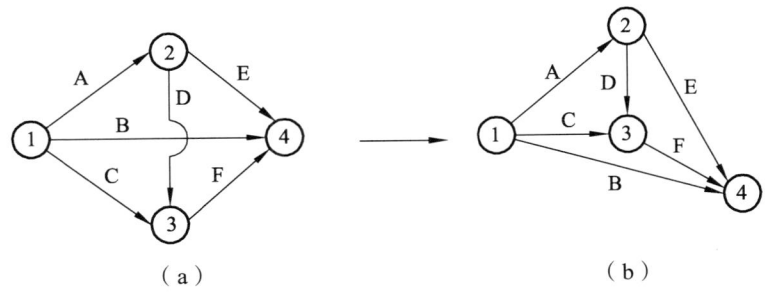

（a）　　　　　　　　　　（b）

图 5-5

（7）不允许两相邻节点之间有多条箭线。如从某节点出发有两个平行工序，如图 5-6（a）所示，则要引进虚工序表示，如图 5-6（b）所示。

（a）错误　　　　　　　（b）正确

图 5-6

在工程项目管理中，为了缩短工期，往往采用交错作业方式，称交错作业，这种方法也要引用虚工序。如华北平原的农民在三夏期间为抢农时，收小麦、整地、播夏玉米三道工序总是采取交错作业，即收一片、整一片、播一片、在整一片的同时又收第二片……记第一片的三种作业为收1、整1、播1；第二片三种作业为收2、整2、播2。这些作业用网络图表示必须引用虚工序，如图 5-7 所示。

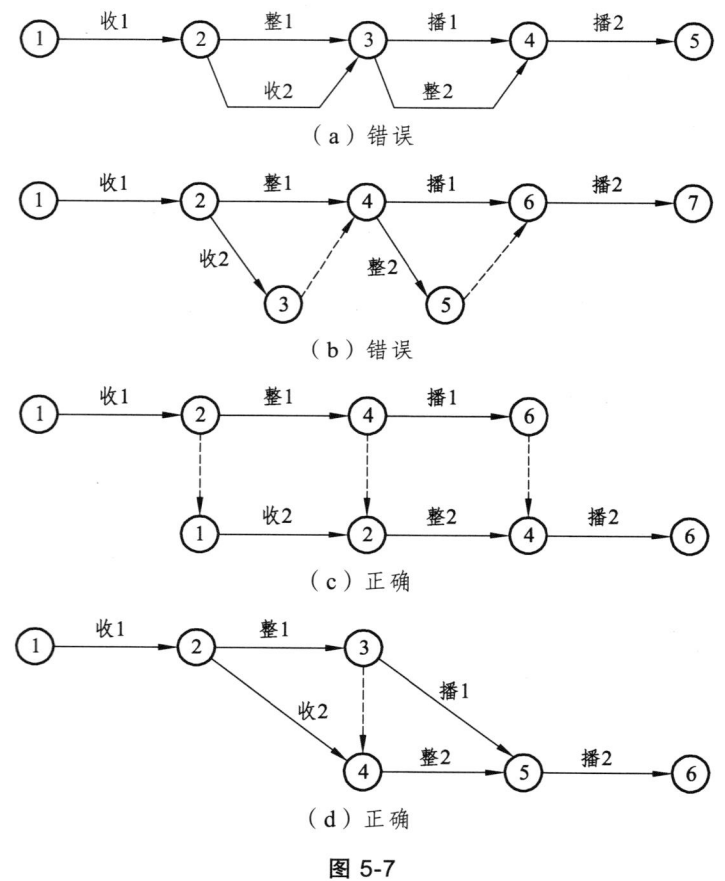

图 5-7

在图 5-7 中，（a）图不符合规则（7）"不允许两相邻节点之间有多条箭线"；（b）图虽然符合作图规则，但是工序间的逻辑不清楚，如从（b）图中得出，播1必须是收2和整1都完成后才能进行，而实际中播1只在整1完成后就可以进行，收2是否完成无关紧要。所以，（b）图也是错误的。（c）图和（d）图既符合作图规则，又符合工序间的逻辑关系。所以，（c）图和（d）图都可以表示交错作业。

5.2.3 网络计划图的绘制步骤

一、任务的分解

一项任务无论其性质、规模如何,都可以视为一个复杂程度不同的系统。根据系统的层次性,任何一个系统都具有可分的特性。总系统可以分解为几个子系统,一个子系统又可以分解为几个二级子系统……在分解过程中,可以初步确定它们之间的先后顺序和相互关系,这里的各级子系统是完成任务的工序。任务的分解是绘制网络图的基础和关键。根据不同的需要,任务的分解可粗可细。对于一个整体工程来说,常常要绘三套网络图:总图、分图和生产工序图。总图较粗,主要反映工程各主要部门之间的关系,供工程指挥部领导掌握;分图稍细些,供各独立施工单位使用,如工程的独立大队使用;生产工序图最详细、最具体,供工段和班组使用。

任务的分解工作是一项深入细致的工作,要深入基层,充分发动广大群众进行多个方面的调查研究,不断修改,才能客观而正确地搞清楚任务结构及其相互关系。

不同性质的工程或任务,分解的具体内容可能不同,但根据实践一般应遵循下述原则:

(1)由不同单位执行的工序要分开。如在建设一座公路桥的工程中,桥墩 1 是由甲建造,桥墩 2 由乙建造,那么,建桥墩 1 和建桥墩 2 就应分为两个工序。

(2)所需时间不同的工序(或任务)要分开。如图 5-1 所示的零件加工和零件修理要 8 天和 5 天,时间长短不一样,所以要分成两道工序。

(3)使用不同设备、器材的工序要分开。

(4)工作方法不同的工序要分开。

(5)实施区域不同的工序要分开。如建桥工程中,建桥墩与制桥梁往往不是在一个地方进行的,必须分成两个工序。

二、列出工序清单

任务经过分解之后,根据各工序先后顺序和相互关系,列出工序间的逻辑清单,清单的内容包括工序名称、代号及各工序的"紧前工序"。下面举例说明。

【例 5-2】 某公司计划要新建一个材料加工厂,该计划由 9 项工作组成,它们之间的先后顺序和相互关系见工作清单表 5-1。

表 5-1 工作清单表

工作名称	工作代号	紧前工作	工作时间/周	工作名称	工作代号	紧前工作	工作时间/周
市场调查	A	无	3	建厂计划	F	E、C	2
材料调查	B	无	2	建材计划	G	F、C	1
资金筹备估计	C	无	1	机械、设备计划	H	E、C	2
需求分析	D	A	2	计划汇总	I	G、H	1
规模分析	E	B、C、D	1				

三、画网络图

根据工序清单上列出的先后顺序（紧前工序），从第一道工序开始，以箭线代表工序，节点"○"表示前面的工序结束和后面的工序开始，顺序从左到右依次画下去，一直到最后一道工序为止，然后，在节点"○"内按规则②"从左到右，从上到下"给节点编号，即得到了网络图。如图5-8所示就是根据表5-1画出新建工厂的网络计划图。

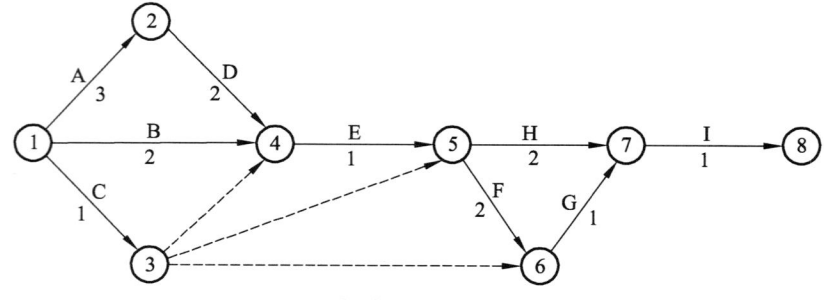

图5-8 新建工厂的网络计划图

当然，根据清单画出的网络图，一开始可能很难看，可能虚工序和交叉的箭线很多，如图5-8所示，将F与H交换后就是如此。但经过几次调整，各箭线的位置（不改变其逻辑关系）就会逐渐减少，这样，网络图就变得比较美观。

5.2.4 网络计划图的简化与合并

一项复杂任务，往往由若干个子系统（子任务）组成，同理，一个总网络常常是由若干个子网络组合而成的，于是就产生了网络的合并。在子网络中，工序一般分得较细，但对于一个总网络的管理人员来说，只关心各个子网络的细节是没有必要的，这也就产生了网络的简化。

一、网络的简化

所谓简化，就是把网络中较细的若干工序集合起来变换成一项等效工序。

网络图能够简化的条件：在两个节点之间的路线中，当除这两个节点外，中间的一些节点不与这些路线以外的节点发生联系时，那么，这两个节点之间的一些工序，就可以用一项等效工序来代替。等效工序的时间为这两个节点之间最长路线的时间。图5-9所示就是一个网络的简化过程。

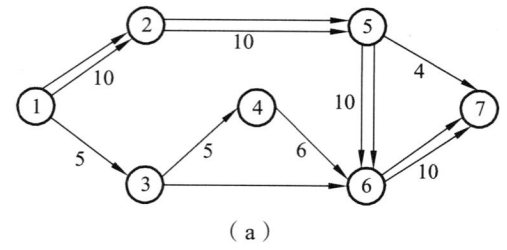
（a）

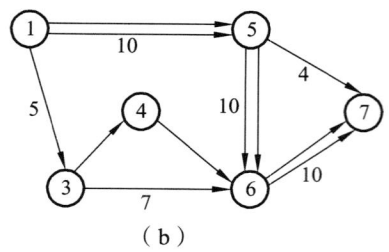
（b）

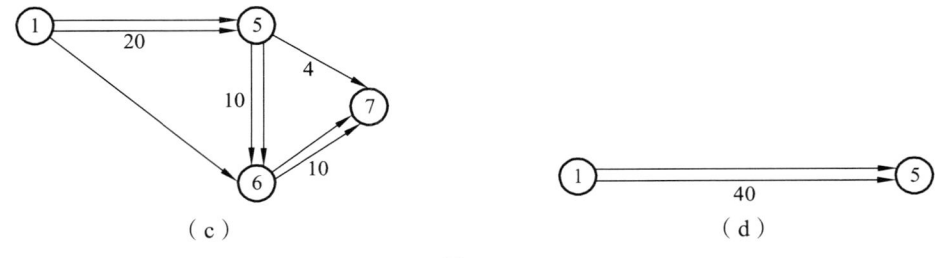

图 5-9

简化对于非常庞大而又复杂的工程来说是十分必要的,如果不简化,是难以用一张图画出所有工序的,必须分级画网络图时,先分区段画具体的比较详细的网络,然后简化,再向总网络合并。下面就介绍网络的合并方法。

二、网络的合并

任何一个总网络总是会存在若干个子网络,在这些网络之间必定有一个或几个相互联系的节点,这个节点称为交界节点,网络的合并就是通过交界节点实现的。这里必须注意的是,交界节点是客观实际的反映,不能随意指定或添加。图 5-10 中的总网络是由 1 号和 2 号子网络通过交界节点 8 合并而成的,合并后出现了多个初节点和多个终节点。因此,按照规则③必须引出虚工序将它们并为一个初节点和一个终节点(实际中可能这两个子网络的初节点和终节点是更大总网络的交界节点)。

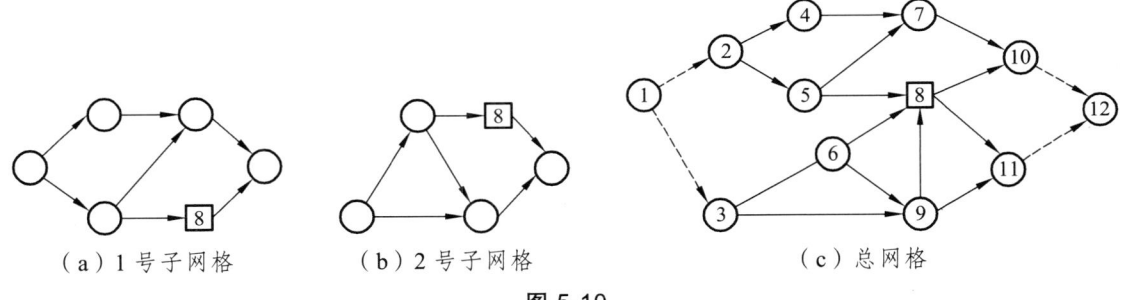

(a) 1 号子网格　　　　(b) 2 号子网格　　　　(c) 总网格

图 5-10

5.3　网络计划图时间参数的计算

计算网络图的时间参数,是网络分析的基础和依据,下面介绍这些时间参数的概念、符号、计算公式等。

一般当节点较少时(小于 200 个),可采用图上算法,当节点较多时,采用矩阵算法,多利用计算机计算,这里主要介绍图上算法。

5.3.1　工序时间的估算

工序时间是完成一项工序所需要的时间,它是网络的基础数据,又是计算其他参数的依据,工序时间的单位可以是小时、日、周、月等,具体采用什么单位,应随工作性质而定。

确定工序时间要分两种情况。

（1）确定型网络。当网络计划技术用于工程管理时，如果工程的各工序时间比较稳定，时间变化也不大，就可以通过深入调查研究，按照最可能的完成时间确定工序时间。

（2）不确定型网络。当网络计划技术是用于科研项目和一次性计划或采用新工艺、新技术、新材料的工程项目计划时，由于在这些情况下，对各工序没有经验，所需时间很难确定，再加上一些主观和客观原因，使工序的时间产生被动。所以，一般采用三点估计法，即

a——最乐观时间，指在非常顺利情况下，完成工序所需时间，即最短时间；

b——最悲观时间，指在极不利的情况下，完成工序所需时间，即最长时间；

m——最可能时间，指一般情况下完成工序的时间。

用上述三种时间的加权平均值来估计工序时间 $t(i,j)$，取 m 的权 4 倍于 a、b，即

$$t(i,j) = \frac{a+4m+b}{6} \tag{5-1}$$

5.3.2 节点的时间参数计算

一、节点的最早可能开始时间 $T_E(j)$

一个节点的最早可能开始时间是指从初始节点起到此节点的最长路线的时间（最长路线的长度），它的计算是从初始节点开始，自左向右逐个节点进行计算，直到最后一个节点为止。令初始节点的最早可能开始时间为 0，即 $T_E(1)=0$，根据定义，其他节点的最早可能开始时间的计算公式为：

$$T_E(j) = \max\{T_E(i) + t(i,j)\} \tag{5-2}$$

式中　$T_E(j)$——箭头节点的最早可能开始时间；

$T_E(i)$——箭尾节点的最早可能开始时间；

$t(i,j)$——工序时间。

式（5-2）表明：箭头节点的最早可能开始时间等于箭尾节点的最早可能开始时间与工序时间之和；若某箭头节点有多支箭头指向它，则选择其中最大值为该箭头节点的最早可能开始时间。

例如，图 5-11 中的节点⑦有三个紧前工序，其箭尾节点为④、⑤、⑥，已知 $T_E(4)=20$，$T_E(5)=33$，$T_E(6)=40$，$t(i,j)$ 如图 5-12 所示。

$$T_E(7) = \max\{T_E(4)+t(4,7), T_E(5)+t(5,7), T_E(6)+t(6,7)\}$$
$$= \max\{20+11, 33+15, 40+25\} = 65$$

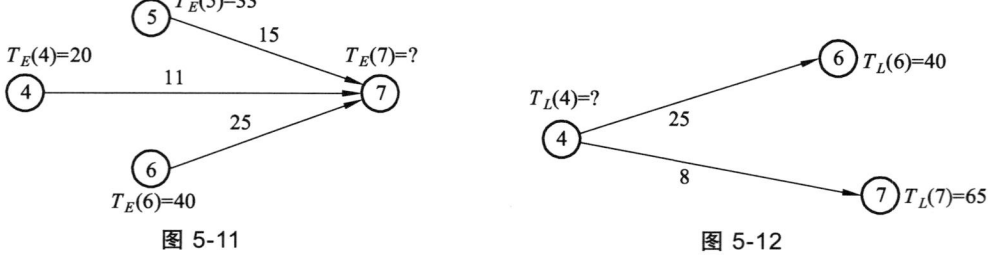

图 5-11　　　　　　图 5-12

二、节点的最迟必须结束时间 $T_L(i)$

节点最迟必须结束时间,就是在此时期内该节点以前的工序必须完成,否则就要影响紧后的各工序的按时开工,从而影响整个工程的工期。一般令最终节点的最迟必须结束时间等于它的最早可能完工时间,从而得到最后一个节点的 $T_L(n)$,这就是总完工期。$T_L(i)$ 的计算是从最终节点开始,自大号节点向小号节点逐个节点后退着计算,首先令最终节点 n 的 $T_L(n) = T_E(n)$,其他节点计算公式为:

$$T_L(i) = \min\{T_L(j) - t(i,j)\} \tag{5-3}$$

式中 $T_L(n)$——最终节点的最迟必须结束时间;

$T_E(n)$——最终节点的最早可能开始时间;

$T_L(i)$——箭尾节点的最迟必须结束时间;

$T_L(j)$——箭头节点的最迟必须结束时间。

式(5-3)表明:若箭尾节点同时引出了几支箭线时,则选取其中差值最小者为该箭尾节点的最迟必须结束时间。

例如,图 5-12 中的节点④有两个后接节点⑥、⑦,已知 $T_E(6) = 40$,$T_E(7) = 65$,工序时间 $t(i,j)$ 如图 5-12 所示。

$$T_L(4) = \min\{T_L(6) - t(4,6), T_L(7) - t(4,7)\} = \min\{40 - 25, 65 - 8\} = 15$$

三、节点的时差 $S(i)$

节点的时差是指该节点最迟必须结束时间与最早可能开工时间之差,它表明节点有多少机动时间可以利用,其计算公式为:

$$S(i) = T_L(i) - T_E(i) \tag{5-4}$$

节点的时间参数的计算可以直接在图上进行,称为图上计算法,根据网络的结构,计算节点的最早可能开工时间 $T_L(i)$ 时,主要看从该节点引出几条箭线,计算了 $T_E(i)$ 和 $T_L(i)$ 以后就很容易用两者之差得到 $S(i)$。一般 $T_E(i)$ 和 $T_L(i)$ 用得比较多,它们是计算工序时间参数的基础,用方框"□"把 $T_E(i)$ 的数字及用三角形"△"把 $T_L(i)$ 的数字标在各节点的旁边。

5.3.3 工作时间参数的计算

一、工序的最早可能开工时间 $T_{ES}(i,j)$

一项工序 (i,j) 必须等它的所有紧前工序都完工以后才能开始,在此之前是不具备开工条件的,这个时间值就称为工序 (i,j) 的最早可能开工时间 $T_{ES}(i,j)$。

$T_{ES}(i,j)$ 可以用节点的最早可能开始时间 $T_E(i)$ 计算,显然,某工序的最早可能开工时间就是它的箭尾节点的最早可能开始时间,即

$$T_{ES}(i,j) = T_E(i) \tag{5-5}$$

二、工序的最早可能完工时间 $T_{EF}(i,j)$

某项工序的最早可能完工时间就是它的最早可能开工时间加上该工序所需要的时间,即

$$T_{EF}(i,j) = T_{ES}(i,j) + t(i,j) \tag{5-6}$$

三、工序的最迟必须完工时间 $T_{LF}(i,j)$

工序的最迟必须完工时间就是为了不影响紧后工序的如期开工,此工序最迟必须完工的时间,显然,它等于箭头节点的最迟必须结束时间,即

$$T_{LF}(i,j) = T_L(j) \tag{5-7}$$

四、工序的最迟必须开工时间 $T_{LS}(i,j)$

工序的最迟必须开工时间就是为了不影响紧后工序的如期开工,此工序最迟必须开始工作的时间,显然,它等于箭头节点的最迟必须结束时间减去本工序时间(箭线的权),即

$$T_{LS}(i,j) = T_L(j) - t(i,j) \tag{5-8}$$

五、工序的总时差 $R(i,j)$

工序的总时差(又称总机动时间)是在该工序的完工不会影响整个工程总工期的条件下,可以推迟开工的机动时间,它表明工序有多少机动时间可以利用,并且总时差是该工序的最大机动时间,它为计划进度的合理安排提供了依据,从而可以挖掘时间潜力,使计划安排和资源分配合理化,其计算公式为:

$$R(i,j) = T_L(j) - T_E(i) - t(i,j) \tag{5-9}$$

即箭头节点的最迟必须结束时间减去箭尾节点的最早可能开始时间,再减去工序时间。所有总时差为零的工序构成的路线就是关键路线,这是判别关键路线的充要条件。

工序总时差是以不影响整个工程的完工时间为前提求出的,它可以储存在该工序所在的路线中,可以将本工序的一部分或全部总时差转让给同一路线(非关键路线)的其他工序使用。

当路线上某一工序占用了这部分总时差后,该路线上的其他工序就不能再使用了。

六、工序的单时差 $r_1(i,j)$ 和 $r_2(i,j)$

工序的单时差(又称局部机动时间)是指在工序的完工期内,以不影响紧后工序的最早开始时间(或不影响紧前工序的最迟完工时间)为前提,该工序可以利用的机动时间,这里针对两种不同前提,就产生了两类单时差。

1. 工序的第一类单时差 $r_1(i,j)$

工序的第一类单时差(又称第一类局部机动时间)是指该工序的箭尾节点和箭头节点都在最早可能开始时间和条件下,该工序可以利用的机动时间,其计算公式为:

$$r_1(i,j) = T_E(j) - T_E(i) - t(i,j) \tag{5-10}$$

式中　$T_E(j)$——箭头节点的最早可能开始时间；
　　　$T_E(i)$——箭尾节点的最早可能开始时间。

2. 工序的第二类单时差 $r_2(i,j)$

工序的第二类单时差（又称第二类局部机动时间）是指该工序的箭尾节点和箭头节点都在最迟必须结束时间的条件下，该工序可以利用的机动时间，其计算公式为：

$$r_2(i,j) = T_L(j) - T_L(i) - t(i,j) \tag{5-11}$$

式中　$T_L(j)$——箭头节点的最迟必须结束时间；
　　　$T_L(i)$——箭尾节点的最迟必须结束时间。

工序的总时差和两类单时差与节点的时间参数的关系可以用图 5-13 来说明。

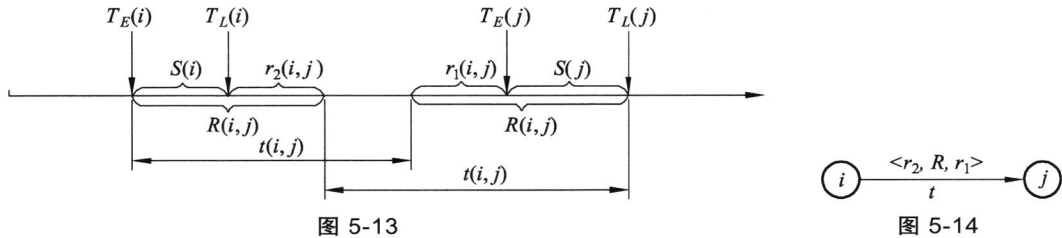

图 5-13　　　　　　　　　　　　　图 5-14

工序的三个时差可以利用节点的最早可能开工时间、最迟必须完工时间及工序时间，在网络图上直接按式（5-9）～（5-11）计算出来，并按 $<r_2, R, r_1>$ 方式标在工序的箭线上面（或下面），如图 5-14 所示。

图 5-14 中，r_2 为工序 (i,j) 的第二类单时差；r_1 为工序 (i,j) 的第一类单时差；R 为工序的总时差；t 为工序时间。

【例 5-3】　某工程的网络图及工序时间 $t(i,j)$ 如图 5-15 所示，计算节点时间参数和工序的三个时差，并确定关键路线及工期（工序时间单位：h）。

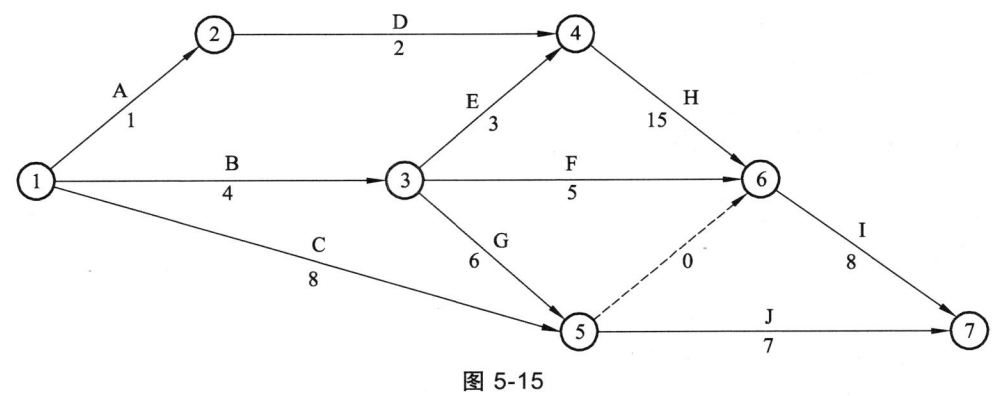

图 5-15

解：先求各节点的时间参数，根据图 5-15 计算如下。

$T_E(1) = 0$，$T_L(7) = T_E(7) = 30$
$T_E(2) = 0 + 1 = 1$，$T_L(6) = 30 - 8 = 22$
$T_E(3) = 0 + 4 = 4$，$T_L(5) = \min\{22 - 0, 30 - 7\} = 22$

$T_E(4) = \max\{1+2, 4+3\} = 7$, $T_L(4) = 22-15 = 7$
$T_E(5) = \max\{4+6, 0+8\} = 10$, $T_L(3) = \min\{7-3, 22-5, 22-6\} = 4$
$T_E(6) = \max\{7+15, 4+5, 10+0\} = 22$, $T_L(2) = 7-2 = 5$
$T_E(7) = \max\{22+8, 10+7\} = 30$, $T_L(1) = \min\{5-1, 4-4, 22-8\} = 0$

将时间参数标在图 5-16 上。

根据图 5-16 上标出的各节点的时间参数和工序时间按照式（5.9）~（5.11）可得：

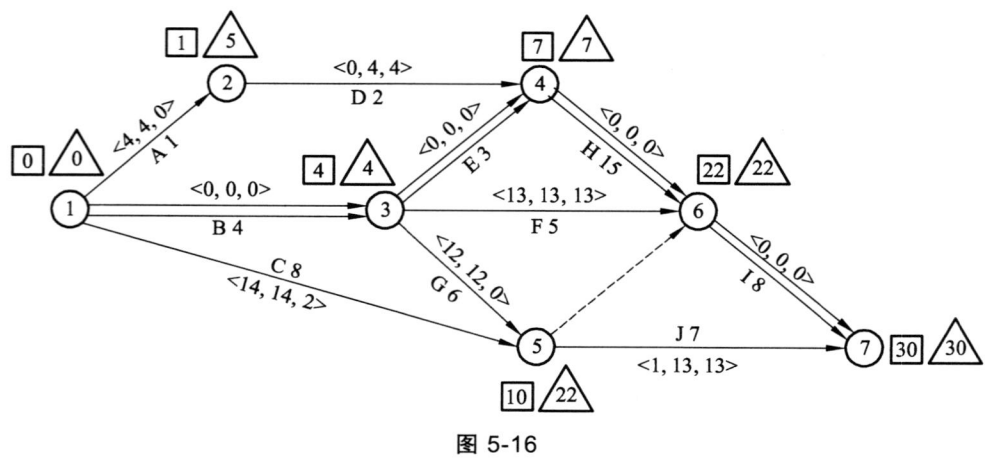

图 5-16

很容易计算出 $R(i,j), r_1(i,j), r_2(i,j)$ 并按照 $<r_2, R, r_1>$ 方式标在各工序的箭线上面（或下面），然后将总时差 $R(i,j) = 0$ 的工序加粗即得关键路线，而 $T_E(7) = T_L(7) = 30$ 就是该工程的工期。

5.4 工序各种时差的分析与使用

计算工序时差的目的是分析网络中各条路线及各工序的松弛情况，为网络的控制、协调、资源（人力、物力）合理分配及网络最优化提供科学的依据，下面做一些简要的分析。

5.4.1 总时差、单时差、路线时差的关系

总时差与单时差的关系是：在某一工序上，总时差最大，第一类单时差和第二类单时差都小于或等于工序的总时差，即

$$R(i,j) \geq r_1(i,j) \quad \text{和} \quad R(i,j) \geq r_2(i,j)$$

通过各工序的时差计算，可以求出路线时差，所谓路线时差就是关键路线与某条非关键路线的持续时间之差。路线时差越大，说明该条路线与关键路线相比，所需作业时间越短，在时间上的潜力就越大。由于路线上各个工序的总时差是在保证整个工期的前提下求得的，可以储存在路线中，为各工序所共用，因此，路线的时差不能用工序的总时差计算，路线的时差等于该路线上各工序的同类单时差之和，即等于第一类单时差之和或第二类单时差之和，记为 P_S。

$$P_S = \sum_1^n r_1(i,j) \tag{5-12}$$

或

$$P_S = \sum_1^n r_2(i,j) \tag{5-13}$$

式中　P_S——第 s 条非关键路线的时差；
　　　n——第 s 条非关键路线中共有工序个数；
　　　$r_1(i,j)$——非关键路线中各工序的第一类单时差；
　　　$r_2(i,j)$——非关键路线中各工序的第二类单时差。

例如，图 5-16 中的 ① $\xrightarrow{<14,14,2>}$ ⑤ $\xrightarrow{<1,13,13>}$ ⑦ 为一非关键路线，其路线时差为：

$$P_S = r_1(1,5) + r_1(5,7) = 2 + 13 = 15$$

或

$$P_S = r_1(1,5) + r_1(5,7) = 14 + 1 = 15$$

即该路线时差为 15。

5.4.2　工序时差的使用

所谓工序时差的使用就是通过对某工序的人、财、物的调整，改变该工序的作业时间 $r(i,j)$，从而使该工序的时差（机动时间）减小或消失，由非关键路线变成关键路线。

由上述总时差与单时差的关系可知，单时差是总时差中的一部分，一般优先考虑使用单时差，然后再考虑使用总时差，因为单时差使用时对紧后（紧前）工序的时差使用不会造成影响。工序时差的最大使用范围不能超过总时差，否则，会影响整个工期。

时差是路线上的时差，因此要考虑对于某一处工序使用时差后，对紧前工序和紧后工序可利用时差的影响，在遵循使用时差不超过总时差（关键路线不变）的条件下，有以下几种情况。

（1）若使用的时差既在第一类单时差 $r_1(i,j)$ 的范围内，又在第二类单时差 $r_2(i,j)$ 的范围内时，则紧前工序和紧后工序的总时差都不会减小（不变）。

（2）若使用的时差在 $r_1(i,j)$ 的范围内，但超过了 $r_2(i,j)$ 范围，则紧前工序的总时差要减小，而紧后工序的总时差不变。

（3）若使用的时差在 $r_2(i,j)$ 的范围内，但超过了 $r_1(i,j)$ 的范围，则紧后工序的总时差要减小，而紧前工序的总时差不变。

（4）若使用的时差在 $R(i,j)$（总时差）的范围内，但超过了 $r_1(i,j)$ 和 $r_2(i,j)$ 的范围，则紧前工序和紧后工序的总时差都要减小。

用 $<r_2,R,r_1>$ 标记就是上述情况的形象描述。"$<r_2$"是指向紧前工序，表明使用时差超过 r_2 时，则紧前工序的总时差要减小；同理，"$r_1>$"表示对紧后工序的总时差影响；"$<r_2,R,r_1>$"表明使用时差在 R 以内，但超过了 r_1 和 r_2 时，则对紧前工序和紧后工序的总时差的影响（减小）。

例如，图 5-16 中①$\xrightarrow[<14,14,2>]{\frac{C}{8}}$⑤$\xrightarrow[<1,13,13>]{\frac{J}{7}}$⑦，如果 C 工序①——⑤使用时差为 2（≤）时，即调走人力、物力，使原来的 $t(1,5)=8$ 变成 10，则⑤——⑦ J 工序的总时差等于 13 保持不变；如果①——⑤，C 工序使用时差为 3，即调走人力、物力，使 $t(1,5)=8$ 变成 11，此时可以计算得 $R(5,7)=12$，即比原来的 13 减小了 1，减小量正好等于超出 r_1 的量。

5.5 完成工期的概率估计

在现实生活中，工程的完工时间很难确切地计算到具体数值。但是，不进行一个完成工期的计算，对工程的整体指导作用不利。所以，在进行工程完成工期的计算时，引入完成工期的概率估计，用这种方法计算出工程完成工期的数学期望和完成工期的方差，来描述完成工期的数学分布。

在新建项目或科研项目中，对工序所需的时间 $t(i,j)$ 没有把握，前面介绍过是用 a,b,m 三个点估计的，即工序时间的数学期望和方差为：

$$t(i,j) = \frac{a+4m+b}{6}$$

$$\sigma(i,j) = \frac{b-a}{6} \tag{5-14}$$

在一项工程中，关键路线一共有 S 个关键工序，则此工程的完工期的期望值为：

$$T_E = \sum_{R=1}^{S} \frac{a_R + 4m_R + b_R}{6} \tag{5-15}$$

上式中，a_R, m_R, b_R 为关键工序的三点估计值。工程的完工期的均方差为：

$$\sigma = \sqrt{\sum_{R=1}^{S}\left(\frac{b_R - a_R}{6}\right)^2} \tag{5-16}$$

一般可以认为，工程的完工时间具有随机性，服从以 T 为均值、以 σ 为均方差的正态分布。如果要规定工程的完工期为 T_K，在 T_E 已知的条件下，可以利用标准正态分布表求出在时间 T_K 内完工的概率，其求法是先作标准化转换，即得：

$$\lambda = \frac{T_K - T_E}{\sigma} \tag{5-17}$$

然后，根据查标准正态分布表，就可求得工程在时间 T_K 内完成的概率 $P(\lambda)$。

反之，可以求出希望完成工程的概率不小于 P_0 的工期 T_{K0}。其方法是：先根据 P_0 在标准正态分布表上查到 λ_0，然后由式（5-17）可得：

$$T_{K0} = T_E + \lambda_0 \sigma \tag{5-18}$$

【**例 5-4**】 某工程的关键路线为（1，3，5，7，9），表 5-2 给出了关键工序的最乐观时间、最可能时间和最悲观时间，即 a，b，m 的三点估计值。试求该工程在 17 天内完工的概率和在 19 天完工的概率。

解：根据 a，b，m，由式（5-14）计算出期望时间和均方差，列于表 5-2 的后两列。

表 5-2

工序	a	m	b	$T_E(i,j)$	$\sigma(i,j)^2$
(1，3)	1	2	3	2	1/9
(3，5)	2	3	10	4	16/9
(5，7)	2	5	8	5	1
(7，9)	3	4	5	4	1/9

由式（5.15）和式（5.16）计算得到工程的完工时间期望值和均方差为：

$$T_E = \sum T_E(i,j) = 15$$
$$\sigma = \sqrt{\sum \sigma(i,j)^2} = \sqrt{3}$$

则工程完工时间服从正态分布 $N(15,\sqrt{3})$。

（1）要求 17 天内完工的概率，则由式（5-17）计算得到：

$$\lambda_1 = \frac{T_K - T_E}{\sigma} = \frac{17-15}{\sqrt{3}} = 1.15$$

以 $\lambda_1 = 1.15$ 查正态分布表得概率 $P_1 = 87\%$，即 17 天内的完工概率为 87%。

（2）同理，$\lambda_2 = 2.3$，查表得 19 天内的完工概率为 99%。

5.6 网络计划的平衡和优化

上文详细介绍了图的建立和网络图的时间分析，这还只是描述系统和发现问题，包括：影响并决定工程工期的关键路线、非关键路线、非关键路线中存在着松弛时间（时差）等。然而，网络计划技术的目的是要解决问题，例如如何缩短工期、资源（人、财、物）的合理分配及网络的优化等。这就是下面要介绍的内容。

一、时间的平衡与调整

时间的平衡与调整的目的在于科学地计划、安排工序，以期缩短工程的工期。在网络中，关键路线决定着工程的工期，因此，缩短工期的着眼点是关键路线，其主要途径有以下几种：

（1）采取技术措施，缩短某些关键工序时间，如采取先进工艺等。

（2）采取组织、管理措施，在工艺流程允许的条件下，对关键工序组织平行、交错作业。

（3）利用时差，从非关键工序中抽调人力、物力，集中在关键工序上使用，以缩短关键工序时间，从而达到缩短工期的目的。关于时差的使用原则前面已介绍过。

二、资源的平衡与调整

资源的平衡与调整是指网络中,在保证一定工期的前提下,合理地使用资源(人力、物力)。

为了合理地使用资源,必须对网络图进行调整,调整的原理是"移峰填谷"。调整的原则如下:

(1)优先保证关键工序和时差较小的工序对资源的需要。

(2)充分利用时差,在其允许的范围内,尽可能错开各工序的开工时间,使资源均衡、连续地投入生产过程,避免出现骤增骤减的现象。

(3)万不得已时,可以适当调整工期,以保证资源均衡、合理地使用。

【例 5-5】 下面通过例子说明平衡人力资源的方法。假设现有机械加工工人数 65 人,要完成工作 D、F、G、H、K。各工作需要工人数量列于表 5-3。

表 5-3

工作	持续时间(天)	需要工人(人数)	总时差(天)
D	20	58	0
F	18	22	47
G	30	42	0
H	15	39	20
K	25	26	0

由于机械加工工人人数的限制,若上述工作都按最早开始时间安排,在完成各关键工作的 75 天工期中,每天需要机械加工工人人数如图 11-9 所示。有 10 天需要 80 人,另 10 天需要 81 人,超过了现有机械工人人数的约束,必须进行调整。以虚线表示的非关键路线上非关键工作 F、H 有机动时间,若将工作 F 延迟 10 天开工,就可以解决第 70~80 天的超负荷问题;将工作 H 推迟 10 天开工,可以解决第 100~110 天的超负荷问题。于是新的负荷图(见图 5-17)能满足机械工人的人数 65 人约束条件。以上人力资源平衡是利用非关键工作的总时差,可以避开资源负荷的高峰。

避开资源负荷高峰时,可以采用将非关键工作分段作业或采用技术措施减少所需要的资源,也可以根据计划规定适当延长项目的工期。

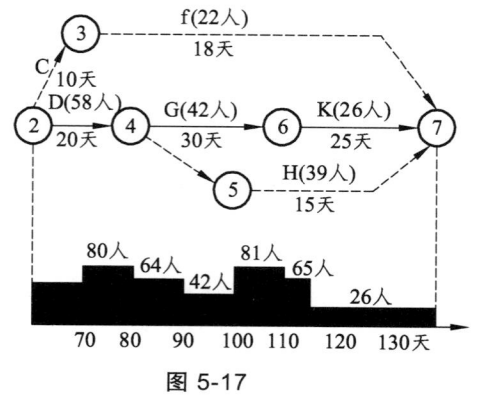

图 5-17

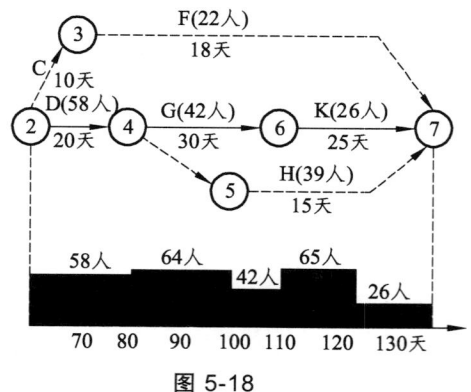

图 5-18

三、网络计划的优化

所谓网络计划的优化就是运用最优化原理调整和改善原始网络计划，以做出最理想的进度安排。优化的主要内容是：如何安排进度以使用最低的总成本获得最短的工期；在一定资源条件下，寻求最短的工期，或在一定工期条件下，使投入的资源数量最少等。下面着重讨论时间-费用优化。

时间费用优化就是研究用最低的总成本获得最佳工期，这里的总费用包括直接成本（材料费、人工费等）和间接成本（管理费、库存费等）。

总成本是直接成本与间接成本之和，缩短工期需要一定的代价，从而引起直接成本增加，因缩短单位时间而引起直接成本的增加量，称为直接费用增加率（或称费用梯度），记为 q，即

$$q = \frac{\Delta c}{\Delta t} \tag{5-19}$$

式中　Δc——由缩短工期引起的直接费用增加量；
　　　Δt——工期的缩短时间。

同理，间接成本会因工期缩短而减少。反之，延长工期会引起直接成本的减少和间接成本的增加。直接成本和间接成本与时间的关系可以用图 5-19 来表示，可以简单地表示为直接成本是时间的指数下降函数，间接成本是时间的线性增长函数，则总成本为两者之和，表现为先降后升，有一个全局最低点。时间-费用优化就是求这个总成本的最低点。

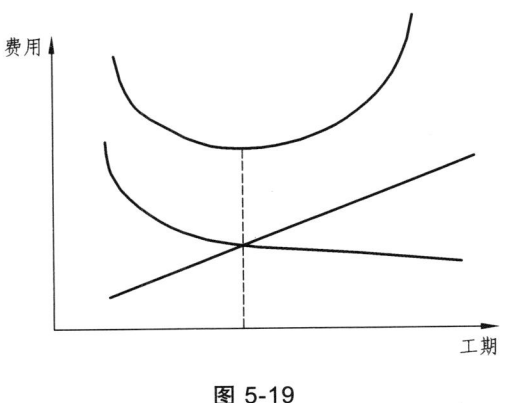

图 5-19

如果工期缩短的时间使得直接成本的增加量小于间接成本的减少量，则工程费用就减少。这样，通过反复的试算，便可以求得最低费用工期。为了求得最低费用工期，我们遵循这样的原则：如果工期的缩短使得由此引起直接成本的增加量小于或等于间接成本的减少量，则这个缩短是可行的，否则停止。

下面通过例题来说明时间-费用优化的求解过程。

【例 5-6】 考虑如表 5-4 所示的计划项目，已知间接费用每天 5 元，要求利用直接费用增加率和间接费用来决定本项目的最优工期。

解：（1）首先按表 5-4 中的工序衔接关系和工序时间作出网络图（见图 5-20），并计算出有关时间参数。

表 5-4

工序	A	B	C	D	E	F	G	H
紧前工序	无	无	B	A、C	A、C	D	E	F、G
工序时间/天	10	5	3	4	5	6	5	5
允许工序缩短天数	3	1	1	1	2	3	3	1
直接费用增加率/(元/天)	4	2	2	3	3	5	1	4

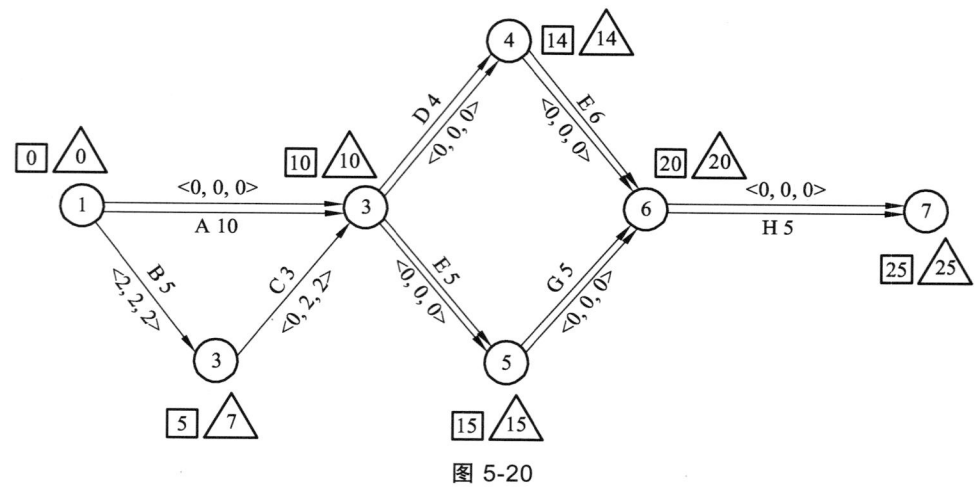

图 5-20

（2）必须明确一个思想：若要缩短工期必定是在关键工序上缩短时间。

要使总成本较低，应优先考虑那些直接费用增加率较小的关键工序，并且与节省的间接费用进行比较，当关键工序的直接增加费用小于间接费用的节省时，可以通过缩短工期来减少总成本。

当选定缩短时间的关键工序后，随后要考虑在该工序上的缩短时间，缩短时间必须在允许范围之内，除此之外，还要考虑到次关键路线的路线时差，防止时间缩短过多，而使得次关键路线凸现成为最长的关键路线，也就是必须保证缩短的时间是在使原路线仍为关键路线的范围内。

根据以上的原则，对图 5-20 分析如下。

（1）从所有关键工序的直接费用增加率来看，G 工序最小，但仅缩短 G 并不能缩短工期，必须把 G 与 D（或 G 与 F）同时缩短才能缩短工期，G 工序的费用增加率与 D 工序的费用增加率之和与 A、H 的费用增加率相同，且均为 4 元/天，这比节省的间接费用 5 元/天要小，即缩短 A，H，G 和 D 一天能降低总货用 5 − 4 = 1 元，所以，首先要考虑这几个工序的缩短天数。

（2）H 工序只允许缩短 1 天，于是将 H 工序缩短 1 天。

（3）A 工序允许缩短 3 天，但是缩短 2 天后再继续缩短并不能缩短工期，因为非关键路线的时差只有 2 天，要继续缩短必须把 A 和 B（或 A 和 C）同时缩短，但它们的费用增加率之和都是 4+2 = 6 元/天，这比节约的间接费用 5 元/天要高，所以 A 工序只能缩短 2 天。

（4）G 和 D 工序同时缩短，由于 D 只允许缩短 1 天，所以将 G 和 D 工序各缩短 1 天，到此为止工期已经缩短了 4 天，这时工期为 21（25 − 4 = 21）天。

（5）还有 D 和 E（或 D 和 F）同时缩短也能缩短工期，但费用增加率之和均超过了节约的间接费用，所以缩短它们不合算。

通过分析可知，工期不一定是缩短到最短就是最优，缩短到一定程度后，若要继续缩短，则总成本会增加，这是继续缩短工期代价太高的原因，本例正常完工期为 25 天，允许缩短到 17 天，但最优工期是 21 天（将 A 压缩 2 天，H 压缩 1 天，D 和 G 各压缩 1 天，其余工序不变），最小总费用为：

$$Z = (21 \times 5 + 2 \times 4 + 1 \times 4 + 1 \times 4) 元 = 121 元$$

对于较大的网络计划，采用上述分析方法是比较麻烦的，一般可以采用规划方法（线性规划）来处理。

设工程项目的每道工序 (i,j) 的正常时间为 k_{ij}，可压缩到 l_{ij}（允许缩短 $k_{ij} - l_{ij}$），压缩时间的直接费用增加率为 c_{ij}，单位时间的间接费用为 f，各工序的规划时间为 t_{ij}（要求的变量），k_i 为工序的箭尾节点最早开工时间，k_j 为工序的箭头节点最早开工时间（t_i、t_j 均为变量）。一般令 $t_1 = 0$ 为初始节点最早开工时间（t_n 为最终节点最早开工时间），则可用如下线性规划模型求解时间-费用优化问题。

$$\min z = f(t_i - t_1) + \sum_{(i,j)} c_{ij}(k_{ij} - t_{ij})$$

$$\text{s.t.} \begin{cases} t_1 = 0 \\ t_j - t_i \geq t_{ij} \\ l_{ij} \geq t_{ij} \geq k_{ij} \\ t_i, t_{ij} \geq 0 \end{cases} \quad (\text{对一切工序 } (i,j))$$

如果要求工程项目的完成工期不迟于 T，求直接费用最小，则模型应修改为：

$$\min z = \sum_{(i,j)} c_{ij}(k_{ij} - t_{ij})$$

$$\text{s.t.} \begin{cases} t_1 = 0 \\ t_j - t_i \geq t_{ij} \\ l_{ij} \geq t_{ij} \geq k_{ij} \\ t_n - t_1 \leq T \\ t_i, t_{ij} \geq 0 \end{cases} \quad (\text{对一切工序 } (i,j))$$

如果用于缩短工期的资金限额为 B，求工期最小可以缩短到多少，则模型应修改为：

$$\min s = t_n - t_1$$

$$\text{s.t.} \begin{cases} t_1 = 0 \\ t_j - t_i \geq t_{ij} \\ l_{ij} \geq t_{ij} \geq k_{ij} \\ \sum_{(i,j)} c_{ij}(k_{ij} - t_{ij}) \leq B \\ t_i, t_{ij} \geq 0 \end{cases} \quad (\text{对一切工序 } (i,j))$$

【例 5-7】 用线性规划方法求解例 5-6。

$$\min z = 5(t_7 - t_1) + 4(10 - t_{13}) + 2(5 - t_{12}) + 2(3 - t_{23}) + 3(4 - t_{34}) + 3(5 - t_{35}) + 5(6 - t_{45}) + (5 - t_{56}) + 4(5 - t_{67})$$

$$\text{s.t.} \begin{cases} t_1 = 0, & 7 \leq t_{13} \leq 10 \\ t_3 - t_1 \geq t_{13}, & 4 \leq t_{12} \leq 5 \\ t_2 - t_1 \geq t_{12}, & 2 \leq t_{23} \leq 3 \\ t_3 - t_2 \geq t_{23}, & 3 \leq t_{34} \leq 4 \\ t_4 - t_3 \geq t_{34}, & 3 \leq t_{35} \leq 5 \\ t_5 - t_3 \geq t_{35}, & 3 \leq t_{46} \leq 6 \\ t_6 - t_4 \geq t_{46}, & 2 \leq t_{56} \leq 5 \\ t_6 - t_5 \geq t_{56}, & 4 \leq t_{67} \leq 5 \\ t_7 - t_6 \geq t_{67}, & t_i \geq 0 \quad (i = 1, 2, \cdots, 7) \end{cases}$$

解： 由此线性规划（可以用单纯形）解得

$t_1 = 0$, $t_2 = 5$, $t_3 = 8$, $t_4 = 11$, $t_5 = 13$,
$t_6 = 17$, $t_7 = 21$, $t_{13} = 8$, $t_{12} = 5$, $t_{23} = 3$,
$t_{34} = 3$, $t_{35} = 5$, $t_{36} = 6$, $t_{56} = 4$, $t_{67} = 4$,
$\min z = 121$

最优工期为 $t_7 = 21$ 天，工序 A 压缩 2 天，D，G，H 各压缩 1 天即可，这与前面分析得到的结果相同。

5.7 案例分析

案例 5-1 网络计划技术在健康组织管理中的运用

在下面的例子中，项目管理者按作业顺序罗列出了项目作业的内容，每项作业所需的最乐观时间、最悲观时间以及最可能时间如表 5-5 所示（以周为单位）。

表 5-5

作业代号	作业描述	紧前作业	最乐观时间（O）	最悲观时间（P）	最可能用时（M）	估计用时（0+4M+P）/6
A	选择行政及医疗工作者	—	9	15	12	12
B	选择地点及地点调查	—	5	13	9	9
C	挑选器材	A	8	12	10	10
D	准备最终建设计划及设计方案	B	7	17	9	10
E	将工具带到现场	B	18	34	23	24
F	面试申请人，填充护理辅助、维修及安保人员等职位	A	9	15	9	10
G	购买及运送设备	C	30	40	35	35

续表

作业代号	作业描述	紧前作业	最乐观时间（O）	最悲观时间（P）	最可能用时（M）	估计用时（O+4M+P）/6
H	建造医院	D	35	49	39	40
I	构建信息系统	A	12	18	15	15
J	安装设备设施	E，G，H	3	9	3	4
K	培训护士及技术支持人员	F，I，J	7	11	9	9

关的网络计划图及关键工序与关键路径（红线标注）（见图5-21）。

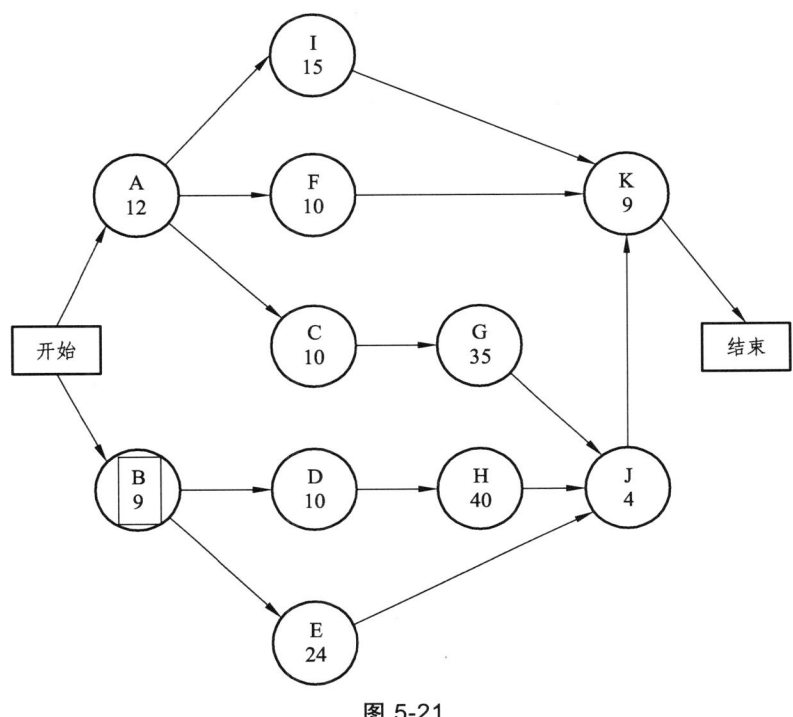

图 5-21

对于每项作业的最早开始时间、最早结束时间、最迟开始时间以及最迟结束时间，计算如表5-6所示。

表 5-6

节点	持续时间	最早开始	最早结束	最迟开始	最迟结束	总时差
A	12	0	12	2	14	2
B	9	0	9	0	9	0
C	10	12	22	14	24	2
D	10	9	19	9	19	0
E	24	9	33	35	59	26
F	10	12	22	53	63	41

续表

节点	持续时间	最早开始	最早结束	最迟开始	最迟结束	总时差
G	35	22	57	24	59	2
H	40	19	59	19	59	0
I	15	12	27	48	63	36
J	4	59	63	59	63	0
K	6	63	72	63	72	0

每个节点的含义以及经过计算优化后的网络计划图及关键工序和关键路线（红色标注）如图 5-22、图 5-23 所示。

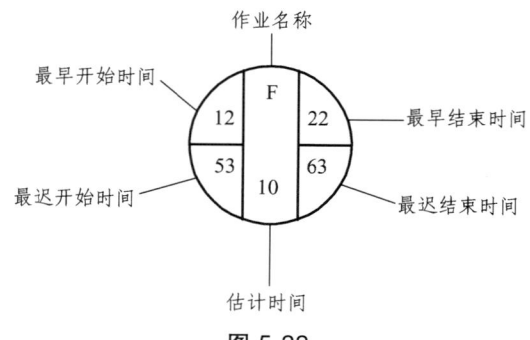

图 5-22

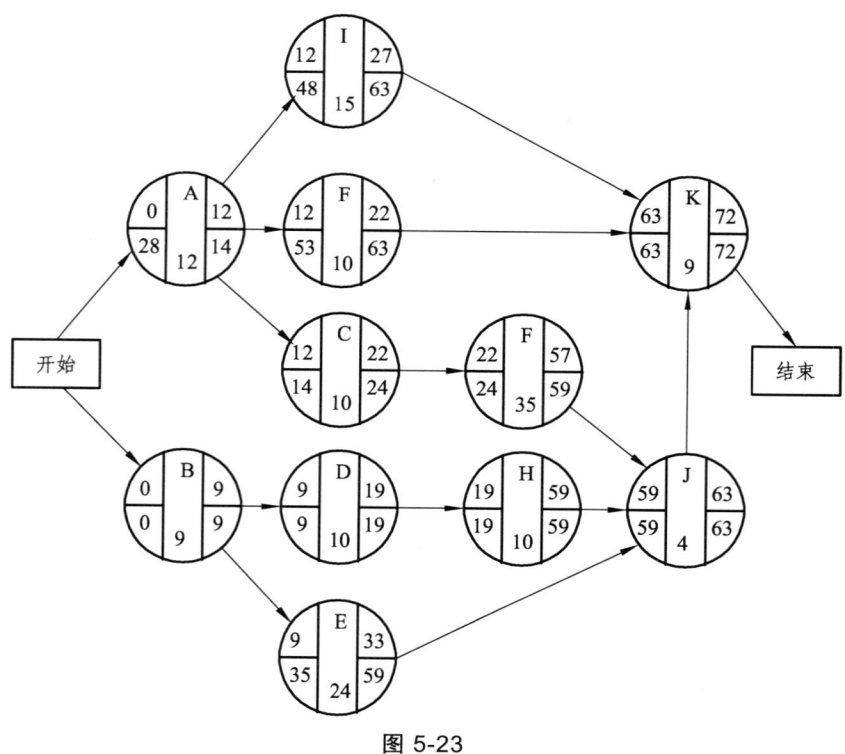

图 5-23

案例 5-2　网络计划技术在柳钢编组站扩容改造中的应用

柳钢编组站是在 20 世纪 50 到 60 年代设计的，其编组、解体、外排、到达、内转等能力较小。按照柳钢"十五"发展规划，柳钢编组站是完全不能承受编组、解体以及通过能力的。为此，实施编组站存车容量和调车作业能力的扩容改造是运输部保产工作的重点和难点，并且采用立足于在编组站 22～23 道之间新建设 4 条铁路线进行扩容改造的方案。结合考虑工程实施的结构、进度、所需的人员和材料，最后决定采用"网络计划技术"来扩容改造柳钢编组站。

一、网络计划的制定

（1）按照如下原则确定各工序时间和人数：
① "广西区建筑工程预算定额"和"铁道部铁路预算定额"；
② 结合运输部实际装备和人员综合素质情况；
③ 集团公司指令性期限。
④ 对无任何定额和期限的项目，按"经验估工法"计算。

（2）根据上述原则分析各工序时间和人数以及工程工序规律关系，由小到大排列"作业编号""作业代号"并同时标出"作业时间"和"紧前作业"。

（3）采取由左至右的"顺推法"，即从工程开工的第一个节点顺推到工程结束的第 26 个节点为止。排列时需要平行作业的就展开成平行作业，需要集中时再集为一体，最后以完工节点代表该项工程施工结束，并由此制定网络施工图。

（4）以各工序的作业时间为依据来计算出每一工序的"最早可能开工时间"和"最迟必须开工时间"以及"最早可能结束时间"和"最迟可能结束时间"，并计算出"总时差"，以总时差为零找到"关键工序"，以粗实线或双画线从左至右连接所有关键工序，这些关键工序之和就是该项工程的关键路线。

（5）推算出该项工程立足于现有人力、物力的条件下的工程工期为 148 天。为了缩短工期，提高效率，根据实际人力和物力资源不能再增加的情况下，唯有根据各工序特点多采取"平行作业""交叉作业"等方法来进行网络优化（详见图 5-24），并计算出相关时间、总时差，同时找出关键工序和关键路线（详见表 5-7）。

表 5-7

顺号	作业名称	作业代号	紧前作业	作业编号	作业天数（天）	最早开始	最早结束	最迟开始	最迟结束	总时差	关键工序
1	现场勘察测量和初步设计	A	—	①-②	3	0	3	0	3	0	①-②
2	报公司审批	B	A	②-③	4	3	7	3	7	0	②-③
3	设计院出图	C	B	③-④	7	7	14	7	14	0	③-④
4	组织订货以及现场堆码（钢轨、枕木、道岔、石砟等）	D	C	④-⑰	30	14	44	24.5	54.5	10.5	

续表

顺号	作业名称	作业代号	紧前作业	作业编号	作业天数（天）	最早开始	最早结束	最迟开始	最迟结束	总时差	关键工序
5	任务书下达	E	C	④-⑤	2	14	16	14	16	0	④-⑤
6	现场勘察测量和撒石灰线	F									
			F1	E	⑤-⑥	1	16	17	16	17	0	⑤-⑥
			F2	F1	⑥-⑨	1	17	18	31	32	14	
7	清理场地杂物（钢轨、枕木、铁矿石等）	G	G1	F1	⑥-⑦	15	17	32	17	32	0	⑥-⑦
			G2	G1	⑦-⑩	15	32	47	32	47	0	⑦-⑩
8	拆除编23道中部以东铁路以及编26号道岔和信号灯	H	H1	F1	⑥-⑧	2	17	19	41	43	24	
			H2	H1	⑧-⑪	2	19	21	45	47	26	
9	现场路基测量放线和撒石灰线	I	I1	H1	⑧-⑫	4	19	23	43	47	24	
			I2	I1,H2,G2	⑫-⑬	4	47	51	47	51	0	⑫-⑬
10	路基开挖和土方运走	J	J1	I1,G2,H2	⑫-⑭	3.5	47	50.5	47.5	51	0.5	
			J2	J1,I2	⑭-⑯	3.5	51	54.5	51	54.5	0	⑭-⑯
11	现场测量放线，定出铁路中线桩	K	K1	J1,I2	⑭-⑮	2	51	53	52.5	54.5	1.5	
			K2	J2,K1	⑮-⑱	2	54.5	56.5	54.5	56.5	0	⑮-⑱
12	整理道床	L	L1	D,K1,J2	⑰-⑲	2	54.5	56.5	54.5	56.5	0	⑰-⑲
			L2	K2,L1	⑲-㉑	2	56.5	58.5	62	64	5.5	
13	散布枕木	M	M1	L1,K2	⑲-⑳	7.5	56.5	64	56.5	64	0	⑲-⑳
			M2	L2,M1	⑳-㉓	7.5	64	71.5	64	71.5	0	⑳-㉓
14	选轨、配轨及其零配件并散布现场	N	N1	L2,M1	⑳-㉒	3	64	67	68.5	71.5	4.5	
			N2	M2,N1	㉒-㉔	3	71.5	74.5	71.5	74.5	0	㉒-㉔
15	现场铺设道岔和连接钢轨、安装绝缘等	O	O1	N2	㉔-㉕	7	74.5	81.5	74.5	81.5	0	㉔-㉕
			O2	O1	㉕-㉗	7	81.5	88.5	81.5	88.5	0	㉕-㉗

续表

顺号	作业名称	作业代号		紧前作业	作业编号	作业天数（天）	最早开始	最早结束	最迟开始	最迟结束	总时差	关键工序
16	连接轨端接续线、油线等	P	P1	O1	㉕-㉖	6	81.5	87.5	83.5	89.5	2	
			P2	O2, P1	㉗-㉘	6	88.5	94.5	88.5	94.5	0	㉗-㉘
17	挖设电缆沟和埋接信号电缆以及信号灯	Q	Q1	P1	㉖-㉘	5	87.5	92.5	89.5	94.5	2	
			Q2	P2, Q1	㉘-㉙	5	94.5	99.5	94.5	99.5	0	㉘-㉙
18	粗拨道、找方向	R		Q2	㉗-㉙	1	88.5	89.5	98.5	99.5	10	
19	装、运、卸石砟和收石砟	S	S1	Q2, R	㉙-㉚	4	99.5	103.5	99.5	103.5	0	㉙-㉚
			S2	S1	㉚-㉛	4	103.5	107.5	103.5	107.5	0	㉚-㉛
20	抬道、捣固、整理石砟	T	T1	S1	㉚-㉜	4	103.5	107.5	103.5	107.5	0	㉚-㉜
			T2	S2, T1	㉜-㉞	4	107.5	111.5	107.5	111.5	0	㉜-㉞
21	现场测量放线，定出铁路中心线	U	U1	T1	㉜-㉝	2	107.5	109.5	109.5	111.5	2	
			U2	T2, U1	㉝-㊱	2	111.5	113.5	111.5	113.5	0	㉝-㊱
22	细起拨道、抬道	V	V1	U1, T2	㉝-㉟	1	111.5	112.5	112.5	113.5	1	
			V2	U2, V1	㉟-㊲	1	113.5	114.5	113.5	114.5	0	㉟-㊲
23	改轨距、补钉、拧固螺栓、装轨距拉杆、防爬器材	W		V2	㊲-㊴	8	114.5	122.5	114.5	122.5	0	㊲-㊴
24	安装道岔转辙器	X		V2	㊲-㊳	4	114.5	118.5	115.5	119.5	1	
25	轨道电路信号调试	Y		X	㊳-㊴	3	118.5	121.5	119.5	122.5	1	
26	清理现场和分堆堆码新、旧料	Z1		V2	㊲-㊴	4	114.5	118.5	118.5	122.5	4	
27	竣工验收、通车	Z2		W, Z1, Y	㊴-㊵	2	122.5	124.5	122.5	124.5	0	㊴-㊵

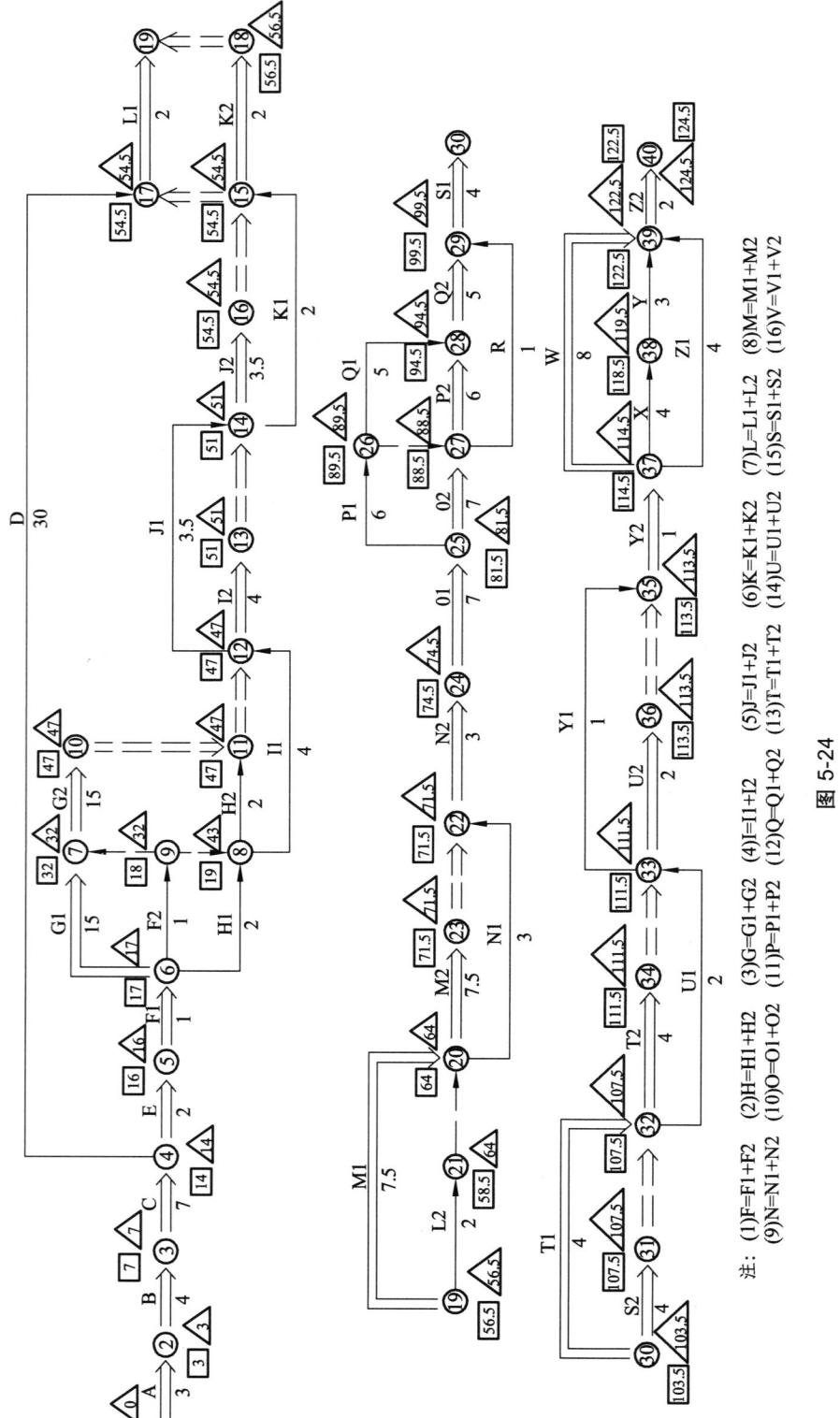

图 5-24

二、网络计划实施的动态管理

在实际工程施工中会遇到不同的特殊情况，会影响工程进度，也就是难于严格按照理论上的关键路线去实现工程进度，达到既节省资源又减少施工时间的目的。为此，我们采取了如下措施对"网络计划图"实施动态管理。

（1）施工前：组织各小组负责人以及其他涉及工程进度的人员熟悉并掌握该优化后的网络图，要求从2002年7月9日开始计算各自的开工时间。控制施工进度，对员工进行培训，充分发挥每个人的主观能动性，最大限度地挖潜，以便提高工作效率，规避风险。

（2）施工开始后：

① 按网络图的顺序展开工作，遇到平行作业、交叉作业时就分成几组展开平行交叉作业，需要集中施工时又集为一体来保证主体作业；

② 密切注视关键路线的施工情况，确保其按计划进行，当关键路线受到影响，工程进度遇到困难时，充分利用非关键路线存在时差的特点，及时抽人力、机力支援，确保每个关键工序得以按时实现，从而确保关键路线的实现；

③ 采用新技术提高工效，在生产与技改交叉作业时，在现场条件允许下，可采用"整体式预铺道岔"办法或在测量中多采用"多点控制技术"来杜绝误差等，达到短时间内"一火成材"的目的；

④ 加强全面质量管理和QC小组攻关，严把各道工序质量及工程进度，确保整体性一次验收合格。

三、采用"网络计划技术"取得的效益

（1）总工期缩短了23.5天，节约16%的工期和28万余元；

（2）提升了柳钢编组站的编组、解体以及容纳能力；

（3）整个铁路工程完全符合铁道部颁发的《铁路线路工程质量评定验收标准》，且一次性开通成功；

（4）造就了一批技术人员、管理人员和一支施工队伍；

（5）整个施工过程未发生一起轻伤以上事故、火灾事故以及路外交通责任事故，真正地体现了"安全"就是最大的降成本。

思考与练习

1. 试述网络计划的优缺点。
2. 某城市拟新建一铁路车站，如表5-8所示为其作业明细表，请画出其网络计划图。

表5-8

工序代号	紧前工序	紧后工序
a	—	b，c
b	a	d，e
c	a	e

续表

工序代号	紧前工序	紧后工序
d	b	f, g
e	b, c	f, g
f	d, e	—
g	d, e	—

3. 找出图 5-25、图 5-26 中的错误并进行修改。

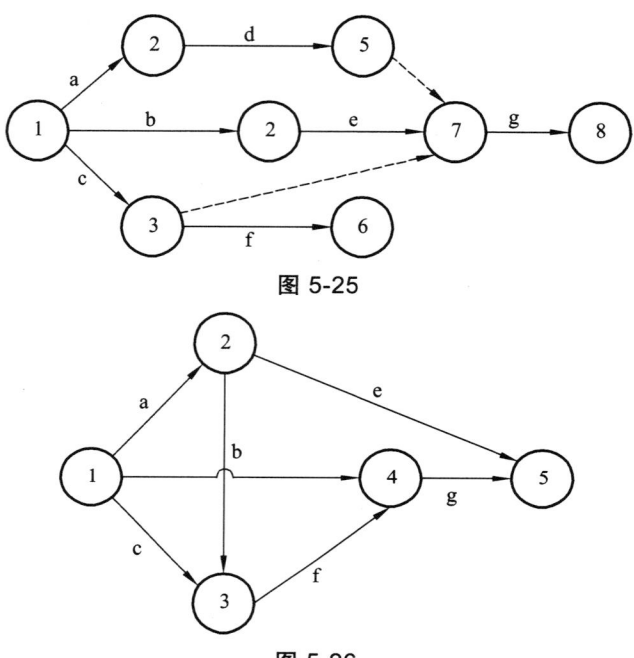

图 5-25

图 5-26

4. 求表 5-9 所示的铁路工程项目在 40 天内完成的概率。

表 5-9

工序代号	紧前工序	工序时间		
		a	m	b
A	—	1	2	3
B	A	10	20	30
C	A	12	16	20
D	A	4	14	18
E	C	-4	8	12
F	C	-2	5	8
G	D、F	4	7	10
H	B	6	9	12
I	E、G	7	8	9

5. 某铁路车站要升级改造成为集铁路、公路、地铁三种交通方式于一身的综合客运枢纽，工程网络计划图如图5-27所示。

（1）求该工程的关键路径。
（2）根据该网络图，完成这项工程最短需要多少天？
（3）公交场站设计可以多进行多少天而并不致使衔接方案设计延期？这个时间称为什么？
（4）如果地铁场站设计的工作已经在之前完成，则工程可以提前多少天完成？

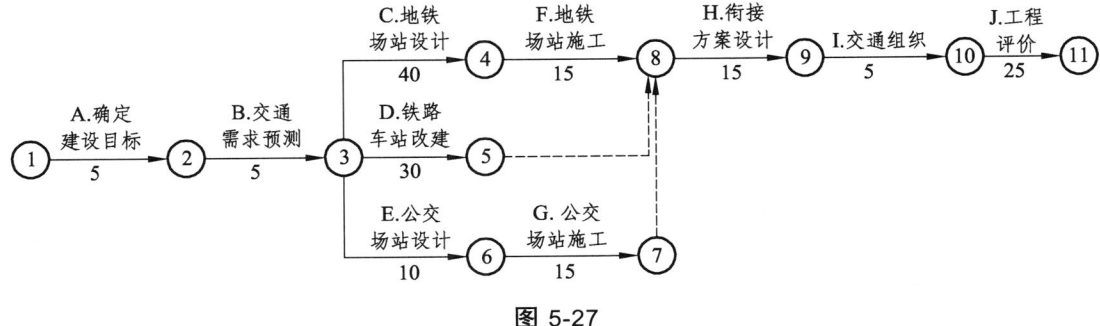

图 5-27

6. 图5-28是一个关于铁路系统的网络计划图，请回答：
（1）关键路径上的工序有哪些？
（2）工序C，D，G的松弛时间分别为多少？
（3）项目管理者决定工序D、F各缩短1天，他的这项举措会缩短整个工程的工期2天吗？

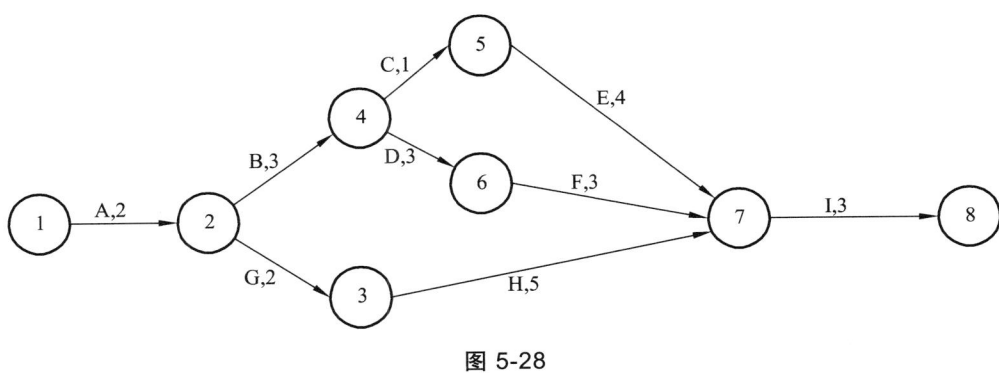

图 5-28

7. 某工程队承担的道路施工项目共有5道工序，具体资料如表5-10所列。现施工队共有20人，应如何组织施工才能使工程14天完成？

表 5-10

工作名称	紧前工作	工作时间/天	每天所需人力/人
A		10	11
B		6	8
C		4	9
D	ABC	3	8
E	ABC	4	11

8. 已知下列资料（见表 5-11）：

表 5-11

工序	紧前工序	工序时间	工序	紧前工序	工序时间	工序	紧前工序	工序时间
A	G, M	3	E	C	5	I	A, L	2
B	H	4	F	A, E	5	K	F, I	1
C	—	7	G	B, C	2	L	B, C	7
D	L	3	H	—	5	M	C	3

要求：（1）绘制网络图；
（2）用图上计算法计算各项时间参数（r 除外）；
（3）确定关键路线。

9. 已知下列资料（见表 5-12）：

表 5-12

工序	紧前工序	工序时间	工序	紧前工序	工序时间	工序	紧前工序	工序时间
a	—	60	g	b, c	7	m	j, k	5
b	a	14	h	e, f	12	n	I, l	15
c	a	20	i	f	60	o	n	2
d	a	30	j	d, g	10	p	m	7
e	a	21	k	h	25	q	o, p	5
f	a	10	l	j, k	10			

要求：（1）绘制网络图；
（2）计算各项时间参数；
（3）确定关键路线。

10. 已知下列资料（见表 5-13）：

表 5-13

活动	作业时间	紧前活动	正常完成进度的直接费用（百元）	赶进度一天所需费用（百元）
A	4		30	5
B	8		30	4
C	6	B	15	3
D	3	A	5	2
E	5	A	18	4
F	7	A	40	7
G	4	B、D	10	3
H	3	E、F、G	15	6
合 计			153	
工程的间接费用			5（百元/天）	

求出该项工程的最低成本日程。

第 6 章　交通运输系统仿真

6.1　运输系统仿真概述

6.1.1　系统仿真理论

一门完整的科学体系是在人们逐渐认识客观世界的过程中形成的。它包括形成这门科学的基础理论、进行科学活动的技术及相应的工具。仿真一开始就超越了还原论的范畴，到了今天以研究复杂系统仿真为主的新阶段，更符合了一般系统论的研究模式。一般系统论倡导使用数学模型对一般系统及其性质进行定量描述，试图用一系列新的观点和方法去描述系统的各种性质，特别是系统的动态特性。仿真就是构造反映实际系统运行行为特性的数学模型和物理模型在仿真载体（可以是计算机或其他形式的仿真设备）复现真实系统运行的复杂活动。这样可将仿真活动归结为三个组成部分（实际系统、模型、仿真载体）和三个关系（建模、仿真、评估）。建模主要处理的问题是实际系统和模型之间的关系；仿真主要考虑仿真载体和模型之间的关系；评估是对仿真结果进行可信性验证。因此我们可将系统仿真的基础理论总结为：仿真的模型论、方法论及科学方法、可信度评估理论。

一、系统仿真的定义

仿真界专家和学者对仿真下过不少定义。艾伦（A.Alan）在 1979 年 8 月出版的"仿真"期刊上对众多的定义进行了综述，其中雷诺（T.H.Naylor）于 1966 年在其专著中对仿真作了如下定义："仿真是在数字计算机上进行试验的数字化技术，它包括数字与逻辑模型的某些模式，这些模型描述某一事件或经济系统（或者它们的某些部分）在若干周期内的特征。"其他一些定义只对仿真作一些概括的描述：仿真就是模仿真实系统；仿真就是利用模型来作实验，等等。

从这些有关仿真的定义中不难看出，要进行仿真试验，系统和系统模型是两个主要因素。同时由于对复杂系统的模型处理和模型求解离不开高性能的信息处理装置，而现代化的计算机又责无旁贷地充当了这一角色，所以系统仿真（尤其是数学仿真）实质上应该包括三个基本要素：系统、系统模型、计算机。而联系这三项要素的基本活动则是：模型建立、仿真模型建立和仿真试验。

二、系统仿真的实质

它是一种对系统问题求数值解的计算技术。尤其当系统无法通过建立数学模型求解时，仿真技术能有效地来处理。

仿真是一种人为的试验手段。它和现实系统实验的差别在于，仿真实验不是依据实际环境，而是作为实际系统映像的系统模型以及相应的"人造"环境下进行的。这是仿真的主要功能；

仿真可以比较真实地描述系统的运行、演变及其发展过程。

三、系统仿真的作用

（1）仿真的过程也是实验的过程，而且还是系统地收集和积累信息的过程。尤其是对一些复杂的随机问题，应用仿真技术是提供所需信息的唯一令人满意的方法；

（2）对一些难以建立物理模型和数学模型的对象系统，可通过仿真模型来顺利地解决预测、分析和评价等系统问题；

（3）通过系统仿真，可以把一个复杂系统降阶成若干子系统以便于分析；

（4）通过系统仿真，能启发新的思想或产生新的策略，还能暴露出原系统中隐藏着的一些问题，以便及时解决。

6.1.2 交通运输系统仿真的概念及目的

系统仿真（亦称系统模拟）是利用模型对实际系统进行试验研究的过程，通常指计算机仿真。就是根据系统分析的目的，在分析系统各要素性质及其相互关系的基础上，建立能描述系统结构或行为过程的，且具有一定逻辑关系或数量关系的仿真模型，来模仿实际系统的运行状态及其时间变化规律，以实现在计算机上进行实验的全过程。通过对仿真运行过程的观察和统计，得到被仿真系统的输出参数和基本特征，以此来估计和推断实际系统的真实参数和性能。

在研究、分析系统时，对随着时间变化的系统特性，通常是通过模型来进行研究。在某些情况下，所研究的模型足够简单，可以用数学方法表示并求解，这些解通常由一个或多个称为系统性能测度的数学参数组成。但是许多真实系统非常复杂，无法用数学关系或数学方法来求解。这时利用仿真就可以像观察、测试真实系统那样，在仿真模型中得到系统性能随时间而变化的情况，从仿真过程中收集数据，得到系统性能测度。因此，系统仿真技术是十分重要甚至必不可少的工具。特别是随着计算机技术的发展，系统建模仿真技术日益受到人们的重视，其他应用领域也越来越广泛。

6.1.3 交通运输系统仿真的发展过程

系统仿真是20世纪40年代末以来伴随着计算机技术的发展而逐步形成的一门新兴学科。仿真就是通过建立实际系统模型并利用所建模型对实际系统进行实验研究的过程。

最初，仿真技术主要用于航空、航天、原子反应堆等价格昂贵、周期长、危险性大、实际系统试验难以实现的少数领域，后来逐步发展到电力、石油、化工、冶金、机械等一些主要工业部门，并进一步扩大到社会系统、经济系统、交通运输系统、生态系统等一些非工程系统领域。

目前，国外在交通仿真研究方面已经进行了有效的、比较成熟的工作，并开发了众多的交通仿真软件，其中一些软件已经实现了产品化和商业化。从20世纪60年代开始出现交通仿真以来，综观其整个发展过程，大致经历了60年代、70至80年代、80年代末以来3个较为明显的阶段。

（1）20世纪60年代。这一时期的交通仿真系统主要以优化城市道路的信号设计为应用目的，因而宏观交通仿真模型被广泛使用，但模型的灵活性和描述能力都较为有限，加上当时计算机性能较低，所以仿真结果的表达也就不够理想。在这个阶段，最具代表性的当属英国道路与交通研究所（TRRL）的D.L.罗伯逊于1967年开发的道路交通流仿真软件TRANSYT，它主要用于确定定时交通信号参数的最优值；Gerlough在1963年建立的用于道路网络信号配置的TRANS模型；美国联邦公路局（FHWA）1956—1966年研制的SIGOP仿真系统。

（2）20世纪70~80年代。这阶段由于计算机的迅速发展，计算机仿真模型的精度也得到了提高，功能也更加多样化了。同时，微观交通仿真模型也得到了较大的发展。这期间的典型代表是美国联邦公路局开发的TRAF-NETSIM模型，该模型是一个描述单个车辆运动、应用时间扫描法的网络微观交通仿真模型，该模型对道路几何条件的描述也很灵活。TRAF-NETSIM模型经过多次版本升级，其功能日趋强大，广泛应用于交通控制和管理系统方案优化、交通设计方案优化以及交通工程相关领域的理论研究方面。1971年，E.B.Lieferman建立了用以描述个别车辆运动的UTCS-1模型；1974年，日本科学警察研究所开发了MISTRAN模型，用以研究左右转车辆与横穿道路的步行者之间的相互影响；1976年，英国利兹大学开发了用于平面交叉口交通信号控制的SATURN宏观模型。

（3）20世纪80年代末以后。由于早期计算机性能及发展水平限制，当时开发的交通仿真模型主要用在大、中型计算机以及图形工作站上，而且几乎都是采用面向过程的传统的软件开发方法，大多数都是采用Fortran语言或专用的仿真语言为开发工具，仿真模型也很难真正体现复杂的交通现象，系统的通用性、交互性、可维护性、扩展性都较差。随着计算机技术的迅速发展和软件开发技术的进步，20世纪80年代末以来，ITS成为了国外研究的热点，世界各国都展开了以ITS为应用背景的交通仿真软件的研究与开发，从而出现了一大批评价和分析ITS系统效益的仿真软件，如表6-1所示。

表6-1 典型交通仿真软件及模型[22]

应用领域	定量化评价和分析ITS系统的效益，尤其是ATMS/ATIS系统中各种方案的效益评价	
典型交通仿真软件及模型	美国：CORSIM、MITSIMU、PHAROS、SHIVA、TRANSIMS、THOREAU、INTEGRATION、DYNASMART、MITSIM、VATSIM、KRONOS、MITSIM、DYNAMIT、AVENUE	
	英国：EACULA、PADSIM、PARAMICS、SIGSIM	
	德国：VISSIM、UTOBAHN、MICROSIM、PLANSIM-T、SIMNET、ARTIST	
	法国：EMIS、SIMDAC、SITRA-B+、ANATOLL	
	西班牙：GETRAM/AIMSUN2	
	瑞典：MIMIC	
	芬兰：HUTSIM	
	荷兰：FLEXYT II	
	日本：ELROSE、MICTSTRAN、NETSTREAM、STREAM	
描述的交通现象和对象	车辆排队及溢出、车辆交织、交通事故、公交运行、行人冲突、停泊车辆、天气状况、寻找停车场、自行车/摩托车等	
描述的交通控制和管理方式	固定信号控制、自适应控制、匝道汇入控制、静态路径诱导、动态路线诱导、事故处理、公交车优先控制、可变标志控制、收费口、自动道路系统、无人驾驶车辆、停车地诱导等	

续表

应用领域	定量化评价和分析 ITS 系统的效益，尤其是 ATMS/ATIS 系统中各种方案的效益评价
评价指标	运行效益指标：行驶速度、行驶时间、拥挤程度、行程时间变化性、公交运行正常率等
	安全性指标：车头时距、超车、车辆冲突次数、车辆与行人冲突等
	环境指标：尾气排放量、路旁污染程度、噪声水平、空气质量等
	舒适性指标：乘坐舒适性等
	技术性指标：油耗等
软件的输入/输出界面	大部分软件采用文本输入格式来描述诸如节点、路段、交通信号、路径、车辆到达率等，但也有少数几个软件提供了路网拓扑结构和几何数据的图形输入界面
	大部分软件具有动画演示输出功能，但也有少数模型只提供数据库格式的输出形式
硬件条件	大部分软件可在 PC 机或 UNIX 系统上运行，有个别在 VAX 和 RE6000 机以及 SUN 机上运行
路网大小	路网大小从 50 个节点、1 000 辆车，到 200 个节点，上万辆车，有的甚至可处理 3 000 个节点，100 万辆车，但采用的是并行处理机制
运行速度	取决于路网大小和计算机性能。一般来说仿真软件的运行速度为实际时间的 1~5 倍，更快一些可达到 15~20 倍，但也有慢于实际时间的
基本的仿真技术	几乎所有的仿真软件均采用面向对象的编程技术，绝大部分采用了时间扫描的描述方式，且多为微观仿真

与国外相比，由于我国国情的限制，长期以来交通仿真并未引起有关部门的重视，随着 ITS 在世界各国研究的广泛开展，我国交通界认识到了在我国开展 ITS 研究的重要性。与此同时，作为 ITS 核心技术之一的交通仿真也受到了极大的关注。目前，同济大学、吉林工业大学、东南大学、华中科技大学、上海交通大学、中国农业大学、北京交通大学、北京工业大学、交通部公路科学研究所等学校和科研单位都展开了实质性的研究工作，并取得了一定的成果。但从总体上来看，现在国内的交通仿真研究多是"各自为政"式的自主开发，而没有更多的联系与合作，显得比较零散，往往只局限于对单一问题的研究解决，很少从整个交通环境的大系统来考虑，比如对多车道通行能力的仿真研究、高速公路入口匝道范围的仿真、信号交叉口的组织优化、超车模型和车道变换模型的仿真研究，等等。

6.1.4 交通运输系统仿真的功能和步骤

运输系统仿真的功能主要分为以下几个：
（1）评估系统各部分或子系统彼此之间的影响和对系统整体性能的影响；
（2）比较各种设计方案，获得最优的设计；
（3）在系统发生故障后，使之重演，以便研究故障原因；
（4）进行假设检验；
（5）培训系统操作人员。

进行运输系统仿真时，主要步骤如下：
（1）调研系统，问题描述与定义；
（2）建立系统模拟模型；

（3）数据采集；
（4）建立仿真模型，编制程序；
（5）调试程序，确认模型；
（6）实验设计；
（7）模拟模型的验证，计算机仿真运行；
（8）输出结果分析；
（9）建立文档；
（10）实施模拟决策；
（11）对模拟结果的评价。

6.1.5 交通运输系统仿真的模型分类

（1）按模型种类分为：物理仿真、数学仿真和半实物仿真。

按照真实系统的物理性质构造系统的物理模型，并在物理模型上进行实验的过程称为物理仿真。物理仿真的优点是直观、形象。在计算机问世以前，基本上是物理仿真，也称为"模拟"。物理仿真的缺点是：模型改变困难，实验限制多，投资大。

对实际系统进行抽象，并将其特性用数学关系加以描述而得到系统的数学模型，对数学模型进行实验的过程称为数学仿真。计算机技术的发展为数学仿真创造了环境，使得数学仿真变得方便、灵活、经济，因而数学仿真亦称为计算机仿真。数学仿真的缺点是受限于系统建模技术，即系统的数学模型不易建立。

第三类半实物仿真，即将数学模型与物理模型甚至实物联合起来进行实验。对系统中比较简单的部分或者对其规律比较清楚的部分建立数学模型，并在计算机上加以实现，而对比较复杂的部分或对规律尚不十分清楚的系统，其数学模型的建立比较困难，则采用物理模型或实物。仿真时将两者连接起来完成整个系统的实验。

（2）按时间分为：动态仿真模型和静态仿真模型。

（3）按状态变量的取值分为：连续性模型和离散性模型。

连续系统是指系统状态随时间变化的系统。连续系统的模型按其数学描述可分为：集中参数系统模型、分布参数系统模型。

离散型模型指系统状态在某些随机时间点发生离散变化的系统。

（4）按模型参数分为：确定性仿真和随机性仿真。

（5）按仿真输出结果分为：数字仿真和图像仿真。

（6）按交通系统描述细节程度分为：宏观仿真、中观仿真和微观仿真。

根据交通仿真模型对交通系统描述的细节程度不同，可将交通仿真模型划分为宏观、中观（又称准微观）、微观三种。

宏观交通仿真模型对交通系统的要素、实体、行为及其相互作用的细节描述非常粗糙，例如通过流密度等关系来描述交通流的一些集聚性的宏观模型，对车道变换之类的细节行为可能根本不予以描述。宏观模型的重要参数是车辆速度、密度和流量。宏观交通仿真模型对计算机资源要求较低，它的仿真速度很快，主要用于研究交通基础设施的新建与扩建及宏观管理措施等。根据目前计算机硬件的发展水平，可以在大规模的路网范围内进行交通宏观仿真。

相对于宏观模型来说，中观模型对交通系统要素、实体运动和相互作用的细节描述程度要比宏观模型高得多。例如，中观交通仿真模型对交通流的描述往往以若干辆车构成的队列为单元，能够描述队列在路段和节点的流入和流出行为，就每辆车而言，车道变换被描述成建立在相关车道的实体基础上的瞬时决策事件，而非细致的车辆间相互作用。

由于微观交通仿真模型既融合了宏观和中观模型的某些方面，又非常细致地描述了交通系统的交通环境及车辆实体等构成要素，因而它对交通系统的要素及行为等的细节描述程度是3种模型中最高的。它是以单个车辆为对象，通过一些相对简单但真实的仿真模型来模拟车辆在不同道路和交通条件下的路网上运行，并以动态图像的形式显示出来，在描述和评价路网交通流状况方面具有传统数学模型所无法比拟的优越性。例如，微观模型对交通流的描述是以单个车辆为基本单元的，车辆在道路上的跟车、超车及车道变换行为等微观行为都能够非常细致和真实的反映出来。微观模型的重要参数是每辆车的当前速度和位置。

6.2 连续系统仿真

按系统模型的特征分类，可以有连续系统仿真及离散事件系统仿真两大类。本节讨论连续系统仿真问题。过程控制系统、调速系统、随动系统等这类系统称作连续系统，它们共同之处是系统状态变化在时间上是连续的，可以用方程式（常微分方程、偏微分方程、差分方程）描述系统模型。

一、连续系统模型描述

连续系统仿真中的数学模型有很多种，但基本上可分为三类：连续时间模型、离散时间模型及连续-离散混合模型。下文将对它们的线性定常形式作一介绍。

二、连续系统仿真模型建模方法

1. 连续时间模型

如果一个系统的输入量 u(t)，输出量 y(t)，系统的内部状态变量 x(t) 都是时间的连续函数，那么我们可以用连续时间模型来描述它。系统的连续时间模型通常可以有以下几种表示方式：常微分方程，传递函数，权函数，状态空间描述。

2. 离散时间模型

假定一个系统的输入量、输出量及其内部状态量是时间的离散函数，即为一时间序列：{u(kT)}，{y(kT)}，{x(kT)}，其中 T 为离散时间间隔（有时为简单起见，在序列中不写 T，而直接用{u(k)}，{y(k)}，{x(k)}来表示)，那么我们可以用离散时间模型来描述它。离散时间模型也有差分方程、离散传递函数、权序列、离散状态空间模型等形式。

3. 连续离散混合模型

假定有一系统，它的诸环节中有的环节的状态量是连续变量，而有的环节的状态量是离散变量。连续系统的数字仿真通用算法主要有三种：数值积分算法、实时仿真算法和数字控制系统仿真算法。

6.3 离散事件系统仿真

一、离散事件系统仿真基本概念

离散事件系统中的状态只在离散时间点上发生变化,而且这些离散时间点一般是不确定的。系统状态是离散变化的,而引发状态变化的事件是随机发生的,因此这类系统的模型很难用数学方程来描述。

随着系统科学和管理科学的不断发展及其在军事、航空航天、CIMS 和国民经济各领域中应用的不断深入,逐步形成一些与连续系统不同的建模方法:流程图和网络图。

离散事件系统建模与仿真的基本概念:

1. 实 体

实体是描述系统的三(四)要素之一,是系统中可单独辨识和刻画的构成要素。如:工厂中的机器,商店中的服务员,生产线上的工件,道路上的车辆等。从仿真角度看,实际系统就是由相互间存在一定关系的实体集合组成的,实体间的相互联系和作用产生系统特定的行为。

实体可分为两大类:临时实体和永久实体。

临时实体——在系统中只存在一段时间的实体。

永久实体——永久驻留在系统中的实体。

2. 属 性

属性是实体特征的描述,用特征参数或变量表示。选用哪些参数作为实体的属性与建模目的有关,一般按以下原则:

(1)便于实体分类:如按理发店顾客的性别;

(2)便于实体行为的描述:如飞机的速度;

(3)便于排队规则的确定:如生产线上待处理工件的优先级水平。

3. 活 动

活动所占用的时间段称为忙期,忙期可以是定时的或随机的。建模中,一般要给出忙期概率分布函数。很多情况下的活动是由几个实体协同完成的。

4. 状 态

实体活动的表征量称为状态变量。活动总是与一个或几个实体的状态相对应。状态可作为动态属性进行描述。

5. 事 件

从某种意义上说,系统是由事件来驱动的。若事件发生是有前提的,则称为条件事件。活动、状态和事件三者间关系:时间的发生导致状态的变化,实体的活动可以与一定的状态相对应,因此可以用事件来标识活动的开始和结束。如图 6-1 所示。

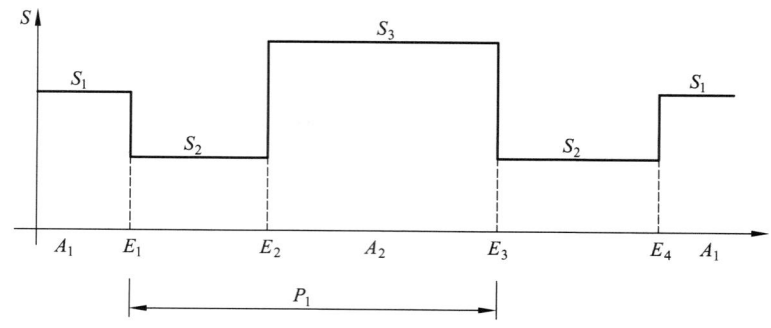

图 6-1 活动、状态、事件及进程

6. 进　程

进程由若干个有序事件及若干个有序活动组成,一个进程描述了它所包含的事件及活动间的相互逻辑关系及时序关系。如图 6-2 所示,一个顾客到达系统、经过排队、接受服务、直到服务完毕后离去可称为一个进程。事件、活动、进程三者之间的关系可用图 6-2 描述。

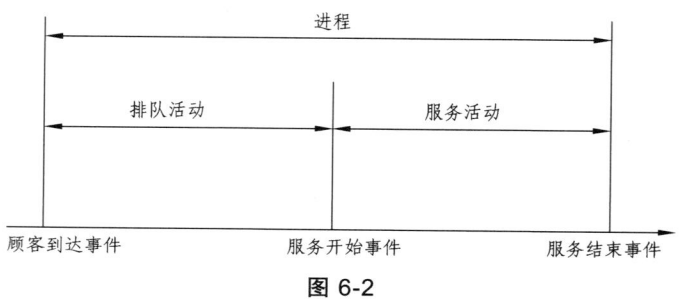

图 6-2

7. 队　列

队列是处于等待状态的实体序列。

8. 仿真钟

仿真钟用于表示仿真时间的变化。

9. 统计计数器

离散事件系统的有些变化是随机的,一次仿真运行得到的状态变化过程只不过是随机过程的一次取样。

二、离散事件系统仿真一般步骤

基本步骤与连续系统仿真类似,但有些特殊问题:

1. 系统建模

系统模型一般用流程图或网络图的方式来描述。

2. 确定仿真算法

包括两方面内容:一是如何产生所需求的随机变量;二是采用怎样的方法进行仿真,即仿真策略。

3．建立仿真模型

根据已经确定的仿真算法，进行变量定义、流程图确定，完成仿真程序实现。

4．仿真结果分析

要运行多次，并采用适当的方法进行分析。

6.4 混合系统仿真

混合系统广泛存在于自然及人工系统中，它与连续系统和离散事件系统不同，在演化机制上具有自身特点：

（1）混合系统中离散事件的类型，根据其产生的原因，可分为输入事件、内部事件和输出事件。

输入事件：指人为地加到系统中的事件和由系统环境加到系统中的外部事件，它是不确定的，在很多情况下我们可以认为它是随机的。

内部事件：混合系统运行过程中所产生的事件，它是表征系统状态的反应，它可能是连续变量驱动的，也可能是由其他事件引发的。

输出事件：指混合系统中可观测到的输入事件和内部事件。

由于外部事件发生时刻的离散和异步，使得其驱动下的连续变量将失去时间驱动下微分方程解的一些重要性质。同样，由连续变量所推动的内部事件，则常呈现非随机的/不确定的特点，一方面这些事件不是任意的，另一方面这些事件也不是随机的。

（2）按照系统是否包含有外部输入，可把混合系统分类为自治混合系统和非自治混合系统。

自治混合系统：系统既没有输入事件，也没有连续输入量，即没有任何外部输入。

非自治混合系统：系统有外部输入，包括输入事件和连续输入量。

事实上，在一定条件下，通过对考察对象的选择和适当的假设，非自治混合系统可以转化为自治混合系统。

（3）对混合系统的研究，不能回避连续系统而简单地归结为对离散事件系统的研究，也不能回避离散事件系统而简单地归结为对连续动态系统的研究。

（4）混合系统模型的复杂性并不意味着混合系统在处理上的困难性。由于同时包含连续动态系统和离散系统，使得混合系统在模型描述能力增强的前提下，模型复杂性也大为增加，但这并不意味着对具体的混合系统模型一定比连续动态系统或离散事件系统更难于处理。

6.4.1 混合系统仿真模型

一般的混合动态系统模型可表述为：

$$\begin{cases} x = f_{x(t)}(t, x(t), u(t)) \\ y(t) = g(t, x(t)) \\ z_{n+1} = d_{n+1}(\eta_{n+1}, z_n, q_n, x_n) \\ \xi(t) = \xi_n, \Lambda(n) \leqslant t \leqslant \Lambda(n+1) \end{cases} \quad (6\text{-}1)$$

现在我们先把一般的交互型混合系统模型式（6-1）写为离散形式，为简化计算，把其中的控制项去掉，并只考虑系统的两个状态方程，而把两个量测方程略去，可得到如下形式：

$$\begin{cases} x_{n+1} = f_{\xi_m}(x_n) \\ \xi_{m+1} = d_{m+1}(\eta_{m+1}, \xi_m, x_n) \end{cases} \quad (6\text{-}2)$$

6.4.2 混合系统的仿真算法

由于有混合系统的局部形式，使得连续和离散子系统间的时钟关系较为清楚，因而便于利用已有的这两类系统的较成熟的仿真算法。下面我们分别建立上述两种混合系统的仿真算法。

我们首先基于监控型混合系统的局部形式来给出其仿真算法。这里可以充分结合已有的离散事件动态系统仿真的事件调度法和连续变量动态系统仿真的定步长及变步长的数值积分法。

（1）初始化，设仿真从外部全局式中 $t = t_0$ 开始，此时有 $x(t_0) = x_0, \xi(t_0) = \xi_0$，置 $m=0$。

（2）应用一次事件调度，并且产生下一个能改变离散子系统状态的事件的发生时间 $\Lambda(m+1)$ 以及下一个离散状态值 ξ_{m+1}。

（3）根据连续子系统局部模型形式进行定步长或变步长的数值积分运算，即

$$x_{n+1}^m = f_{\xi_m}(x_n^m), \quad n=0, 1\cdots l(m)-1 \quad (6\text{-}3)$$

（4）此时全局时钟推进到 $t_{m+1} = \Lambda_{m+1}$。判断全局时钟是否已超过要求的仿真时间，若超过，则停止仿真过程，仿真结束；若没有，则继续，重新初始化连续子系统，此时 $t = t_{m+1}$，$x_0 = x_{l(m)}^m$，$\xi(t) = \xi_{m+1}$，置 $m=m+1$，回到第（2）步。

6.4.3 复杂适应系统及其特性

复杂适应系统（complex adaptive system，CAS）是由遗传算法（genetic algorithms，GA）的创始人 Holland 在 1994 年正式提出的。Holland 把个体与环境之间这种主动的、反复的交互作用用"适应"一词加以概括。这就是 CAS 理论的基本思想——适应产生复杂性。

一、复杂适应系统的特性

（1）聚集性。即复杂系统的主体会由于相似性而自动聚集在一起，许多聚集的主体按照一定的层次构成复杂适应系统。

（2）标识。CAS 具有层次性，因而相对每层的主体而言，它们彼此是可聚集的。它使组织结构得以突现，即使在其中的各部分不断变化时它们仍能维持，它是 CAS 普遍存在的机制。标识应该说是自然选择的一种产物。

（3）非线性。在 CAS 中，主体与环境、主体与主体之间的相互作用是非线性的。

（4）变动性。在 CAS 中有三种不同的流：变易适应性，乘数效应，再循环效应。

二、复杂适应系统的建模

（1）主体是主动的、活的实体。这点是 CAS 和其他建模方法的关键性的区别。正是这个特点，使得它能够用于像经济、社会、生态等其他方法难于应用的复杂系统。

（2）个体与环境（包括个体之间）的相互影响、相互作用是系统演变和进化的主要动力。

（3）这种建模方法把宏观和微观有机地联系起来。

（4）这种建模方法还引进了随机因素的作用，使它具有更强的描述和表达能力。

6.4.4 基于 Agent 的复杂适应系统建模仿真

一、Agent 技术基础

Agent 技术源于人工智能研究。最早在计算机领域使用这个单词的人是图灵，但是到目前为止，还没有形成一个统一的、确定的 Agent 定义。

一般来说，Agent 具有以下部分特征或全部特征：

（1）反应性。具有选择地感知和行动的能力。Agent 能够感知其所处的环境，并能及时迅速地做出反应，以适应环境的变化。

（2）自主性。这是一个 Agent 最本质的特征。

（3）社会性。具有合作行为，能与其他 Agent 协调工作以完成共同的目标。

（4）智能性。能够在明确的问题边界内根据预先设定的知识进行推理求解，具有根据目标采取行动的分析能力，可以根据经验和学习进行改进。

（5）移动性。可以比较容易地在不同的环境和平台之间移动。

Agent 通常由五个部分组成：① 知识库：用于存储 Agent 的知识。知识来源有两个途径：一是用户增加；二是通过学习模块获得。② 推理机：利用已有的知识控制通信模块、事件处理模块以及学习模块，进行推理和学习。③ 通信模块：负责 Agent 与外界（环境或其他 Agent）的通信。④ 事件处理模块：是 Agent 实现目标的事件处理方法的集合。⑤ 学习模块：从 Agent 的不断运行过程中总结经验，为知识库增加新的知识。

二、多 Agent 系统

我们将这种由多个 Agent 组成的系统称为多 Agent 系统（multi-Agent system，MAS）。MAS 一般具有以下特点：

（1）具有高层次的交互。MAS 可以描述复杂的社会交互模式，如合作、协调、协商。

（2）Agent 之间具有丰富的组织关系。由于 Agent 可以用来代替多个组织或个人，因此 MAS 通常反映了一种组织环境，Agent 之间的关系可以是来自组织中的各种关系。MAS 的结构可以用来表现组织中的结构，且这种关系和结构是可以随着 Agent 的交互而不断演化。

（3）能够实现数据、控制、资源的分布。MAS 特别适合于需要多个不同的问题求解实体相互作用共同求解某个共同的问题，或它们各自问题的领域。

三、基于 Agent 的建模仿真

基于 Agent 的建模仿真，是利用 Agent 思想对复杂系统中各个仿真实体构建模型，通过

对 Agent 个体及其相互之间（包括与环境）的行为进行刻画，描述复杂系统的宏观行为。其特点主要有：

（1）描述的自然性。由于 Agent 是描述个体主动性的有效方法，所以可以支持对主动行为的仿真，Agent 可以接收其他 Agent 和外界环境的信息，并且按照自身规则和约束信息进行处理，然后修改自己的规则和内部状态，并发送信息到其他 Agent 或环境。Agent 的这种行为模式适合对主动行为的仿真，可以在一定层次上对目标复杂系统进行自然分类，然后建立一一对应的 Agent 模型，实现对系统的仿真。

（2）宏观和微观行为有机结合。在建模过程中强调对复杂系统中个体行为的刻画和对个体间通信、合作和交流的表述，试图通过对微观（底层）行为的刻画来获得系统宏观（上层）行为。

（3）重点在相互作用，各个 Agent 与环境（包括其他 Agent）的相互作用是系统演化的主要动力。以往的建模方法往往把个体的内部属性放在重要地位，而对于环境的相互作用不够重视。

（4）适合于分布计算。将 Agent 分布到多个节点上，支持复杂系统的分布或并行仿真。

（5）模型具有重用性。基于 Agent 思想建立的复杂系统仿真实体模型，由于其封装性和独立性较强，可以使一些成熟、典型的 Agent 模型得到广泛的应用，以提高建立目标应用系统的效率。

四、多 Agent 仿真建模的实现

1. MAS 的层次

由于可以将 Agent 看成是实体对象，基于 Agent 的建模技术可以通过面向对象技术来实现。

2. 基于 Agent 的系统分析

对于给定的系统（有确定的系统问题域和系统边界），首先要解决这样的问题：对系统进行 Agent 抽象。

在确定了实体 Agent 后，有时为了实现系统的目标，还要设计一些其他的辅助 Agent，通常这类 Agent 被用来记录统计实体 Agent 的状态和行为，并提供其他辅助服务。

3. 个体 Agent 的建模

建立系统 Agent 结构之后就是建立每个 Agent 的模型。一般将 Agent 视为由感知器、效应器以及内部状态三部分组成。首先建立每个实体的 Agent 特征模型，当然，在不同的 Agent 开发平台上实现时（即编程）可能会有所不同。

建立 Agent 与其相关的其他 Agent 之间的结构。一个 Agent 群体的结构描述多个 Agent 之间由于信息和物料流动等原因而产生的拓扑结构。这个拓扑结构可以是实现者预先设定好且在系统运行期间保持不变，也可以在运行时 Agent 能够发现新的关系而进行自我重组。

最后还要确定 Agent 之间如何协调行动。Agent 是自治的，它们不需要外界的激励就可以运行。

要解决好上述几个问题的前提条件是：对应用系统的透彻了解和对系统目标的准确把握。

有了系统的特征模型后，经过程序设计实现就可以进行仿真。目前在复杂系统研究领域

中，SFI 研制的 swarm 平台被广泛使用，其他一些单位也开发了一些类似的系统。

五、Agent 与对象的区别

在面向对象中，对象是系统中用来描述客观事物的一个实体，是构成系统的一个基本单位。一个对象由一组属性和对这组属性进行操作的一组服务（方法）组成。

Agent 和对象之间也有一些明显的区别：
（1）Agent 和对象在自治程度上存在区别；
（2）Agent 具有智能而对象不具有；
（3）每一个 Agent 都有自己独立的控制线程。

6.5 案例分析

案例 6-1 钢铁企业铁路运输仿真系统设计

一、系统总体结构

铁路运输仿真系统是一个建立在计算机硬件基础上的以软件方式实现的大型仿真系统，其总体框架在硬件和软件层次上是相互独立的。系统根据面向对象的程序设计思想进行设计，整个系统由多个功能封装的模块组成，系统各组成部分负责特定功能，各子系统组成一个完成的列车运行仿真系统，其系统结构软硬件实现平台如图 6-3 所示。

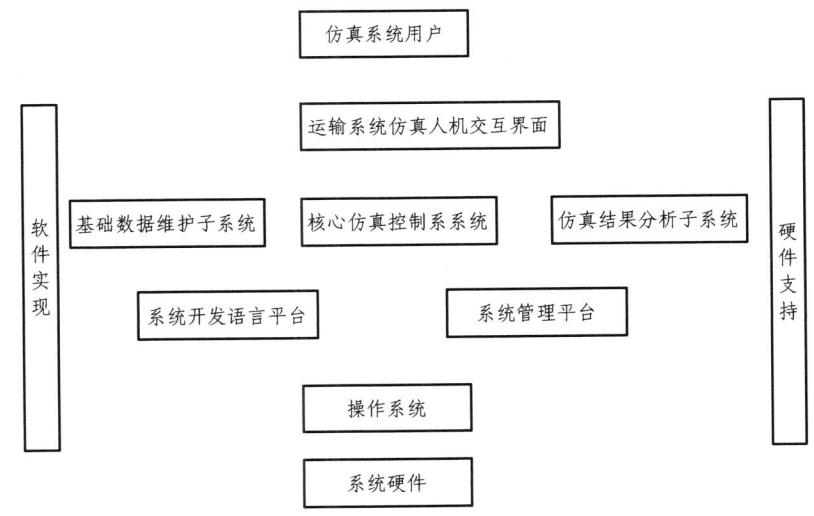

图 6-3 系统实现软硬件平台

系统由上至下分为 6 个层次，最上层为仿真系统用户层，用户通过人机交互层所提供的功能平台和界面对三大子系统进行操作。从第 4 层开始对用户不透明，用户不用关心本系统所采用的开发语言和硬件平台。处于底层的系统硬件是系统实现的基础，硬件系统为软件实现规定了统一的硬件接口和一致的软件实现平台，系统开发语言与系统管理平台是铁路运输仿真系统的实现方法，通过上下层之间的相互作用，共同达到模拟列车仿真运行的目的。

二、系统结构及模块划分

钢铁企业铁路运输仿真系统面向铁路运输作业全过程,系统庞大,功能复杂繁多,因此划分成了多个不同子系统协同工作。本书将运输仿真系统划分为三大子系统:基础数据维护子系统、仿真控制子系统和仿真结果分析子系统。其中核心部分为仿真控制子系统,它实现对列车运行的控制。基础数据维护子系统是仿真系统的基础,为列车运行仿真提供必需的数据支持。仿真结果分析子系统为用户输出仿真结果及优化建议。三个子系统的逻辑关系如图6-4所示。

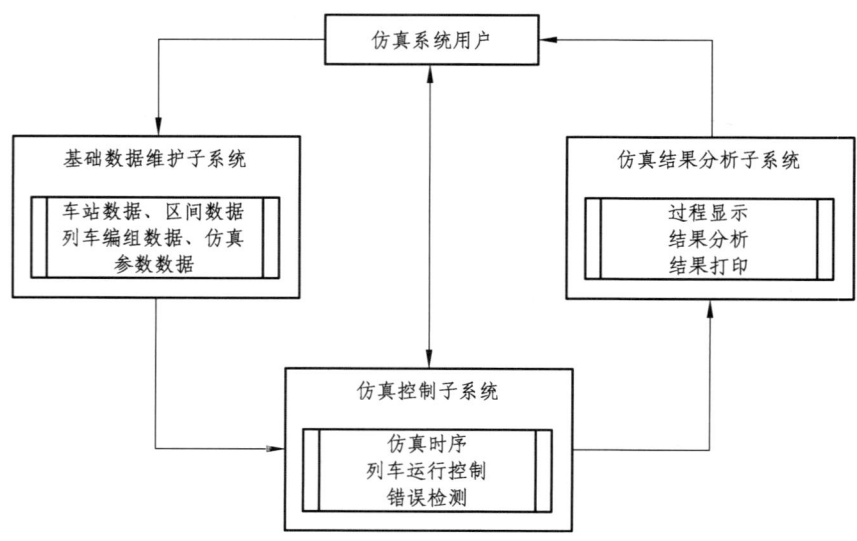

图6-4　各子系统间逻辑关系

1. 基础数据维护子系统

该部分对仿真系统所需要的所有基础数据进行维护,包括车站和区间平面图数据、列车作业数据、仿真参数设置等。如图6-5所示为基础数据子系统功能划分,根据系统通用性、可扩展性和可维护性的要求,基础数据维护子系统各模块分工明确,对基础数据的管理具有通用性。

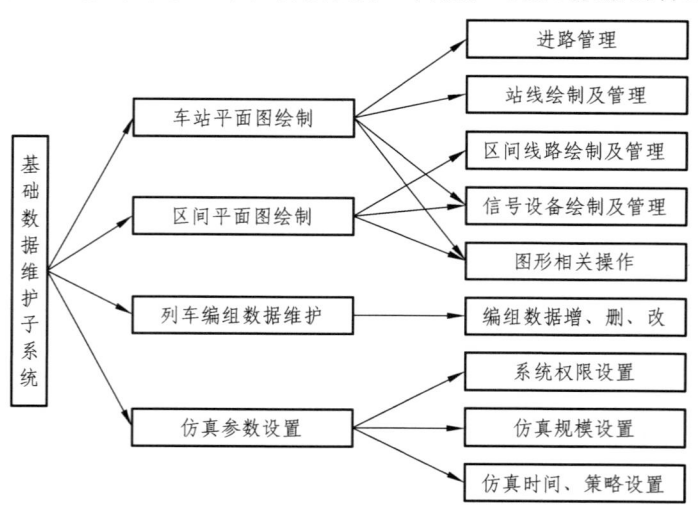

图6-5　基础数据维护子系统功能划分

（1）进路管理：对车站各种作业进路进行生成、管理、安排列车作业；
（2）站线绘制及管理：绘制车站站线平面图，对其属性信息及空间信息进行管理；
（3）区间线路绘制及管理：绘制区间线路设备，对其属性信息及空间信息进行管理；
（4）信号设备绘制及管理：对车站和区间信号设备进行绘制，并建立信号设备与行车线路之间的关联关系；
（5）图形相关操作：电子地图的常见操作，如放大、缩小、漫游、测距等；
（6）编组数据管理：提供编组数据增加、删除、修改操作；
（7）系统权限设置：对进入仿真系统用户进行授权，只有授权用户才能顺利登陆系统进行仿真，并设置用户权限级别，分为系统管理员和一般用户两种级别，系统管理员级别可以对数据进行增、删、改，一般用户只能进行仿真操作；
（8）仿真规模设置：选择仿真区域；
（9）仿真时间、策略设置：设置仿真步长、列车运行的控制策略、固定作业时间等。

2. 列车运行仿真控制子系统

该部分为列车运行仿真系统的核心部分，实现列车运行过程的控制，其功能划分如图 6-6 所示。

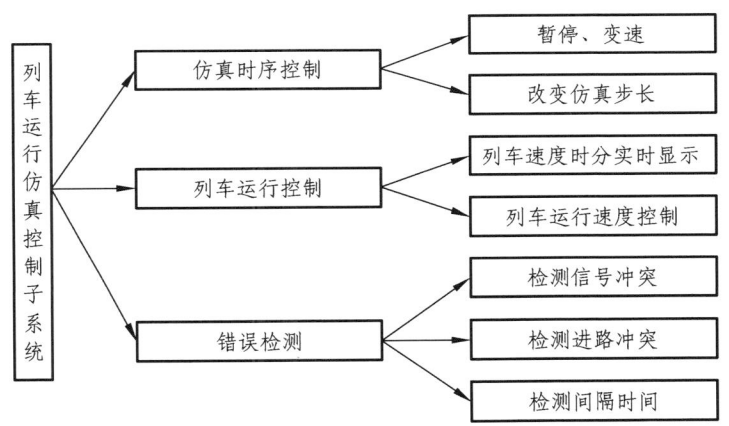

图 6-6 列车运行仿真控制子系统功能划分

（1）仿真时序控制：根据仿真步长推进系统仿真时钟，可以对仿真过程进行暂停、变速等操作；
（2）速度时分显示：动态生成列车运行速度时分曲线，有助于掌握某一运输方案下运输状态；
（3）列车运行速度控制：实现对列车速度实时调整；
（4）错误检测：主要检测列车是否限速要求、是否信号冒进、车站办理作业进路之间是否存在敌对冲突、车站各种间隔时间是否适合、列车是否晚点运行等。

3. 仿真结果输出子系统

仿真结果输出主要包括仿真过程显示、仿真结果分析和仿真结果打印，仿真结果输出是计算机仿真需求的根本，只有通过结果才能体现计算机仿真的意义，对仿真方案进行评价。如图 6-7 所示为仿真结果输出子系统功能划分。

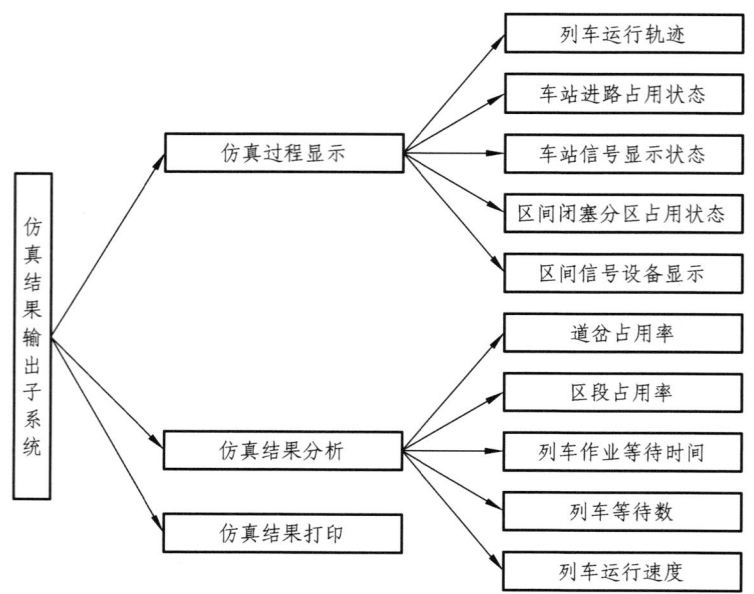

图 6-7　仿真结果输出子系统功能划分

（1）列车运行轨迹：主要在路网中显示列车的运行轨迹，可以直观表现列车经由，特别对于枢纽部分，可以清楚表现其走行线路；

（2）车站进路占用状态：车站列车作业时，对锁闭进路用光带进行高亮显示；

（3）车站信号显示状态：对信号机的开放与锁闭用不同的图形进行描述；

（4）区间闭塞分区占用状态：当闭塞分区有列车占用时，用光带进行高亮显现；

（5）区间信号设备显示：对区间通过信号机、防护信号机等信号设备的状态进行显示；

（6）道岔占用率：对仿真系统中各道岔占用率进行统计，特别适用于运输系统咽喉区，对道岔的统计判断道岔繁忙程度；

（7）区段占用率：计算站场间区间线路的占用率，对区段的统计判断区间繁忙程度；

（8）列车作业等待时间：统计全厂列车排队等待总时间，运输组织应尽量减少列车作业等待时间；

（9）列车等待数：统计某一区域或某一线路，列车同时等待的等待数，借以分析运输繁忙区段；

（10）列车运行速度：在编制运输方案时，应力求提高列车运行平均速度。

三、电子地图分层设计

在列车运行仿真过程中需要对电子地图进行显示，显示内容为铁路路网图、列车在路网中的运行轨迹、列车在车站和区间运行的相关行车设备的使用情况等。

如图 6-8 所示为整个路网电子地图层次结构，从上到下依次为列车运行轨迹层、铁路车站表示层、铁路区间表示层和厂区电子地图，其中车站表示层从上到下又划分为信号层、股道层和道岔层；区间表示层从上到下划分为区间信号层和区间线路层次。对于各层次线路及道岔的具体情况，可以在仿真系统中通过点击查看。

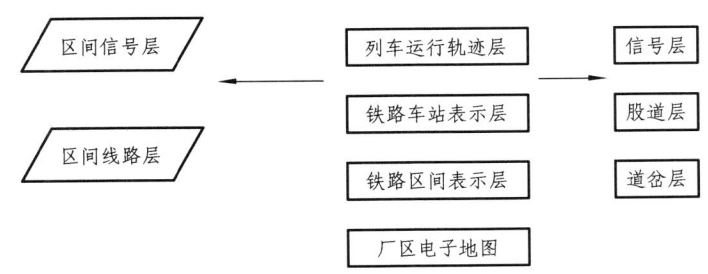

图 6-8　电子地图图层层次结构

四、行车设备图形化描述

系统设计中考虑建立全厂路网电子地图，对车站和区间行车设备信息进行描述，建立详尽的车站和区间行车设备电子地图。

1. 机车车辆模型

本书中机车车辆被抽象为质点，简化了模型。不同作业类型的机车车辆区分显示。如果将机车车辆抽象为一串车辆相连的列车，在车辆过经道岔时，列车的整体形状不再是直线形，而会随着线路弯曲。在计算机中模拟此过程，将会导致模拟策略更加复杂，程序更为冗长。将机车车辆抽象为质点，不必考虑列车在曲线段上运行时模拟对象的形状变化，简化了算法程序。此外，在多数情况下钢铁企业厂内运输过程中车辆数目较少，铁水运输车列甚至只有1~2车，因此列车长度对仿真演示效果上影响较小。但是在仿真数据采集中，为了提高精度，使仿真结果与实际系统的偏差最小，仍须考虑列车长。

2. 线路模型

本书中道岔及轨道线路被抽象为服务台，当列车经过各道岔及轨道线路进行作业时，实际上是通过了不同的服务台。服务台的资源设置为 1，即表示同一时间内，该道岔或轨道区段只允许一列列车占用，该服务台在某一时刻只能为一列列车服务。对于作业进路冲突的列车，即进行不同作业的列车在某一时段均需要通过某一或某几个服务台时，需要对服务台进行预约，根据调度策略使各次列车先后通过服务台。

仿真运行图中线路长度与厂区实际线路长度按比例对应，不同尺度的仿真视图比例不同，初始比例为 1∶1 500。

五、仿真流程

如图 6-9 所示为列车运行仿真总体流程图，列车运行仿真全过程主要分列车运行仿真基础数据建立、仿真参数设定、列车运行仿真和仿真结果处理四部分，其中列车运行仿真基础数据和仿真参数是列车运行仿真的基础，列车运行仿真过程均是建立在这两部分之上。

在列车运行仿真开始时需要进行系统初始化，包括对列车运行基础数据的初始化和仿真参数初始化两部分，具体步骤如下：

（1）初始化仿真参数，确定仿真规模、仿真时钟步长及仿真模式；
（2）根据仿真参数设置从基础数据库中读取对应的路网地理信息、参与仿真车的编组信息；

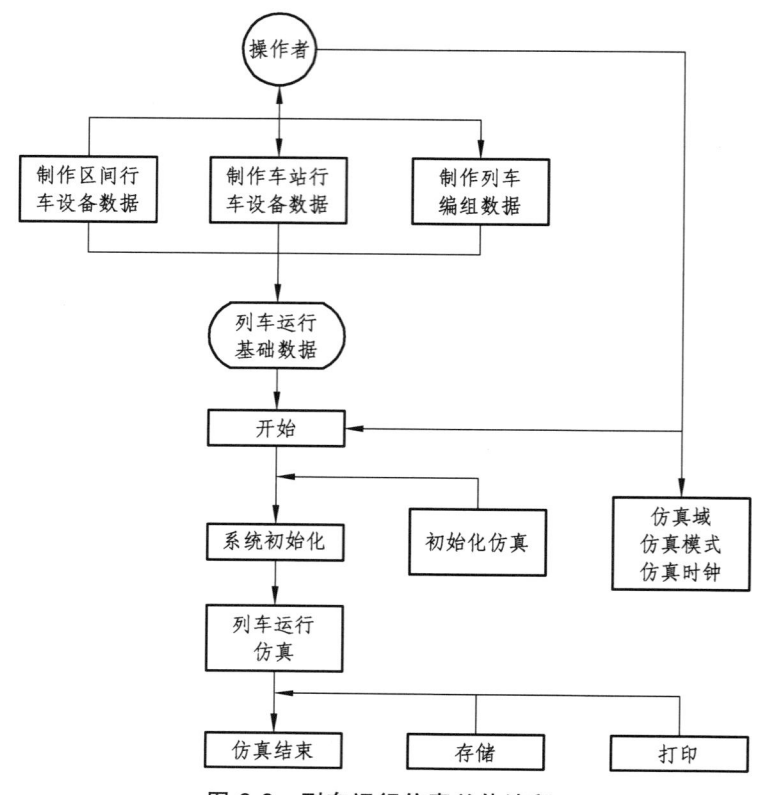

图 6-9 列车运行仿真总体流程

（3）根据列车运行参数初始化各车站站线设备占用状态、信号设备显示状态，初始化区间线路设备占用状态、信号设备显示状态；

（4）初始化人机交互界面，显示目前路网布局及各设备状态；

（5）等待仿真者启动仿真过程。

列车运行仿真过程由多个子部分构成，其中核心部分为列车运行控制模块与信号设备控制模块，其详细流程图如图 6-10 所示，当仿真开始时，首先确定当前列车工况、当前列车位置、当前与列车相关联信号设备显示状态、列车群特征，再根据仿真模式确定仿真策略，根据上述内容确定列车的下一工况，推进仿真时钟，确定下一时钟列车新的位置、信号设备状态、站线占用状态，最后在界面上更新图形显示。

（1）模型边界：海域以到离港船舶为边界，陆域以集疏运卡车到离闸口为边界。

（2）模型总体布局：码头各主要组成部分，岸边、道路、箱区、大门、停车场等，其位置、方向、数量、尺寸均依据初步的平面设计图进行布局。

（3）岸边装卸：六泊位的岸边集装箱起重机（简称桥吊）数量配置为 22 台。约 85 m 配一台岸边集装箱起重机。集装箱岸边起重机轨距为 30 m，跨下为六车道，其中装卸点设在两边的第一或第六车道处，相邻桥吊的装卸点与排队区交叉对应，中间车道为正常行驶车道。集卡在前沿的车速限制为 15 km/h。模型根据船舶的装卸箱量安排桥吊工作数量。

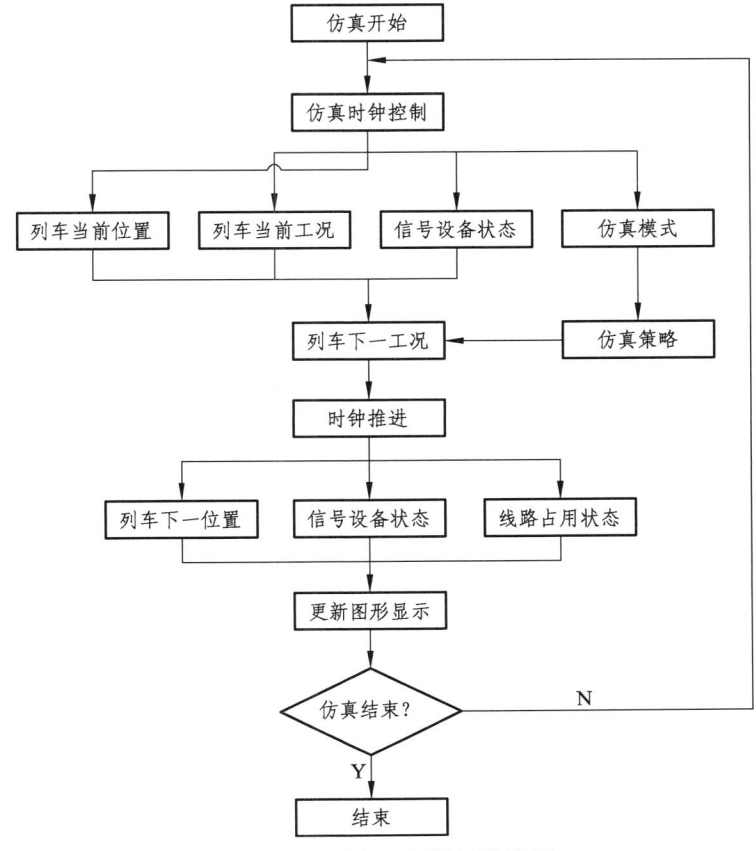

图 6-10 列车运行详细流程图

案例 6-2 码头整体模型总体规划

（4）主干道交通：最高车速限制为 30 km/h。

（5）箱区装卸及堆放：在堆场内的装卸车道上，集卡车速限制 15 km/h。由于计算机容量有限，集装箱在箱区的具体位置省略，但按不同船舶的箱子分开堆放。装卸时间取场桥平均台时效率（也可设定一随机变量分布）。对应岸桥配置，堆场轨道龙门起重机的配置为 66 台。空箱堆场的设备为空箱堆高机，为 20 台。

（6）闸口进出：车辆进闸口的平均检查时间为 1 min，出闸口的平均检查时间为 0.8 min。闸口服务时间均可设定为随机变量分布。

（7）内部集卡：内部集卡数量分别为 142 辆。每台桥吊可配 6 辆，22×6=132 台。

（8）铁路线设四股，配置 4 台轨道吊，每台铁路轨道式龙门起重机（简称轨道吊）配 4 台或 6 台集卡。

（8）船舶计划：船舶计划一旦进入仿真系统，即产生箱位分配计划，即确定出口箱、进口箱、空箱堆放的具体箱区。基本原则是在船舶预定停靠的泊位附近安排堆放箱区；相关分配数据作为船舶计划实体的属性变量，引导各类车辆完成具体的集疏运、装卸船的任务。

（9）参数统计：根据仿真目的，统计有关数据。如大门交通流、集卡的滞留时间、码头吞吐量、铁路装卸线吞吐量、铁路轨道吊利用率、列车在铁路线上的平均等待时间等。码头整体仿真模型的主要模块有根模块、进闸口模块、出闸口模块、出口箱区模块、进口箱区模块、空箱区模块、前沿模块、送箱区模块、提箱区模块、内集卡模块、场桥模块、统计参数模块和铁路装卸线模块。

一、码头整体模型平面布局图

集装箱码头整体模型平面布局图如图 6-11 所示。集装箱码头铁路仿真模块图如图 6-12 所示。

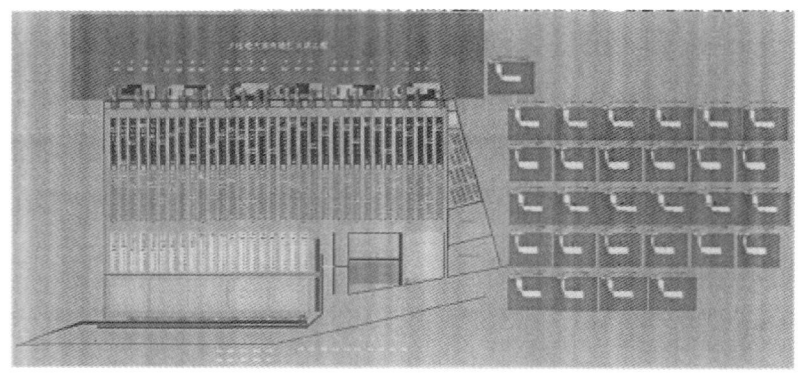

图 6-11　集装箱码头仿真模型整体图

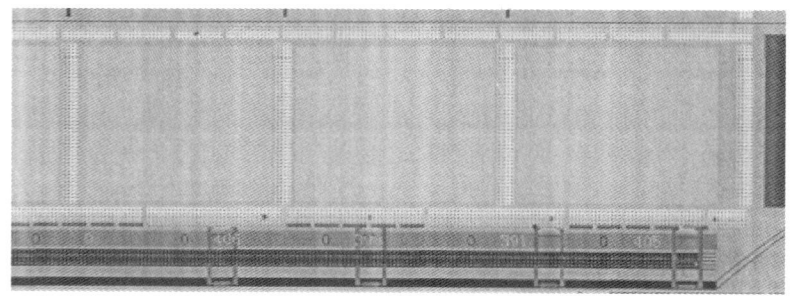

图 6-12　集装箱码头铁路仿真模块图

二、铁路装卸系统仿真模型

1. 铁路装卸系统模型规划

（1）边界条件：本模型主要研究铁路物流系统的装卸作业，不涉及码头前沿泊位和堆场作业，所以模型以后方列车到离港和前方集卡进出口为边界。

（2）模型总体布局：主要组成部分为道路、堆场、铁路线。

（3）主干道交通：最高车速限制为 30 km/h。

（4）堆场：可堆放三层，轨道吊外伸臂下集卡车速限制 15 km/h。

（5）装卸设备：铁路线设四股，配置 4 台轨道吊，每台轨道吊配 4 台或 6 台集卡。

2. 仿真模型平面布局图

铁路装卸系统仿真模型平面布局如图 6-13 所示。

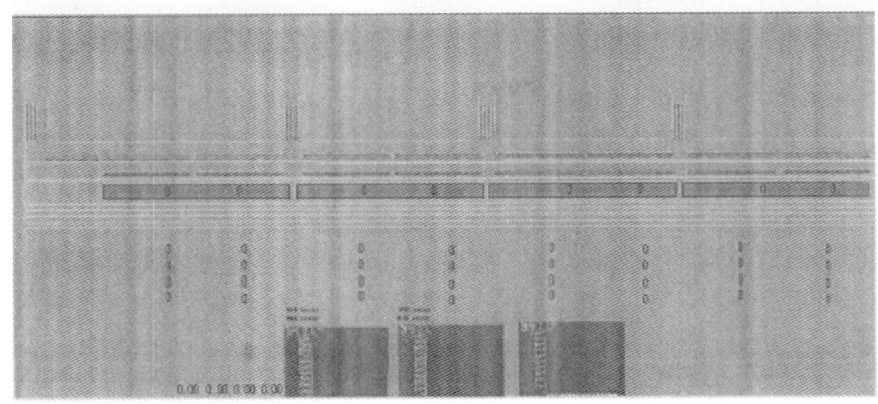

图 6-13 铁路装卸系统仿真模型平面布局图

3. 仿真模型基本参数、随机变量分布以及模型简化

1) 仿真模型的基本参数及变量分布

（1）基本参数。

① 集装箱专用车长：16.5 m（单层，容量 2TEU）。

② 一列 50 节专列长度约为：840 m。

③ 装卸线长度：1 000 m。

④ 平面箱位：780 TEU。

⑤ 堆场容量：780×3=2 340 TEU。

⑥ 轨道吊数量、效率：

台数：4 台；

装卸效率：42 move/h；

行走速度：小车为 50 ms/，大车为 50 ms/；

起升速度：满载为 70 ms/，空载为 100 m/s。

⑦ 集卡速度：重载/空载为 30 km/h。

（2）随机变量及其分布。

① 列车到港时间间隔：服从负指数分布，不同试验方案取值不同。

② 列车在港装卸箱型比例：20 ft：40 ft = 4：6。

③ 集卡进出铁路装卸线前方路口的时间间隔：5+NEGXP（3，1）min。

④ 轨道吊装卸集装箱的时间：1+NEGXP（0.5，1）min。

2) 模型简化

（1）不考虑 45 ft 的集装箱和冷藏箱等特种箱的影响。

（2）不考虑堆场中的移箱、翻箱作业；

（3）不考虑专列车长以及装卸箱量的变化，一律为 50 节，装卸量均为 100 TEU。（在港口至内陆、内陆至港口之间的集装箱专列，为了及时集疏运，又有运量高度集中的特点，一般开行组合直达列车或重载列车，本书据此简化模型。）

4．等待装卸的列车排队规则

本模型设四条轨道线，可同时进入 4 列集装箱专列，排队规则按照先到先服务的原则。

5．机械调度规则

轨道吊的调度规则：由于一列 50 节的集装箱专列，长度大约 840 m，鉴于轨道吊的装卸效率较高，本模型将 1 000 m 的装卸区域平均分为四段，每台轨道吊负责一个装卸段。4 台轨道吊同时为一列列车进行装卸，一列装卸完毕后才为下一列服务。

集装箱卡车的调度规则：负责为某一台轨道吊服务的集卡行走路线为从装卸段左端路口进，从右端路口出。集卡数量按照试验的具体要求增减。

6．参数统计

根据仿真目标，进行相关数据统计，以直方图、动态变量动态显示。

三、仿真模型的模块的设计

1．码头整体模型模块设计

集装箱码头物流系统是个复杂的动态系统，各单位、元素之间存在着紧密的逻辑关系和过程，结合码头布局和所执行具体工作的分工，可以将码头物流系统划分为几个部分，利用 Witness 仿真软件进行模块化设计，并最终联系在一起，形成逻辑关系紧密、流程合理的整体模型。

以下是码头整体模型各模块：

（1）根模块。

变量：

ocnj：c 控制船舶计划执行进程；

Token：码头箱区托肯数；

函数：

Plnao：出口箱区计划；

Plnak：空箱区计划；

Plnai：进口箱区计划；

元素：

shiPlna：船舶计划；

Vessel：以负指数时间分布 NEGEXP（240,）1 产生船舶计划，包括：产生船名属性、船舶进出口箱箱量、船舶泊位属性、出口箱集箱区域划分、进口箱卸箱区域划分等。

ContainEZ：出口 20 ft 集装箱；

ContainE4：出口 40 ft 集装箱；

ContainIZ：进口 20 ft 集装箱；

ContainI4：进口 40 ft 集装箱；

ContainKZ：进口 20 ft 空箱；

ContainK4：进口 40 ft 空箱；

（2）quaysi：前沿模块。

其功能为负责船舶、泊位、前沿车辆的相关操作，包括：提取船舶计划、分配泊位船舶靠泊、产生分配岸桥、提取船舶离泊、岸桥和集卡的装卸作业等。

主要建模元素有：

Qorder：产生岸桥指令；

Forder：船舶离泊后，存放废除掉的岸桥；

Jettyl~6：船舶靠泊后，分配泊位；

order22：船舶靠泊后，分配岸桥；

Todrerl：提取产生岸桥指令，分配岸桥；

Todrer2：提取废除岸桥指令，废除岸桥；

sthiP1：提取船舶靠泊计划，船舶靠泊；

sthip2：提取船舶离泊计划，船舶离泊；

vrinjet：产生进口箱，包括船名、箱量、箱型等信息；

outjet：提取出口箱到系统之外，离开仿真环境；

bayE：存放出口集装箱，每个岸桥定义一个 bueffr 元素；

bayl：存放进口集装箱，每个岸桥定义一个 bueffr 元素；

xwya：前沿水平方向道路子模块；

wyya：前沿垂直方向道路子模块；

ocnship：船舶装卸控制变量，在模型单元中起逻辑关系的作用；

其他控制变量。

（3）Truckl：内卡模块。

其功能为：定义集卡的工作参数，以及其他相关操作，包括内卡的数量、容量、空载/重载速度、产生内卡的前提条件等。主要建模元素有：

Truckl1~22：船舶装卸、前沿与进出口箱区之间的水平运输；

Park1~22：内卡停车场。

（4）Tielu：铁路模块。

其功能为：以负指数时间分布产生列车计划，包括产生列车名属性、列车进出口箱箱量、出口箱集箱区域划分、进口箱卸箱区域划分等。安排列车的到达与离开，同时控制内卡及时到达进行装卸活动，主要建模元素有：

Huoche：产生火车，并给定属性，划分箱区；

Fenbox、Tordl、TordZ、Vrinjet、Vroutboxl、Torder 与以上 Quaysi 类似。

TieE 子模块：包含多个 buffer：tieE 模拟出口箱量；

Tiel 子模块：包含多个 buffer：Tiel 模拟进口箱量；

Xzou 子模块：包含干道道路元素 xtrko~8、Xtrko~8；

Yzxway 子模块：包含 35 条铁路装卸道路；

其他元素：包括一些控制变量。

（5）Zyard：进口箱区作业模块。

其功能为：轨道吊在进口箱区内对集卡进行装卸操作，动态显示箱区的存储状况。主要建模元素有：

32个子模块 cyi1~32：每个模块包括中 10 条装卸道路，分上、下方向；

bcyi：箱位，存放集装箱；

其他控制变量。

（6）Qyadr：出口箱区作业模块。

其功能为：轨道吊在出口箱区内对集卡进行装卸操作，动态显示箱区的存储状况。主要建模元素同（5）类似。

（7）Qyard：闸口作业模块。

其功能为：对进、出闸口的外卡进行服务，包括采集进、出场外卡和集装箱的信息、发送指令到数据管理服务器、接收相关指令等。主要建模元素有：

Inway1：12、inway2：12：外卡进闸操作；

Ouwtay1：8、outway2：8：外卡出闸操作。

（8）sendbox：外卡集箱模块。

其功能为：外卡向码头堆场送出口箱。主要建模元素有：

TruckE1~10：定义集箱外卡的工作参数；

tship：提取集箱计划；

Vrinbox：根据计划产生虚拟出口集装箱；

outbox：存放各船舶的出口箱，本模型设置 10 条船。

（9）fecthbox：外卡提箱模块。

其功能为：外卡提取进口箱。主要建模元素有：

TruckE1~10：定义提箱外卡的工作参数；

guide：存放进口船舶计划，本模型设置 10 条船；

Tship1：提取进口船舶计划；

Tship2：废除进口船舶计划；

Vrout：进口集装箱清零，离开仿真环境。

（10）xroad、yroad：道路模块。

其功能为：连接构成码头各干道的交通路网，在模型中其数量最多，是编程时较复杂的一类元素。

（11）result：性能参数统计模块。

其功能为：以直方图、饼图、序列线、变量动态实时显示各种统计结果。主要包括 AGV 的性能参数、堆场性能参数、岸桥性能参数、船舶性能参数等。

（12）其他元素：包括一些控制变量和属性。

2. 码头铁路装卸系统模型模块设计

在整体模型中，为了降低模型的复杂程度，在合理的范围内，对铁路装卸系统模块进行了相应简化。本书为了对铁路装卸系统进行细致的研究，建立了多个独立的子模型，分析应用不同的作业模式对铁路和码头带来的影响。

以下是铁路装卸系统模型各模块及其实现过程：

xquyasi 模块：在 xquaysi 模块中主要包括了以下几个功能。

（1）实现集装箱列车先进先服务功能。

所用到的元素包括：

Bueffr：huohcel、huoehe2、huohce3、huohce4 用来模拟四股铁路线，假设四列列车进入铁路线，一列立即进入服务状态，其余三列处于等待状态。全局整型变量 z（1）、z（2）、z（3）、z（4）表示四条铁路线列车到达和服务状态有三种可能的数值 0、1、2，分别表示无列车、有等待列车、处于服务状态的列车。火车进入这四个 bueffr 之一，zn（）就会被赋值 1，表示第 n 条铁路线火车到达。

Machine：comejet，中间过程，用来提取即将进入服务的列车。

Buffer：huoehe0，被 comejet 提取进入 huoehe0 的火车 z（n）被赋值 2，表示第 n 条线路的火车接受服务。

Machine：uoatll，提出服务完毕的第 n 条线上的火车，表示列车离站。

（2）实现从铁路堆场中提箱装车功能。

Mchine：zhuangxie1、zhuangxie2、zhuangxie3、zhuangxie4。通过程序控制使得装入列车的箱量为 100 TEU。

Sendbox 模块：送箱集卡在进入铁路装卸线上端入口前，进行装箱，此模块在集卡装箱时，按照一辆集卡装载 2 个 20 ft 箱或一个 40 ft 箱进行装卸控制。

包含元素：

Buffer：ebox，储存出口集装箱。（为便于理解，对铁路而言，运抵为进口，运出为出口）

Machine：thuohce 为 exbox 注箱。

Track：road1、road2、road3、road4 上进行装箱。

Xuqyasi 模块：为到达列车模拟载入集装箱量。通过程序控制，到达列车装载箱量为 100 TEU。

包含元素：BueffEr：inche1、inche2、inche3、inche4，模拟火车装载箱量。

Maehine：huobox1、huobox2、huobox3、huobox4。为以上容器注箱。

Chechang 模块：表示装车集卡、卸车集卡车场。

包含元素：Track：road1～4、roadl1～14。

Truck 模块：表示集卡。

包含元素：turek1～8。

Yx、Ys、Xy、Zhxie 模块：道路模块。

其功能为：连接构成交通路网，在模型中为数量最多的元素。其中 zhXie 模块中的道路是轨道吊悬臂下集卡行走并进行装卸的路段。

Result：性能参数统计模块。

其功能为：以直方图、饼图、序列线、变量动态实时显示各种统计结果。主要包括列车在港平均滞留时间、轨道吊纯利用率、集卡性能参数等。

其他元素：主要指一些系统全局变量和函数等。

四、集装箱码头物流系统模拟指标

1. 模拟期内的作业列车列数（列）

相同期限内在铁路线上完成的装卸列车数量能够反映出铁路装卸系统作业能力。该指标可以在模拟系统运行中通过对四条铁路线完成对列车的服务次数累加得到。

2. 完成吞吐量（TEU）

码头吞吐量指标可以在模拟运行中分泊位累计集装箱的装、卸数量获得，或者可以这样获得：将总的模拟时间乘以岸边集装箱起重机的利用率再除以岸边集装箱起重机的作业效率。需要指出的是上面的两种计算方法都要将40 ft箱换算成20 ft箱，即TEU。标箱换算公式如下：

$$标箱换算率 = \frac{20 \text{ ft 对} 40 \text{ ft 箱的比例} + \text{ft箱} * 2}{自然箱} \quad (6-4)$$

在过去标箱换算率一般取 1.3，现在随着 20 ft 对 40 ft 箱比例的下降，一般取 1.5。

由于铁路装卸系统模型是按照每车卸 100 标准箱、装 100 标准箱，所以铁路装卸线的吞吐量可以按下式计算：

$$铁路集装箱吞吐量 = 200 \times 火车到达总列数 \quad (6-5)$$

极限吞吐能力：假设铁路装卸线处于最繁忙的状态，在其他外部条件不变的情况下，由于自身的制约因素，使得列车到站频度（在本书中将给出一个极限分布）超过某个值时，铁路装卸线将不能正常提供服务。保持这个繁忙度，通过给定模拟时间得到的吞吐量，定义为极限吞吐能力。

3. 列车等待作业时间（h）

列车等待作业时间是反映铁路作业安排绩效的重要指标，直接反映出铁路运力的利用情况。在相同的资源配置情况下，列车等待作业时间综合最短，则表明效率越高。其计算方法（参照船舶）如下：

$$列车在线等待作业总时间 = \sum_{i=1}^{n}(第i列列车开始作业时间 - 第i列列车到达时间) \quad (6-6)$$

式中第 i 列列车开始作业时间由处于服务状态的列车接受服务的时间以及其在队列中的位置决定，列车 i 的到站时间则是根据列车按负指数时间间隔随机分布到达，随机产生的。根据列车等待作业时间（总和）和模拟期内作业的列车数量即可计算出列车的平均等待作业时间：

$$列车平均等待作业时间 = \frac{列车等待作业总时间}{列车总数} \quad (6-7)$$

4. 列车作业时间（h）

集装箱码头列车作业时间是与生产调度方案、装卸工艺、码头内交通状况、码头堆场的作业效率、繁忙度，以及集卡在码头堆场排队等因素有关。列车平均在站时间，指列车从进站到离站所占用的平均时间。

列车平均作业时间=列车作业总时/列车总数 (6-8)

5. 装卸线的利用率（%）

装卸线的利用率是指在仿真期内，列车在站时间与仿真时间的比值。

$$装卸线的利用率 = \frac{列车在线总时间}{仿真时间} * 100\%$$ (6-9)

6. 设备利用率（%）

设备利用率反映设备资源的利用情况，在本系统中设备的利用率主要是铁路线上轨道吊的利用率。随着设备数增加，将使得铁路线上的通过能力提高，但设备的利用率将下降，使得生产资源得不到应有的发挥；而反之，设备数量过低，虽然设备利用率很高，但是铁路线通过能力又会降低，发挥不到铁路设施应有的能力。这就要求在码头铁路吞吐量一定的情况下合理地配备设备的数量。一般而言，应该保证轨道吊的使用率较高。设备利用率的具体计算公式可以表示为：

$$设备利用率 = \frac{\sum_{i=1}^{m}\sum_{j=1}^{T} t_{ij}}{m * T}$$ (6-10)

式中　t, j——第 i 台设备第 j 个模拟循环时间的工作台时；
　　　T——模拟总时间；
　　　m——设备台数。

7. 集卡生产性能指标

（1）集卡在码头堆场逗留时间。

此项可作为在局部的铁路装卸系统仿真模型中，铁路集卡进出边界时间周期的参考依据。

（2）铁路集卡在铁路轨道桥下排队平均队长。

指集卡在铁路装卸线上，需要排队等待作业的平均队长。

五、仿真模型的调试和运行

1. 模型调试

仿真模型建立之后，要经过反复的程序调试和模型调试，来验证模型的可靠性和准确性。模型调试的目的主要在于检验模型是否正确反映了码头物流系统以及码头铁路物流系统作业的相互关系，尽可能消除模型中的误差。仿真模型中的误差主要来源于模型的简化与假设。首先，为了在一定的条件下实现对仿真模型的开发，简化仿真模型是不可避免的，这些简化可能导致模型不能以满意的精度回答模型需要解决的问题；其次，由于系统过于复杂，缺乏数据或者有些操作规则模糊，模型通常需要按照经验或者参照其他实际的统计数据，对于某些操作规则做出必要的假设，这些假设可能与实际码头物流系统作业有较大的误差，导致模型的运行制和实际系统不同，在一定程度上也造成了模型的误差。

2. 模型运行

仿真模型调试完成之后，就可以运行模型了。根据确定的仿真目标，制定不同的仿真工况,进行仿真实验。在对输入数据初始化之后,启动仿真模型,开始对所要研究的内容进行仿真,通过模型对前面所定义的统计性能参数的输出结果进行分析,可以得出一些有益的结论,达到我们所要求的研究目的,对集装箱码头铁路物流系统的规划和管理提供参考和借鉴。

思考与练习

1. 一门完整的科学体系是在人们逐渐认识客观世界的过程中形成的,它包括哪几部分?
2. 仿真就是构造反映实际系统运行行为的特性的数学模型和物理模型在仿真载体(可以是计算机或其他形式的仿真设备)复现真实系统运行的复杂活动。它可归结为哪三部分组成?以及期间的关系?
3. 系统仿真的实质是什么?
4. 简述交通运输系统仿真的步骤。
5. 简述交通运输系统仿真的模型的分类。
6. 描述连续系统模型。
7. 描述离散事件系统建模与仿真的基本要素。

第 7 章 交通运输系统决策

7.1 概述

7.1.1 决策的概念

系统决策是指在一定的条件下，根据系统的状态，在可采取的各种策略中，依据系统目标选取一个最优策略并付诸实施的过程。科学决策不同于经验决策，它是在对系统进行科学分析的基础上，运用科学的思维方法，采用科学的决策技术做出决策的过程。

在现代管理中，决策显得尤为重要，诺贝尔奖获得者西蒙曾经说过"管理就是决策"，他认为决策是对稀有资源备选方案进行选择排序的过程；学者 Gregory 在《决策分析》中提及，决策是决策者对将采取的行动方案的选择过程。朴素的决策思想自古有之，但在落后的生产方式下，决策主要凭借个人的知识、智慧和经验。生产和科学技术的发展越来越要求决策者在瞬息万变的条件下对复杂的问题迅速做出决断，这就要求对不同类型的决策问题，有一套科学的决策原则、程序和相应的机构、方法。随着计算机技术的发展，决策分析的研究得到极大的促进，随之产生的计算机辅助决策支持系统，使许多问题可以在计算机的帮助下得以解决，在一定程度上代替了人们对一些常见问题的决策分析过程。

7.1.2 决策的重要性

运输系统决策的重要性可以从决策实施后的效果以及这种效果影响的广度和深度来理解。新中国成立以来，我国的交通运输事业虽然有了很大的发展，但仍然不能适应经济和社会发展对运输的需求，交通运输已经逐渐成为制约国民经济发展的瓶颈。究其原因，是因为长期以来，我国在运输系统方面的错误决策造成的。在发展国民经济的指导思想上，往往是重生产、轻流通，重工业、轻交通，主要表现在：一是只看到工业特别是重工业眼前的、直接的经济效益，看不到或不重视交通运输业巨大的、长远的社会效益和间接的经济效益。二是对交通运输业的性质及其在国民经济和社会发展中的地位与作用缺乏深层次的理解，对交通运输是国民经济重要的基础结构、必须适度先行认识不足，缺乏工业发展取决于交通运输承受能力的概念。三是对在物质生产、分配、流通、消费四大领域中，交通运输是再生产过程中的纽带和前提条件缺乏必要的认识，往往只把交通运输业作为一般的服务行业，没有充分认识到它的社会公益功能和宏观调控功能，致使工业部门越来越多，交通运输业承受的挤占也越来越多（特别是投资挤占）。四是对交通运输供给能力的认识存在很大的片面性，认为运输能力的弹性大，运力再紧张，只要挤一挤、压一压，也能挖掘出一些"潜力"，殊不知这种超负荷、拼设备、吃老本的做法，牺牲了运输业本身的效益和服务质量，为国民经济和社会的发展留下了很大的后患。五是片面强调铁路的作用,对其他运输方式在综合运输系统中应有的地位和作用认识不够客观和全面,导致运输业内部发展不平衡,综合运输效益差。

由于认识上的偏差,在投资政策上,对交通运输业的投资与整个国民经济、工业、能源投资之间的比例安排不当,造成投资结构的严重失调。在对运输业内部的投资政策上,又偏重于铁路,对其他运输方式重视不够。加之运输价格的不合理性、财政、税收、信贷政策的限制、燃油供应政策缺乏保证以及运输系统管理体制存在的种种弊端,使得我国的交通运输紧张,严重制约了国民经济和社会的发展,成为突出的薄弱环节之一。

此外,在交通运输投资决策上,不按科学规律办事,违反科学的决策程序,按长官意志行事,有些交通运输建设项目在论证不充分的情况下就匆匆上马,影响了运输投资效益的发挥,造成了运输建设项目的重大决策失误。

7.1.3 决策的基本要素

决策分析的基本要素包括以下几个方面:

1. 决策者

决策者是指决策过程的主体,即决策人。一般来说,他是某一方面或某一部分人的利益代表者。决策者在决策过程中起着决定作用。由多方利益代表者构成的决策集体称为多人决策,或称这个集体为决策组、决策集团。

2. 方 案

方案指的是决策过程中可供选择的行动方案或策略。方案可以是有限的,也可以是无限的,表示为:

$$A = \{a_1, a_2, \cdots, a_m\} = \{a_i\} \quad (i = 1, 2, \cdots, m)$$

式中　A——所有可能的方案;
　　　a_i——第 i 个方案。

3. 结 局

结局是方案选择以后所造成的结果。如果没有不确定性,则只有一个结局,称为确定型决策;如选择方案后,结果存在不确定性,则存在多种结局。结局也叫状态,可以表示为:

$$S = \{s_1, s_2, \cdots, s_m\} = \{s_j\} \quad (j = 1, 2, \cdots, m)$$

式中　S——所有可能的自然状态;
　　　s_j——第 j 个状态。

4. 价值及效用

价值及效用是指对结局所作出的评价。在决策分析中,一般无风险下对结局的评价称为价值,可以用具体的益损值表征;在有风险的情况下,价值将随风险的大小有所改变,称为效用,效用取值[0, 1]。下面所讨论的决策问题均以益损值来描述对结局所作的评价。

5. 偏　好

偏好是指人们对各种方案、目标、风险的爱好倾向。可以定量表示偏好，也可以用排序的方式表示。

决策就是要在给定状态 s 的条件下，从方案中选取一个最优方案，使其可能的收益最大或损失最小。它们的关系可用如下形式表示：

$$optd = f(a, s, c)$$

式中　d——在一定决策准则下的决策值。

7.1.4　决策的步骤

决策程序是人们长期进行决策实践时的步骤，是人们长期进行决策实践的科学总结。如前所述，正确的决策不仅取决于决策这个人的素质、知识、才能、经验以及审时度势的能力，并且与认识和遵循决策的科学程序有着密切的关系。科学的决策程序一般包括以下四个基本步骤。

一、提出问题，确定目标

提出问题是指提出必须解决的、将要发生的问题。决策者应能够根据经济与科学技术的发展，或依据先进经验，或从搜集和整理的情报中发现差距。一个决策者如能站得高、看得远、统观全局，就能找出问题的关键所在。目标是决策的出发点和归宿，也是通过决策所要预期达到的技术经济成果。决策目标有技术上的目标，也有经济上的目标。例如，为提高运输企业经济效益而确定的目标就属于经济上的目标；研发先进的运输装备以提高运输能力就属于技术上的目标。目标的确定要考虑以下几点：

1. 目标的针对性

针对所要解决的问题，如是为了增加运量还是为了降低成本；针对决策人的职责范围，如降低成本问题，上级有上级的目标，下级有下级的目标，下级的目标要服从上级的目标。

2. 目标的准确性

目标要概念明确，时间、数量、条件等都要具体加以规定。这一方面是作为方案可行性的依据，另一方面是为了有可能对执行的结果进行检查。

3. 目标的先进性和可靠性

要建立一个必须经过人们艰苦努力才能够达到的目标，而不是建立一个轻易可达的目标，否则，就不能调动群众的积极性，就不能充分挖掘潜力。同时，要注意使目标有较大实现的可能性，注重实际，量力而行，不能是空想的、不可实现的。

4. 目标的相关性

一项决策可能涉及多项目标，这时要分清哪些是长期目标，哪些是近期目标；哪些是战略目标，哪些是战术目标；哪些是主要目标，哪些是次要目标；并且还要明确它们的衔接关系。对于主次目标，还必须确定一个优先顺序，使次要目标服从主要目标，以保证更主要目标的实现。

二、调查研究，拟定可行方案

根据目标，拟定可行方案，这是决策的基础。研究提出的可行方案，要根据系统的内外部条件，采取专家和群众相结合的方法，群策群力，集思广益，不能靠少数几个人的苦思冥想；要善于启发，使人们解放思想；要重视"奇谈怪论"式的只言片语或"头脑风暴"式的敢想敢言。各个方案提出后，还要对每个方案进行充分的研究和可行性论证，要尽可能分析每一个方案的措施、组织、资源、人力、经费、时间等。通过论证，只有在技术上可行的方案才能够作为决策分析中待比较、选择的方案；而且，至少要有两个以上的可行方案可供选择。

三、对方案进行评价和选择

评价方案，首先要根据决策目标，制定一套评价标准；其次要通过各种模型，对备选方案进行系统分析、综合评价，以便比较、选优。在全面评价的基础上，最后选定行动方案。

四、贯彻实施方案

目标是否明确、方案是否满意都有待于在方案的贯彻执行中加以验证。决策方案确定后，要落实到有关责任部门和人员，制定实施决策的规划和期限，解决与实施决策有关的问题。为了将实际效果与预计效果相比较，要建立健全信息反馈渠道，及时收集决策方案实施过程中的有关资料，若发现与预计效果有差异，要有针对性地查明原因，并加以修正调整，以保证决策目标全部实现。整个决策过程的一般程序见图 7-1。

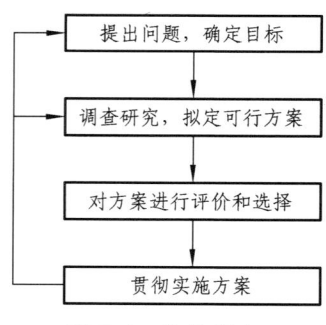

图 7-1　决策程序

7.1.5　决策的准则

科学的决策，就是在科学理论的指导下，通过科学的方法，做出有科学依据的决策。它必须遵循以下准则：

1. 信息准则

决策应以可靠的、高质量的信息为基础。

2. 预测准则

通过预测为决策提供有关未来的信息，使决策具有远见卓识。

3. 科学准则

用科学理论作为决策的指导，掌握决策对象发展变化的规律。

4. 系统准则

要考虑决策涉及的整个系统和相关系统,还应使系统同环境能彼此协调;决策的结果应让系统处于最佳状态,不能顾此失彼。

5. 可行准则

决策涉及系统的人力、物力、财力资源及技术水平等,要建立在可以办得到的基础上。

6. 选优准则

决策也是选优的结果,因此必须具有两个以上的方案,并根据一定价值观念和标准从中选定满意的或最佳方案。

7. 行动准则

决策都是要付诸实施的,有了决策,必然导致某种行动,并且要有行动的结果。

8. 反馈准则

决策不可能十全十美,应把实践中检验出的不足和变化了的信息及时反馈给决策者,以便据此做出相应调整。

7.1.6 决策的分类

由于决策的内容广泛、层次复杂、方法多样,所以可以从不同角度对决策进行分类。

1. 按决策的重要性分类

可将决策分为战略决策、策略决策和执行决策。战略决策是涉及某组织发展和生存的、有关全局和长远的决策。如厂址的选择、新产品的开发方向、原料供应地的选择等。策略决策是为完成战略决策所规定的目的而进行的决策。如对一个企业来讲,产品规格的选择、工艺方案和设备的选择、厂区和车间内工艺路线的布置等。执行决策是根据策略决策的要求对执行行为方案的选择,如生产中产品合格标准的选择,日常生产调度的决策等。

2. 按决策的结构分类

可分为程序决策和非程序决策。程序决策是一种有章可循的决策,一般是可重复的。非程序决策一般是无章可循的、只能凭经验直觉做出应变的决策,一般是一次性的。由于决策的结构不同,解决问题的方式也不同(见表 7-1)。

表 7-1 决策问题的解决方式

解决问题的方式	程序决策	非程序决策
传统方式	习惯、标准规程	直观判断、创造性决策
现代方式	运筹学、管理信息系统	培训决策者、人工智能、专家系统

3. 按定量和定性分类

可分为定量决策和定性决策。描述决策对象的指标都可以量化时称为定量决策;否则称为定性决策。

4. 按决策环境分类

可将决策问题分为确定型、风险型和不确定型三种。确定型决策是指决策环境是完全确定的，做出选择的结果也是确定的。风险型决策是指决策的环境不是完全确定的，而其发生的概率是已知的。不确定型决策是指决策者对将发生结果的概率一无所知，只能凭决策者的主观倾向进行决策。

5. 按决策过程的连续性分类

可分为单项决策和序贯决策。单项决策是指整个决策过程只作一次决策就得到结果。序贯决策是指整个决策过程由一系列决策组成。一般管理活动是由一系列决策组成的，但在一系列决策中往往是几个关键环节要做决策，可以把这些关键的决策分别看作单项决策。

7.1.7 运输系统决策

所谓运输系统决策问题，就是在运输系统中与运输活动有关的决策问题。如运输经济决策、运输科技决策、运输发展决策，等等。从运输企业的长远发展方向来看，要不要增加新的投资、扩大运输规模，要不要引进新技术、新工艺、新设备；从运输企业的日常管理工作来看，运输价格应如何确定，运输设备何时更新以及如何更新等所有这些问题，都要求决策者能够做出合理、适时、科学、正确的决策。

【例 7-1】 某施工队承接了一项露天作业工程，施工管理人员要根据天气状况决定是否开工。如表 7-2 所示，已知下列条件：

（1）如果开工后天气好，能按时完工，可以获得 20 万元利润。

（2）如果开工后天气不好，将造成 8 万元损失。

（3）如果不开工，无论天气好坏，都要付出窝工损失 3 万元。

表 7-2 工程队在不同状态下采取不同方案时的结果

方案 \ 状态	益损值	
	天气好	天气不好
开工	20 万元	−8 万元
不开工	−3 万元	−3 万元

表中的数据成为益损值，通常决策人获得收益时取正值，而面临亏损时取负值。通过上述条件决定是否开工，就是一个决策问题。

决策过程是指，从明确要解决的问题出发，经过认真的调查研究，分析客观情况和主观目标要求，制定多个可行方案，最后选定最佳或满意的行动方案，并加以贯彻实施。决策的实质是一个优化过程，在这个过程中反复分析、比较、综合并作出选择，实际的决策往往是一个循环的过程。

日常生活和生产实践中，凡是对于同一问题面临几种情况，而又有多种方案可供选择时，就形成了一个决策。面临的几种情况，称为自然状态或简称状态，上例中天气好和天气不好就是两个自然状态，这些自然状态是不以人的意志为转移的。但是这些自然状态中必然且只能出现一种状态。在决策中，参加比较的方案称为策略，也称为行动方案，如上例中一个行动方案就是开工,另一个行动方案是不开工。

【例 7-2】 不同层次和部门的交通运输管理机构会有不同侧重的决策方面,从宏观角度看,道路交通运输的主要决策问题框图如图 7-2 所示。

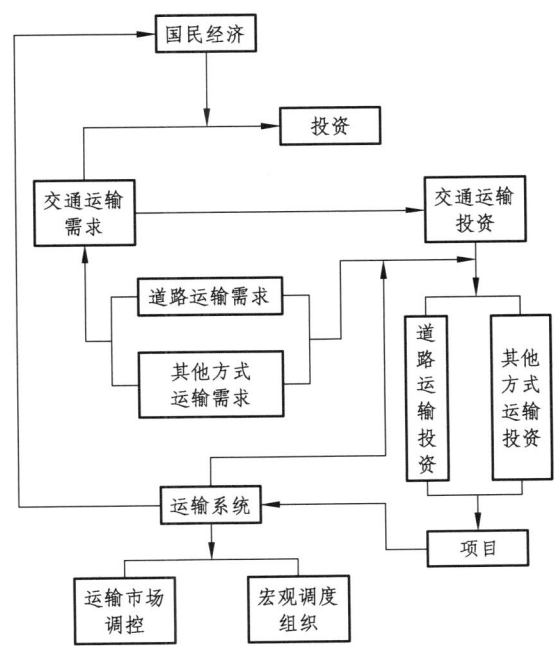

图 7-2 道路交通运输决策基本框图

道路交通运输管理机构的主要职能有:提供道路交通运输所需的基础设施,即进行道路交通运输基本建设;道路交通运输行业的宏观管理,包括道路运输市场的调控和道路运输活动的协调。

1. 在"提供道路交通运输基础设施"中包含的主要决策问题

(1) 根据国民经济的状态,确定需要道路交通运输对应的状态。

(2) 根据道路交通运输需要的状态,确定道路运输方式应该的状态,这种状态的描述参数应包括总量参数和空间向量参数。

(3) 受某种道路交通运输状态制约,国民经济的可能状态。

(4) 根据国民经济的状态,确定应该且可能对道路运输业的投资。

(5) 根据道路交通运输业的可能投资,确定对道路交通运输方式应该且可能得到的份额。

(6) 按需求确定道路运输方式的计划项目。对拟议中的项目进行评估、排队和选择,根据不同运输方式可能得到的投资,进行合理分配。

(7) 道路交通运输系统具有的供给能力及合理供给能力的描述及确定,包括总量能力参数和空间向量能力参数。

2. 在"交通运输行业的宏观管理"中包含的主要决策问题

(1) 通过政策法规和经济杠杆等对运输市场的调控;

(2) 对国民经济和社会有重要影响的客货运输的调度组织。

7.2 确定型运输决策问题

一、确定型决策的主要特征

确定型决策就是指能够确定计算出各方案的益损值，从中选出最优决策。确定型决策的主要特征是：

（1）存在决策者希望达到的一个明确目标（收益最大或损失最小）；
（2）存在一个确定的自然状态；
（3）存在可供决策者选择的两个或两个以上的行动方案；
（4）不同的行动方案在确定状态下的效益值（或损失值）可以计算出来。

二、确定型决策的方法

确定型决策问题看起来似乎很简单，但在实际工作中往往是很复杂的，因为可供选择的方案是很多的，仅仅通过直观比较难以确定出最优方案。例如有 A 个产地 B 个销地的运输问题，当 A、B 较大时，运输方案就很多，这时要确定一个运输费用最低的合理运输方案，就必须用线性规划的方法才能解决。对于确定型的决策问题，要用运筹学的其他分支和另外的一些数学方法，同时还要借助于电子计算机才能更好地解决。常用的决策方法有：线性规划、非线性规划、动态规划、目标规划、整数规划、投入产出数学模型、确定型库存模型等。另外，决策者面对要决策的问题要达到多目标的情况也很多，这时可用多目标规划来解决。

7.3 不确定型运输决策问题

一、悲观准则

悲观准则又称极大极小决策标准。当决策者对决策问题不明确时，唯恐由于决策失误带来的损失，因而，在做决策时小心谨慎，总是抱着悲观的态度，从最坏的结果中争取最好的结果。

1. 决策步骤

（1）编制决策效益表；
（2）从每一个方案中选择一个最小的效益值；
（3）在这些最小的收益值对应的决策方案中选择一个效益值最大的方案为备选方案。

2. 决策原则

小中取大。

二、乐观准则

乐观准则又称极大极大决策标准，主要特征是实现方案选择的乐观原则。进行决策时，决策者不放弃任何一个获得好结果的机会，争取大中取大，充满乐观冒险精神。

1. 决策步骤

（1）编制决策效益值表；

（2）从每一个方案中选择一个最大的收益值；
（3）在这些最大的收益值对应的决策方案中选择一个收益值最大的方案为备选方案。

2．决策原则

大中取大。

三、折中准则

乐观准则和悲观准则都过于极端，折中准则是介于二者之间的一个决策标准。在进行决策的时候，要求决策者确定一个系数：折中系数 α（$\alpha \in [0, 1]$）。$\alpha \to 0$ 说明决策者接近悲观；$\alpha \to 1$ 说明决策者接近乐观。

决策步骤：

（1）编制决策益损表；

（2）计算每个方案折中决策标准收益值，即

$$d_i = \alpha \max_j c_{ij} + (1-\alpha) \min_j c_{ij}$$

（3）选择最大的折中收益值对应的方案为备选方案，即

$$d^* = \max_i \{d_i\} \quad (i = 1, 2, \cdots, m)$$

当 $\alpha = 1$ 时，为乐观（极大极大）准则；当 $\alpha = 0$ 时，为悲观（极大极小）准则。

四、遗憾准则

遗憾准则是一种使遗憾值最小的准则。所谓遗憾值是指决策者在某种自然状态下本应选择收益最大的方案时却选择了其他方案而造成的机会损失值。该准则要求决策者首先计算各方案在不同状态下的遗憾值，再分别找出各方案的最大遗憾值，最后在这些最大遗憾值中找出最小者对应的方案，即将最小的最大遗憾值对应的方案作为最优决策方案。

决策步骤：

（1）编制决策益损表；

（2）用每个状态下的最大收益值减去其他方案的收益值，得出每个方案的遗憾值，$Q_{ij} = \max_i \{c_{ij}\} - c_{ij}$；

（3）找出每个方案的最大遗憾值，$d_i = \max_j \{Q_{ij}\}$；

（4）从每个方案的最大遗憾值中找出最小的遗憾值对应的方案为备选方案，$d^* = \min_i \{d_i\}(i = 1, 2, \cdots, m)$。

五、等可能准则

等可能准则又叫拉普拉斯（Laplace）决策准则。其主导思想是决策人把状态发生的概率都取成等可能值，如果有 $n(n = 1, 2, 3 \cdots)$ 个自然状态，则每一个自然状态出现的概率为 $1/n$，因此该准则也称等可能准则。然后按风险型决策问题的期望值法进行决策。

决策步骤：

（1）编制决策益损表；

（2）计算每个方案在不同情况下的期望益损值 $G_i = \dfrac{\sum\limits_{j=1}^{n} C_{ij}}{n}$；

（3）选最大的期望益损值 $\max[G_i]$ 对应的方案为最优方案。

7.4 风险型运输决策问题

7.4.1 决策树法

决策树法是以图解的方式分别计算各方案在不同自然状态下的益损值，通过对每种方案益损期望值的比较做出决策。

一、决策树的结构

决策树法是利用树形结构图辅助进行决策的一种方法。这种方法是把各种备选方案、可能出现的状态以及决策产生的后果，按照逻辑关系画成一个树形图，在树形图上完成对各种方案的计算、分析和选择。决策树由四个部分组成：

1. 决策节点

在决策树中用"□"代表，表示决策者要在此处进行决策。从它引出的每一个分枝，都代表决策者可能选取的一个策略（又称方案枝）。

2. 事件节点

在决策树中用"○"代表，从它引出的分枝代表其后继状态，分枝上括号内的数字表明该状态发生的概率（又称概率枝）。

3. 结果节点

在决策树中用"△"表示，它表示决策问题在某种可能情况下的结果，它旁边的数字是这种情况下的益损值（又称末梢）。

4. 分　枝

在决策树中用连接两个节点的线段，根据分枝所处的位置不同，又可以分成方案枝和状态枝。连接决策节点和事件节点的分枝称为方案枝；连接事件节点和结果节点的分枝称为状态枝。

决策树的结构如图 7-3 所示。

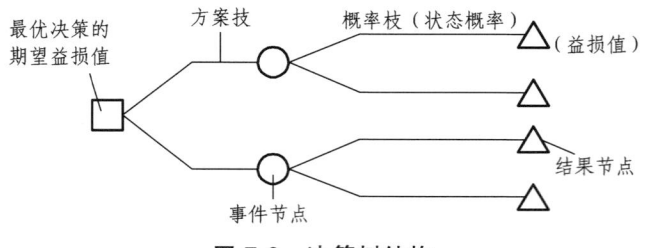

图 7-3　决策树结构

二、决策树法的决策步骤

1. 画决策树

画决策树的过程就是拟定各种方案的过程,也是进行状态分析和预估方案结果的过程。因此,首先要对决策问题的发展趋向步步深入地进行分析,然后按决策树的结构规范由左向右逐步画出决策树。

2. 计算各方案的期望值

按期望值的计算方法,从图的右边向左逐步进行,并将结果表示在方案节点的上方。

3. 剪枝选择方案

比较各方案的期望值,选取期望收益最大或期望损失最小的方案为最佳方案。将最佳方案的期望值写在决策点的上方,并在其余方案枝上画"//"进行剪枝,表示舍弃该方案。

风险型决策问题与不确定型决策问题的本质区别在于:前者利用自然状态出现的概率分布,以期望收益值最大为决策目标,所得到的结果比较能够符合客观情况;而后者则是对未来的自然状态一无所知,其决策受主观意识的影响很大,带有一定的盲目性。

在风险型决策问题中,确定未来状态出现的概率是非常重要的。各种自然状态出现的概率可以用统计资料、实验结果得出,但大多数情况下要凭经验、知识甚至是预感对未来的情况进行估计,这样得出的概率值称为主观概率。对同一事件,不同的人做出的主观概率的估计是不同的,因此,所得出的决策结果也是不同的。对于不确定型决策,只要决策者对未来状态出现的可能性不是全然不知,就总可以做出一些估计,因而即可转化成风险型决策问题。

7.4.2 最大可能法

最大可能准则的基本思想是将风险型决策问题转化为确定型决策问题。风险型决策问题中,每种自然状态的发生都有一个概率值,某种状态发生的概率越大,说明该状态发生的可能性越大。基于这种想法,在风险型决策中,若某种状态出现的概率远比其他状态大得多的时候,就可以忽略其他状态,而只考虑概率特别大的这一种状态。这样,风险型决策问题就转变成确定型决策问题。

最大可能法要求决策者首先找出概率明显最大的自然状态,然后在这一状态下选取收益最大的方案为最优决策方案。

决策步骤:

(1)编制决策效益值表;

(2)确定明显最大的概率所对应的自然状态,即

$$p(s_t) = \max_j \{p(s_j)\} \quad (j=1,2,\cdots,n)$$

(3)在选定的自然状态下,选取收益值最大的方案为最优方案,即

$$d^* = \max_i \{C_{it}\} \quad (i=1,2,\cdots,m)$$

用最大可能法对风险型问题进行决策比较方便,但这种方法的适用范围是有限的。一般

来说，在一组自然状态中，当其中某个自然状态出现的概率比其他状态出现的概率大得多，而它们相应的益损值相差不是很大时，用这种方法进行决策能得到较好的效果。相反，如果有一种方案各状态下的益损值相差较大，而概率却相差无几，或因状态很多而概率值都很小，这时则不宜采用该准则。

7.4.3 期望值准则法

1. 益损期望值

在风险型决策问题中，未来出现哪种状态是不确定的，是一个随机事件，每一种可行方案能获得的收益（或损失）也是个随机事件，但获得某个收益（或损失）的概率是知道的。因此，每一可行方案对应益损值的数学期望值为：

$$E(A_i) = \sum_{j=1}^{n} F_j C_{ij}$$

式中　$E(A_i)$——第 i 个可行方案的益损期望值；

A_i——第 i 个可行方案；

F_j——出现自然状态 j 的概率；

C_{ij}——可行方案 i 在自然状态 j 下的益损值。

在所有方案中，收益期望值最大或损失期望值最小的方案就是最优方案。

最大的益损期望值是平均意义下的最大收益。因此期望值准则适用于状态概率稳定的重复性决策，而对一次性决策则要冒一定风险。

将期望值准则与不确定型决策中的等可能准则进行比较。在等可能准则中，假设各种自然状态出现的概率相同，即 $F_1 = F_2 = F_3 = F_4$。

因此：

$$F_1 + F_2 + F_3 + F_4 = 1$$

所以：

$$F_1 = F_2 = F_3 = F_4 = 1/4$$

$$E(i) = \sum_{j=1}^{n} F_j C_{ij} = \frac{\sum_{j=1}^{n} C_{ij}}{n} = G_i$$

每个可行方案益损值的期望值 $E(A_i)$ 就是平均值 G_i。可见，等可能准则是期望值准则的特例，它假设了各个自然状态出现的概率相等。

2. 后悔值期望值

决策者制定决策后，若现实情况未能符合理想，将有后悔的感觉。每一种自然状态下总有一个方案可以达到最好的情况或取得最优值，如果选择其他方案其结果将达不到最优值，每种状态下各方案均有后悔值。在应用期望值准则时，除计算可行方案的益损值外，还可以根据各方案的后悔值计算后悔值期望值。从后悔值期望值中选取最小值，相应的方案即为最优方案。该准则只适用于矩阵决策问题。

思考与练习

1. 回忆一下：最近一年之内你在工作和生活上做出了什么重大决策？一天之内你在工作和生活上做出了什么决策？
2. 试述决策分析问题的类型及其相应的构成条件。
3. 简述决策的步骤。
4. 某汽车客运公司经营某一旅游线路，每一班车平均获利润80元，每一班车成本80元，如果停开一班车则损失30元。上年同一时期不同"日开车班数"出现的天数如表7-3所示，现有日开车班数100、110、120、130四种方案，试利用期望值准则对今年客运班车计划进行决策，使获利最大，并给出相应的期望收益。

表7-3 不同日开车班数出现的天数值

日开车班数	100	110	120	130	合计
不同日开车班数出现的天数值	21	38	29	12	100

5. 某道路施工，管理人员需决策下个月是否开工：若开工以后天气好，能按时完工，则可获利50 000元；若天气坏，则将损失10 000元；若不开工，则窝工要付费1 000元。据以往的气象资料预测下月天气好的概率是0.3，天气坏的概率是0.7，试作出决策。
6. 某运输公司拟修建一个货物中转库，拟定了两个方案：一是投资9 000万元，一次建成大仓库，货源好时年收益3 000万元；货源差时年亏损600万元。二是先建小仓库，投资5 000万元，货源好时年收益1 400万元；货源差时每年仍能收益500万元，5年后若货源好考虑是否扩建成大型仓库，追加投资4 000万元，每年可得收益3 000万元。两个方案的经营期均为15年。估计货源好的概率是0.7，试用决策树法进行决策。
7. 某货场需贷款修建一个仓库，初步考虑了三个建仓库的方案：① 修建大型仓库；② 修建中型仓库；③ 修建小型仓库。由于对货物量的多少不能确定，对不同规模的仓库，其获利情况、支付贷款利息及运营情况都不同。经初步估算，编制出每个方案在每种不同货物量下的益损值如表7-4所示。试利用等概率准则、乐观准则、悲观准则、折中准则（取折中系数=0.7）和遗憾准则分别对该问题进行决策，并给出相应的期望收益。

表7-4 不同规模仓库在不同货物量下的益损值（万元）

方案	货运量大	货运量中	货运量少
建大型仓库	100	50	30
建中型仓库	60	80	50
建小型仓库	40	60	70

第8章　交通运输决策支持系统

8.1　决策支持系统基础理论

8.1.1　决策支持系统基本概念

决策支持系统（Decision Support System，DSS）是辅助决策者通过数据、模型和知识，以人机交互方式进行半结构化或非结构化决策的计算机应用系统。决策支持系统是在管理信息系统（MIS）和运筹学的基础上发展起来的新型计算机学科，以数据仓库和 OLAP 相结合建立的辅助决策系统是决策支持系统的新形式。数据仓库、OLAP 和数据挖掘技术的结合产生了商业智能系统，它为决策者提供分析问题、建立模型、模拟决策过程和方案的环境，调用各种信息资源和分析工具，帮助决策者提高决策水平和质量。

决策支持系统协助组织的管理者规划与解决各种行动方案，常用试验的方式进行。通常以交谈式的方法来解决半结构性或非结构性的问题，帮助管理者做出独特、改变快速且事先不易确定的决策，强调的是支持而非替代人类进行决策。

决策支持系统在设计上比其他信息系统更具有分析能力，其分析的数据来源为交易处理系统或管理信息系统所提供的组织内部信息，但有时也需要外部数据来源，如股价或竞争者的产品价格，并透过其内建的许多模型来分析数据或把大量数据汇整成可供决策者分析的形式。它多以友善的界面与使用者交谈，让使用者可方便地更改假设、提出新问题或接收新资料。

8.1.2　决策支持系统的功能及特征

决策支持系统是信息系统的高级发展阶段，即将数据处理的基本功能与各种模拟决策工具结合起来，帮助管理者进行分析、策划的系统。具体功能如下：

（1）收集、管理并随时提供与决策问题有关的组织内部信息，如订单要求、库存状况、生产能力与财务报表等；

（2）收集、管理并提供与决策问题有关的组织外部信息，如政策法规、经济统计、技术发展趋势、市场动态、竞争对手行动等；

（3）收集、管理并提供各项决策方案、执行情况及反馈信息，如订单履行进度、生产计划完成情况等；

（4）以一定的方式存储和管理与决策问题有关的各种数据模型，如定价模型、库存控制与生产调度模型等；

（5）存储并提供常用的数学方法及算法，如最短路径算法、回归分析方法、线性规划、特卡洛方法等；

（6）自动对数据进行加工、汇总、分析、预测，并得出综合信息报告；

（7）对上述数据、模型与方法的维护，如数据模式的变更、方法的修改等；

（8）能灵活地运用模型与方法对数据进行加工、汇总、分析、预测，得出所需的综合信息与预测信息；

（9）提供友好的人机界面和数据通信功能，方便使用者修改、处理和传输上述数据、模型与决策结果；

（10）及时将加工结果传送给使用者。

DSS 的基本特征可以分为以下几个方面：

（1）面向结构化程度不高的问题，如上层管理人员经常面临的决策机制表达不够充分的问题；

（2）以模型或分析技术为核心，传统的 MIS 以数据存取技术及检索技术为基础；

（3）供非计算机专业人员使用，以交互会话的方式操作 DSS；

（4）能适应环境及用户决策方法经常改变的要求；

（5）支持但不是代替高层决策者制定决策；

（6）把建模技术或分析技术与传统的数据存取技术及检索技术有机地结合起来；

（7）跟踪和适应人的决策过程，而不是要求人去适应系统。

8.1.3 决策支持系统的分类

长期以来，信息系统的研究者以及技术人员不断研究和构建决策支持系统，使得决策支持系统得到突飞猛进的发展，在许多行业和领域得到应用。随着在理论和实际两个方面的发展进化，决策支持系统已经有许多成熟的类型。

DSS 按照其系统结构可大致分为两类：一类是以数据库、模型库、方法库、知识库及对话管理等子系统为基本部件的多库系统结构；另一类是以自然语言、问题处理、知识库等子系统为基本部件构成的系统结构。

按照内部结构的驱动方式，决策支持系统可分为以下几类：

1. 通信驱动的 DSS

通信驱动 DSS 强调通信、协作以及共享决策支持，能够使两个或者更多的人互相通信，共享信息，并协调他们的行为。

2. 数据驱动的 DSS

数据驱动的 DSS 通过查询和检索数据库提供了辅助决策的功能。结合了联机分析处理的数据驱动 DSS 提供最高级的功能和决策支持，并且此类决策支持是基于大规模历史数据分析的。主管信息系统（EIS）以及地理信息系统属于专用的数据驱动 DSS。

3. 模型驱动的 DSS

模型驱动的 DSS 强调对于模型的访问和操纵，比如统计模型、金融模型、优化模型及仿真模型等，利用决策者提供的数据和参数来辅助决策者对于某种状况进行分析。

4. 知识驱动的 DSS

知识驱动的 DSS 可以就采取何种行动向管理者提出建议或推荐。这类 DSS 是具有解决问题的专门知识的人机系统。"专门知识"包括理解特定领域问题的"知识"以及解决这些问题的"技能"。构建知识驱动的 DSS 的工具有时也称为智能决策支持方法。

8.1.4 决策支持系统的组成

决策支持系统的基本结构如图 8-1 所示。完整的 DSS 系统模式可以表示为 DSS 本身以及它与"真实系统"、人和外部环境的关系。决策者处于核心位置，他运用自己的知识把他和 DSS 的响应输出结合起来进行决策。由于 DSS 使用者面临的决策的规则与步骤不完全确定，决策过程难以明晰表达，且决策者的素质、解决问题的风格、所采用的方法都有较大差异，使得 DSS 的模式应具有较高柔性，更多地强调决策者的主观能动性。

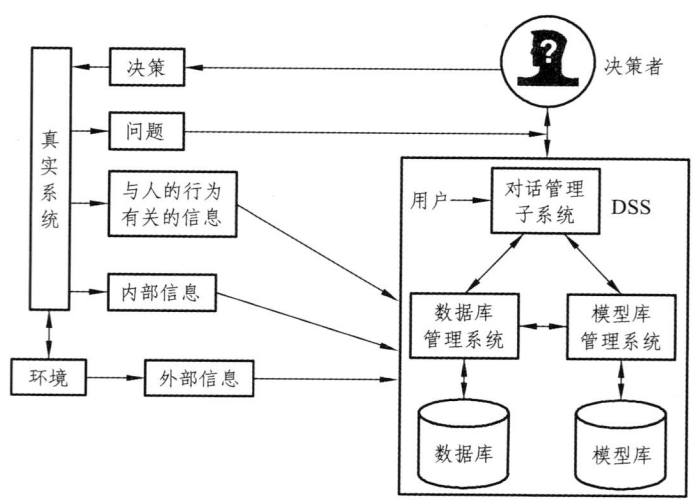

图 8-1　决策支持系统的基本结构

从上图中我们看到，决策支持系统是由三个子系统，即对话子系统、数据库子系统、模型库子系统组成。

1. 对话子系统

对话子系统是决策支持系统与用户之间的交互界面。它提供形式多样的显示和对话形式、输入/输出转换，控制决策支持运行。

2. 数据库子系统

数据库子系统包括数据库管理系统和数据库。数据库用来存储大量数据，它由数据库管理系统来管理和维护。

3. 模型库子系统

模型库子系统包括模型库管理系统和模型库。模型库用来存放模型，模型以计算机程序形式显示。模型库是 DSS 的核心部分，它是 DSS 中最复杂、最难实现的部分，DSS 用户是依靠模型库中的模型进行决策的。

由以上可以看出，DSS 的关键技术有：

（1）模型库系统的设计和实现。它包括模型库的组织结构、模型库管理系统的功能、模型库语言等方面的设计和实现。

（2）部件接口。各部件之间的联系是通过接口完成的，部件接口包括：对数据部件的数据存取，对模型部件的模型调用和运行，对知识部件的知识推理。

（3）系统综合集成。根据实际决策问题的要求，通过集成语言完成对各部件的有机综合，形成一个完整的系统。

8.1.5 决策支持系统的发展

一般来说，决策支持系统是以计算机为基础的完成信息收集、信息整理、信息处理、信息提供的人机交互系统。它利用计算机运算速度快、存储容量大等特点，应用决策理论方法、心理学、人工智能、计算机网络、数据库等技术，根据决策者的决策思维方式，从系统分析角度为决策者或决策分析人员创建一种良好的决策分析环境。在此环境下，决策者和决策分析人员可以充分利用自己的经验知识，同时在系统的引导下获取有效的信息，详细了解和分析决策过程中的各主要因素及其影响，激发思维创造力，从而在决策支持系统的帮助下逐步深入地透视问题，最终有效地做出决策，即通过决策者与计算机的相互对话完成最终决策。简言之，决策支持系统不仅在内容上能对决策者提供帮助，而且也能在整体决策过程中对决策者的问题识别、分析提供支持，帮助决策者提高决策的科学化程度。

一、决策支持系统的兴起与发展

自 20 世纪 70 年代提出决策支持系统（DSS）以来，DSS 已经得到了很大发展。它是在管理信息系统（MIS）基础上发展起来的。MIS 利用数据库技术实现各级管理者的管理业务，在计算机上进行各种事务处理工作；DSS 则是为各级管理者提供辅助决策。

1980 年提出了决策支持系统三部件结构，即对话部件、数据部件、模型部件。该结构明确了 DSS 的组成，也间接地反映了 DSS 的关键技术，即模型库管理系统、部件接口、系统综合集成。它对 DSS 的发展起到了很大的推动作用。

决策支持系统的辅助决策能力从运筹学、管理学的单模型辅助决策发展到多模型综合决策，使辅助决策能力上了一个新台阶。20 世纪 80 年代末 90 年代初，决策支持系统与专家系统结合起来，形成了智能决策支持系统（IDSS）。专家系统是定性分析辅助决策，它和以定量分析辅助决策的决策支持系统结合，进一步提高了辅助决策能力。智能决策支持系统是决策支持系统发展的一个新阶段。

二、我国决策支持系统的进展

我国决策支持系统的研究始于 20 世纪 80 年代中期，应用最广泛的领域是区域发展规划。大连理工大学、山西省自动化所和国际应用系统分析研究所合作完成了山西省整体发展规划决策支持系统。这是一个大型的决策支持系统，在我国起步较早、影响较大。随后，大连理工大学、国防科技大学等单位又开发了多个区域发展规划的决策支持系统。天津大学信息与控制研究所创办的《决策与决策支持系统》刊物，对我国决策支持系统的发展起到了很大的推动作用。

近几年来,国内的决策支持系统开发与应用研究得到了迅速的发展,不少大中型企业为推进企业的管理现代化水平,逐步建立了自己的管理信息系统及决策支持系统。部分省、市、县的政府部门为了迎接信息时代的挑战,加快信息的收集、加工及综合利用的步伐,建立了包括数据库、模型库、方法库、知识库等在内的决策支持系统,有力地促进了我国决策支持系统研究的深入进行。随着人们对第五代计算机——人工智能计算机研究的不断进展以及决策科学研究的日趋深入,决策支持系统必将进一步发展与完善。

8.2 决策支持系统典型技术

决策支持系统的典型技术包括专家系统、人工神经网络、数据仓库和联机分析处理、遗传算法、群决策支持系统和综合决策支持系统等。

8.2.1 专家系统

丹麦物理学家尼尔斯·玻尔曾将专家定义为"能解决狭小的领域出现的所有错误的人"。这个定义略显夸张,却指出了专家具有特定领域的属性。

专家系统(Expert system,ES)是一个具有大量专门知识与经验的计算机信息系统,可以视为一个知识渊博的助手。专家系统应用人工智能技术,根据人类专家提供的特殊领域知识、实践经验进行推理和判断,模拟人类专家做出决定,解决需要专家才能解决的复杂问题。

专家系统以清晰可读的类自然语言方式表达无法用数学模型精确表达的专家知识,能在特定领域内模仿专家工作,处理非常复杂的情况,弥补组织中专家资源的不足,增加解决问题的质量和持续性。在已知其基本规则的情况下,无需输入大量细节数据即可运行。

专家系统在结构上增设了知识库、推理机与问题处理系统,人机对话部分还加入了自然语言处理功能,结构如图 8-2 所示。专家系统的任务类型包括了解释、预测、诊断、计划编制、设计、处方、监控、控制和指导等。要成功地设计一个专家系统,最重要的可能是选择专家或专家群体,但专家系统知识获取困难,有时很难找到合适的、能够清楚表达领域知识的专家,对于动态和复杂的系统,其推理规则是固定的,难以适应变化的情况。

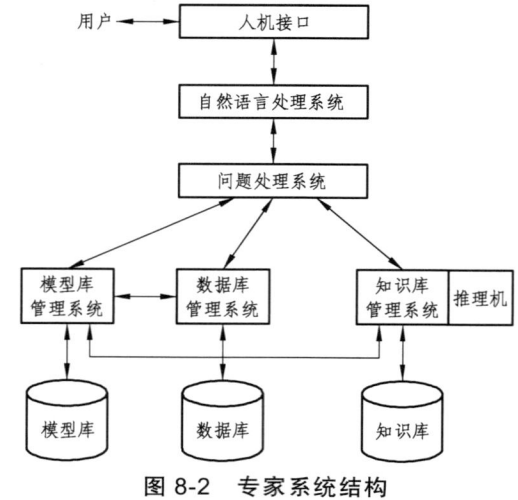

图 8-2 专家系统结构

8.2.2 人工神经网络

人工神经网络（Artificial neural network，ANN）是对人脑或自然神经网络若干基本特性的抽象和模拟，作为一种模拟人脑认知学习过程的尝试，于20世纪40年代由芝加哥大学首次提出。在过去十几年中，ANN以其建立复杂模型的强大能力在商务、金融等众多领域得到了相当多的应用。人工神经网络的特点如下：

（1）可以充分逼近任意复杂的非线性关系；

（2）所有定量或定性的信息都等势分布储存于网络内的各神经元，故有很强的健壮性和容错性；

（3）采用并行分布处理方法，使得快速进行大量运算成为可能；

（4）可学习和自适应不知道或不确定的系统；

（5）能够同时处理定量、定性知识。

神经计算带来的最明显的收益之一就是能够获得推论性的知识，这是其他所有基于知识的科学技术都不能提供的。人工神经网络的特点和优越性，主要表现在三个方面：

（1）具有自学习功能。例如实现图像识别时，只要先把许多不同的图像样板和对应的识别结果输入人工神经网络，网络就会通过自学习功能，慢慢学会识别类似的图像。自学习功能对于预测有特别重要的意义。

（2）具有联想存储功能。用人工神经网络的反馈网络就可以实现这种联想。

（3）具有高速寻找优化解的能力。寻找一个复杂问题的优化解，往往需要很大的计算量，利用一个针对某问题设计的反馈型人工神经网络，发挥计算机的高速运算能力，可能很快找到优化解。

典型的神经网络训练流程如图 8-3 所示。

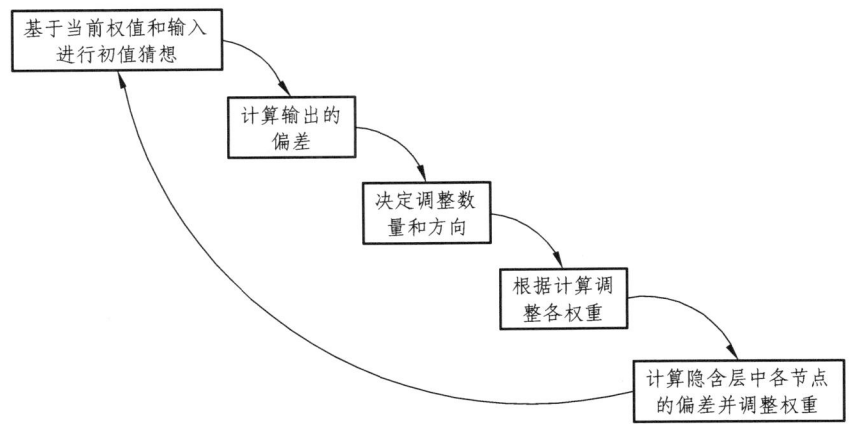

图 8-3　典型的神经网络训练流程

8.2.3 数据仓库和联机分析处理

数据仓库和联机分析处理（Data warehouse and on-Line analysis processing，OLAP）是

20世纪90年代初提出的概念,到90年代中期已经形成潮流。数据仓库将大量用于事务处理的传统数据库进行清理、抽取和转换,并按决策主体的需要进行重新组织。数据仓库的逻辑结构可分为近期基本数据层、历史数据层和综合数据层(其中综合数据是为决策服务的)。数据仓库的物理结构一般采用星形结构的关系数据库。星形结构由事实表和维表组成,多个维表之间形成多维数据结构。星形结构的数据体现了空间的多维立方体,这种高度集中的数据为各种不同决策需求提供了有用的分析基础。

随着数据仓库的发展,OLAP也得到了迅猛的发展。数据仓库侧重于存储和管理面向决策主题的数据;而OLAP则侧重于数据仓库中数据的分析,并将其转换成辅助决策信息。OLAP的一个重要特点是多维数据分析,这与数据仓库的多维数据组织正好形成相互结合、相互补充的关系。

以数据仓库和OLAP相结合建立的辅助决策系统是决策支持系统的新形势,更好地促进了决策支持系统的发展。

8.2.4 遗传算法

与人工神经网络的理论基础相似,遗传算法(Genetic algorithm,GA)也是基于生物学理论的。ANN的根基是神经系统科学,而GA不同,它植根于达尔文"自然选择和适应"的进化论。

遗传算法是一项非常简洁,但是功能强大的优化技术。它源自遗传学和自然选择理论,最初是在20世界40年代由MIT的John Holland提出的。GA的本质是一系列模拟"适者生存"概念的适应过程,具体说就是根据计算出的网络猜测值和要求的方案状态之间的差异,对计算法则进行不断的重组。

典型的遗传算法求解流程如图8-4所示。

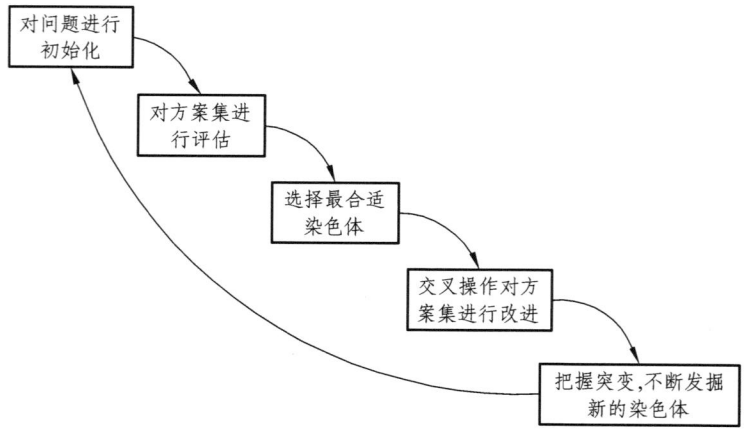

图8-4 典型的遗传算法求解流程图

在遗传算法中,双亲配对产生后代之后,由于基因的不同组合方式,必然有后代结合了双亲的最优特质,通过代代的繁衍,这种适应能力不断得到加强,也就是针对问题得到了更好的解决方案。遗传算法相较于神经网络的最大优势在于它可以根据行为准则进行各种复杂类型的组合。

遗传算法以群体中的所有个体为操作对象，每个个体对应研究问题的一个解。选择、交叉和变异是遗传算法的三个主要操作算子，包括编码、初始群体生成、适应度评估、选择、交叉和变异6个基本要素。

8.2.5 群决策支持系统

群决策支持系统（Group decision support system，GDSS）是一种基于计算机的交互式系统，它通过辅助一群决策者的群决策过程，来解决特定领域的半结构化或非结构化问题。群决策支持系统最关键的特征就是它以帮助多人参与的决策为目标。典型的GDSS由硬件资源、软件资源和决策者三部分组成。其中，硬件资源是指各决策者独立使用的工作站（或终端）、共享使用的外部数据库、模型库及I/O设备等硬件资源，还包括整个GDSS基于的通信网络；软件资源包括在各决策者的工作站（或终端）上运行的决策支持软件、支撑GDSS的底层软件（如DBMS、MBMS）及网络软件；决策者不仅包括参与决策的人员，还包括决策过程的协调人员。

8.2.6 综合决策支持系统

以模型库为主体的决策支持系统已经发展了十几年，它对计算机辅助决策起到了很大的推动作用。数据仓库和OLAP新技术为决策支持系统开辟了新途径。数据仓库与OLAP都是数据驱动的。这些新技术和传统的模型库对决策的支持是两种不同的形式，它们可以相互补充。在OLAP中加入模型库，将会极大提高OLAP的分析能力。

20世纪90年代中期从人工智能、机器学习中发展起来的数据开采，是从数据库、数据仓库中挖掘有用的知识，其知识的形式有产生式规则、决策树、数据集、公式等。对知识进行推理即形成智能模型，它是以定性分析方式辅助决策的。数据开采的方法和技术包括决策树方法、神经网络方法、覆盖正例排斥反例方法、粗集方法、概念树方法、遗传算法、公式发现、统计分析方法、模糊论方法、可视化技术等。

把数据仓库、OLAP、数据开采、模型库结合起来形成的综合决策支持系统（Compound decision support system，CDSS），是更高级形式的决策支持系统。它们彼此相互补充、相互依赖，发挥各自的辅助决策优势，以实现更有效的辅助决策。

综合体系结构包括三个主体，如图8-5所示。第一个主体是模型库系统和数据库系统的结合，它是决策支持的基础，为决策问题提供定量分析（模型计算）的辅助决策信息；第二个主体是数据仓库与OLAP的结合，它从数据仓库中提取综合数据和信息，这些数据和信息反映了大量数据的内在本质；第三个主体是专家系统和数据开采的结合，数据开采从数据库和数据仓库中挖掘知识，并将其放入专家系统的知识库中，由进行知识推理的专家系统定性分析辅助决策。

综合体系结构的三个主体既相互补充又相互结合。可以根据实际问题的规模和复杂程度决定是采用单个主体辅助决策，还是采用两个或三个主体相互结合的辅助决策。利用第一个主体的辅助决策系统就是传统意义下的决策支持系统，利用第一个主体和第三个主体相结合的辅助决策系统就是智能决策支持系统，利用第二个主体的辅助决策系统就是新的决策支持系统。在 OLAP 中利用模型库的有关模型，可以提高 OLAP 的数据分析能力。将三个主体结合起来，即利用"问题综合和交互系统"部件集成形成的综合决策支持系统是一种更高形式的辅助决策系统，其辅助决策能力将上一个新台阶。由于这种形式的决策支持系统包含了众多的关键技术，研制过程中将要克服很多困难，这也是今后努力的方向。

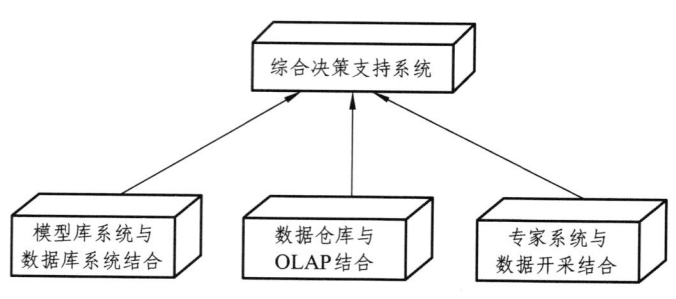

图 8-5　综合决策支持系统主体示意图

8.3　运输决策支持系统

决策支持系统概念提出的 20 多年来，随着决策理论、信息技术、数据库技术、办公自动化、专家系统等相关技术的发展，取得了长足的进展，在许多领域得到应用，已成为许多行业经营管理中一个不可缺少的现代化支持工具。下面介绍几种运输决策支持系统的示例。

8.3.1　用 Excel 工具进行决策支持分析

一、Excel 的数学模型

Excel 内置许多数学模型，对于日常的管理工作非常有用处。Excel 部分数学模型有：

（1）方差分析：包括单因素方差分析、重复的双因素方差分析和无重复的双因素方差分析；

（2）相关系数和协方差：是描述两个测量值变量之间的离散程度的指标；

（3）描述统计：用于生成数据源区域中数据的单变量统计分析报表，提供有关数据趋中性和易变性的信息；

（4）指数平滑：基于前期预测值导出相应的新预测值，并修正前期预测值的误差；

（5）F-检验双样本方差：对两个样本总体的方差进行比较；

（6）直方图：可计算数据单元格区域和数据接收区间的单个和累积频率，此工具可用于统计数据集中某个数值出现的次数；

（7）移动平均：可以基于特定的过去某段时期中变量的平均值，对未来值进行预测，提供了由所有历史数据的简单的平均值所代表的趋势信息，可以预测销售量、库存或其他趋势；

（8）随机数发生器：可用几个分布中的一个产生的独立随机数来填充某个区域，可以通过概率分布来表示总体中的主体特征；

（9）排位与百分比排位：可以产生一个数据表，在其中包含数据集中各个数值的顺序排位和百分比排位，用来分析数据集中各数值间的相对位置关系；

（10）其他还有如回归分析、抽样分析、傅里叶分析、z-检验，等等。

二、应用案例

我们以 Excel 的规划求解模型为例说明简单决策支持系统的使用。规划求解模型可以对有多个变量的线性和非线性规划问题进行求解，省去了人工编制程序和手工计算的麻烦。

1．提出问题

设某大型设备运输公司可运输两种大型机器设备：大型设备 A 和巨型设备 B。运输大型设备 A 时需要一般小货车 8 辆，需要大型运输车 5 辆，需要 4 辆塔吊车，运输大型设备 A 一套可获利 90 000 元；运输巨型设备 B 时需要一般小货车 6 辆，需要大型运输车 5 辆，需要 9 辆塔吊车，运输巨型设备 B 一套可获利 120 000 元。该大型设备运输公司共有小货车 380 辆，大型运输车 260 辆，塔吊车 340 辆，那么该公司应该运输 A、B 两种设备各多少套就可使得获利最大？最大利润多少？

（1）决策变量。

x_1：A 设备套数；x_2：B 设备套数。

（2）目标函数。

$$\max \quad E(x) = 9x_1 + 12x_2$$

（3）约束条件。

$$8x_1 + 6x_2 \leqslant 380$$

$$5x_1 + 5x_2 \leqslant 260$$

$$4x_1 + 9x_2 \leqslant 340$$

$$x_1 \geqslant 0 ; \quad x_2 \geqslant 0$$

2．安装"规划求解"

"规划求解"是 Office 2013 提供的一个加载宏。如果在安装 Office 2013 时没有选择加载宏，就必须重新启动 Office 2013 安装程序并且选择 Excel 选项，在加载宏区段中选择"规划求解"，然后进行安装。

3．设置工作表

如图 8-6 所示的工作表中的数据是进行"规划求解"时提供的固定值。单元格 B7、B8 为可变单元格，用来存放"规划求解"推测出的 A、B 两套设备数量，即决策变量。D5 为目标单元格，用来保存"规划求解"的返回值，它必须是一个计算公式。本例为计算总利润的公式"= B7*B5+B8*C5"。

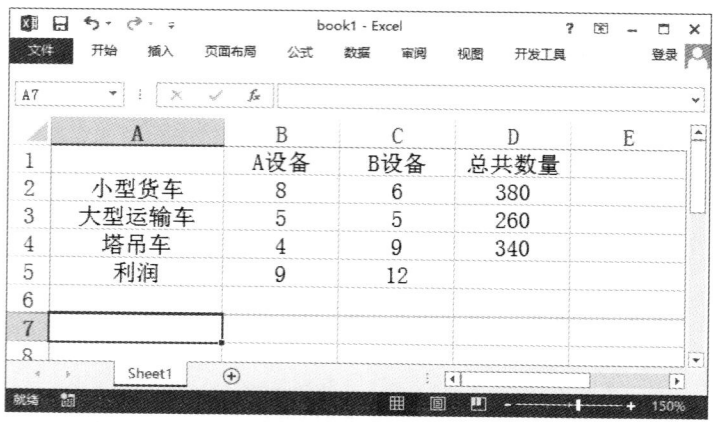

图 8-6 规划求解数据

4．规划求解

（1）选择"工具"→"规划求解"，在"规划求解参数"对话框中选择目标单元格为"＄D＄5"，在"等于"项目中选择"最大值"，可变单元格为"＄B＄7：＄B＄8"（见图 8-7）。

图 8-7 规划求解参数

（2）添加三个约束条件："＄D＄2>=＄B＄7*＄B＄2+＄B＄8*＄C＄2"、"＄D＄3>=＄B＄7*＄B＄3+＄B＄8*＄C＄3"和"＄D＄4>=＄B＄7*＄B＄4+＄B＄8*＄C＄5"。若输入后发现有错，可单击"更改"按钮修改。

（3）单击"求解"按钮，则 Excel 自动进行运算并将结果显示在可变单元格和目的单元格内。如图 8-8 所示，在 B7 单元格内显示 25.6，在 B8 单元格内显示 26.4，在 D5 单元格内显示最大利润为 547.2。于是我们可以得出结论，根据现有的运输工具，可运输大型设备 A 为 25.6 套，巨型设备 B 为 26.4 套，最大利润为 547.2。

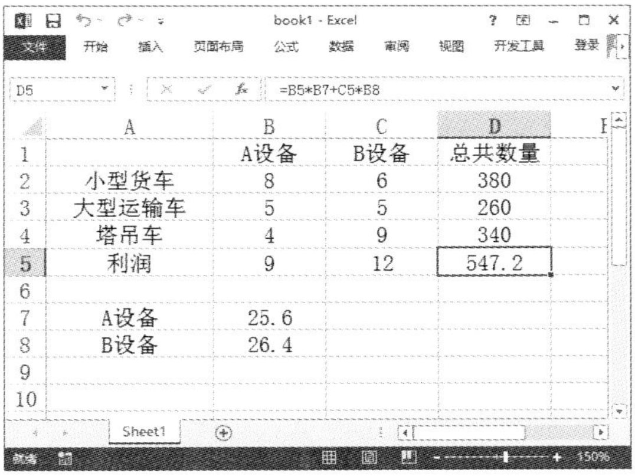

图 8-8　规划求解结果

5．"规划求解"参数说明

单击"规划求解参数"对话框中的"选项"按钮，打开"规划求解选项"对话框（见图 8-9），其中包含的各个项目的含义如附表所示。可以在开发决策支持系统中嵌入 Excel 模型求解特定问题，从而快速实现辅助决策系统的开发工作。

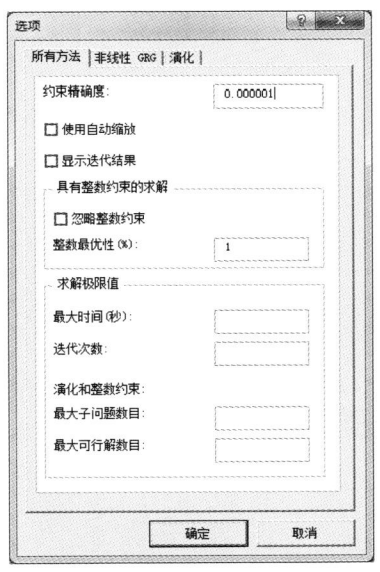

图 8-9　规划求解选项

8.3.2　车辆路径决策支持系统

车辆路径配送问题，又称为运输线路规划问题，也就是运输车辆的优化调度问题，一直是运输系统领域的典型问题。总体上看，车辆的优化调度问题一般可根据时间特性和空间特性分为车辆路径规划问题和车辆调度问题。

一、车辆路径问题的基础背景

在现有的物流管理系统研究中，车辆路径配送问题（Vehicle Routing Problem，VRP）是较受关注的一个方面。它是指在客户需求位置已知的情况下，确定车辆在各个客户间的行程路线，使得运输路线最短或运输成本最低。该问题是物流配送系统中的常见问题，如邮件的投递、飞机、火车及公交的调度等。选择适当的行车路径，可以加快客户需求的响应速度，提高服务质量，降低服务成本。VRP 是一个 NP 完全问题（非确定性多项式问题），对于此类问题，只有当其规模较小时，才能求得其精确解。因此，如何针对车辆路径问题的特点，构造运算简单、性能优异的启发式算法，不仅对物流系统，而且对许多可以转化为车辆路径的组合优化问题都有十分重要的意义。

通过配送中心进行配送是物流系统中的主要配送形式之一，车辆调度及路线安排是配送中心配送决策的重要内容，它直接影响到配送成本和服务质量。

二、VRP 问题的描述

VRP 最早是由乔治·伯纳德·丹齐格提出的，它是一类最常见、研究最多的 NP 问题，图 G=(V, E) 经常用来描述该问题。在图 G=(V,E) 中，$V = \{0,1,2,\cdots,n\}$，$E = \{(i,j), i \neq j, i,j \in V\}$，节点 0 表示物流中心，其他节点为客户。每个客户的需求为 q_i，边 (i,j) 对应的距离、运输时间或成本为 C_{ij}。所有车辆的运输能力为 Q，最大的行驶距离为 L。车辆从物流中心（depot）出发，完成运输任务后回到物流中心，每个顾客唯一接受一辆车的服务一次。问题的目标函数通常有车辆数和配送成本，首先要最小化车辆数，然后最小化总配送成本。具体问题如下：

VRP 问题的前提是物流中心的位置、客户点位置和道路情况已知，由此设计一套车辆调度的方案。图 8-10 是一个简单 VRP 的图示。配送中心的车辆调度及路线安排问题可描述为：在配送中心位置、客户点位置和道路等已知的情况下，对 m 辆车、n 个客户点，确定车辆分配情况（每辆车负责的客户点）及每辆车的行车路线，使成本最小，同时要满足以下约束条件：

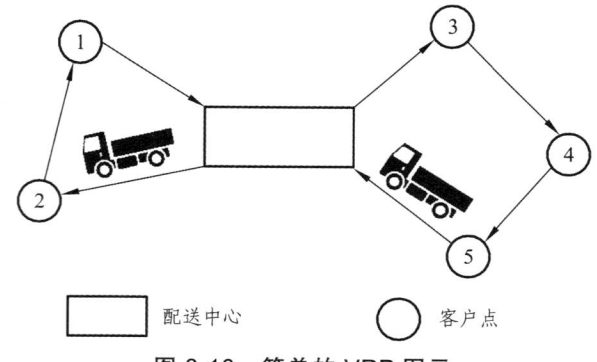

图 8-10 简单的 VRP 图示

（1）所有车辆路线均起始并终止于配送中心，每一客户点只由一辆车服务（但一辆车可以服务多个客户点）；

（2）每个客户点都有一个非负的货物需求量，但每辆车负责的客户点货物需求量总和不超过该车辆的最大装载量。

三、VRP 的数学模型

Minimize

$$\sum_{i \in 1 \cup J} \sum_{j \in 1 \cup J} \sum_{k \in K} C_{ij} X_{ijk} \tag{8-1}$$

Subject to

$$\sum_{k \in K} \sum_{i \in 1 \cup J} X_{ijk} = 1 \quad \forall j \in J \tag{8-2}$$

$$X_{ijk} = 0, \quad i, j(=i) \in 1 \cup J, \forall k \in K \tag{8-3}$$

$$\sum_{j \in J} d_j \sum_{i \in 1 \cup J} X_{ijk} \leq Q_k, \quad \forall k \in K \tag{8-4}$$

$$\sum_{j \in 1 \cup J} X_{ijk} = \sum_{j \in 1 \cup J} X_{jik}, \quad \forall k \in K, \forall i \in 1 \cup J \tag{8-5}$$

$$U_{ik} - U_{jk} + N X_{ijk} \leq N - 1, \quad \forall i, j \in S, \forall k \in K \tag{8-6}$$

$$X_{ijk} = \{0,1\} \quad \forall i \in 1 \cup J, \forall j \in 1 \cup J, \forall k \in K \tag{8-7}$$

式中 J——顾客的集合；

K——车辆的集合；

S——J 部分集合；

Q_k——车辆的最大容量；

C_{ij}——从 i 到 j 的配送费用；

d_j——顾客 j 的需求量；

U_{jk}——顾客被访问的顺序号；

N——顾客的数量；

X_{ijk}——车辆 K 从顾客 i 行驶到 j 为 1，否则为 0。

式（8-1）为目标函数，以总的配送费用最小为目的；式（8-2）为每个顾客只能被服务一次的约束条件；式（8-3）为防止同一个地点之间巡回的约束条件；式（8-4）是车辆容量限制约束条件；式（8-5）是保证巡回路为封闭回路的约束条件，即车辆从物流中心出发，最后一定要再回到物流中心；式（8-6）是防止产生不包括物流中心的子巡回路的约束条件。

四、运输线路决策支持系统解决方案

运输线路规划问题目前可以使用的智能算法有许多种，如神经网络算法、遗传算法、群决策支持系统、专家系统等，但是没有哪一种方法是十全十美的。在这种情况下我们可以将多种算法集中到一起，采用多种方法综合比较鉴定，从而选取最优。

通过客户点位置设置可以设置规划对象为随机产生的点，或者从指定文件读取客户点位置数据，客户点数目也可以设定，然后设定每条路径中子路径的数目，可以不受任何限制或者给定一个最大上限；设定界面上最重要的一项是设定算法，可以在多种算法中选取，并指定计算时间长度，因为各种算法的计算时间是不同的，计算精度也是不同的，这些都是考察算法优劣的重要依据。

在设定了诸多参数后，就可根据设定进行计算，计算过程可以显示出来。还可以将多种算法的计算结果相互比较，决策者可以根据比较辅助决策，做出更好的策略优化。

8.4 案例分析

案例 8-1

随着城市私家车拥有量的急剧增加，很多大中型城市出现了停车难的问题。为了有效地缓解停车难的问题，上海市借鉴国外的成功经验，于 2002 年在黄埔区建立了首个区域停车诱导系统，并在 2010 年在全市范围内推广。停车诱导系统由信息采集、数据传输、控制中心以及信息发布四个子系统构成。停车场的泊车位信息通过数据网传送到控制中心，由控制中心将实时信息发送到停车场附近的泊车指示牌，为车主提供决策信息。图 8-11 所示为停车诱导的结构示意图。

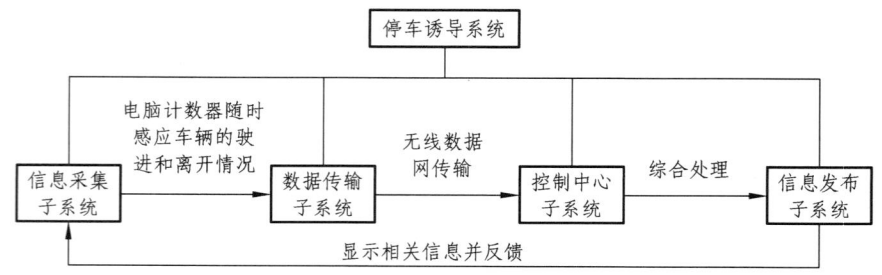

图 8-11　停车诱导系统结构示意图

泊车指示牌分为区域外和区域内两种，在区域外显示每个区域停车场的剩余总停车位，让车主选择合适的停车区域，在区域内则显示更加详尽的信息，包括车辆附近的所有停车场位置与剩余车位数。上海市在很多路口、公共设施附近设置了很多这些停车诱导系统泊车指示牌，以帮助车主尽快地找到附近的合适的停车位。有关信息显示，加入停车诱导系统的停车场泊位平均利用率上升了 15% 以上，效果显著。

案例 8-2

随着铁路运输组织信息化、智能化的发展，越来越多的现代化的铁路运输综合决策支持系统得以开发、应用，例如，铁路调度指挥管理信息系统（TDCS）、铁路货运营销及生产管理系统（Freight Marketing and Operation System，FMOS），等等，这些辅助决策系统能够为运输生产指挥和管理人员提供及时、准确、完整的信息和辅助决策方案，有效地提高了铁路运输效率和现代化管理水平。在此以列车运行图系统为例来说明决策支持系统技术在铁路运输中的应用。

从图 8-12 可以看出，一个问题结构化的程度是由很多因素决定的。在正常的活动中，经常反复要做的决策就是结构化的决策。列车运行图的编制，具有影响因素多，组织规模大，信息量大，变化快的特点。在编制列车运行图过程中，要确定旅客列车和货物列车的种类、行车量、运行区间、列车编组等问题，这些大部分是与国家政策、经济形势、市场变化等因素相关，在运营过程中因设备能力不足需要对列车运行方案进行调整等决策，都是非结构化决策问题。而列车到发时刻的计算、列车运行线的铺画是否违反了设备制约条件的判断等，则是结构化决策问题。因此，列车运行图的编制是一个半结构化的决策问题。

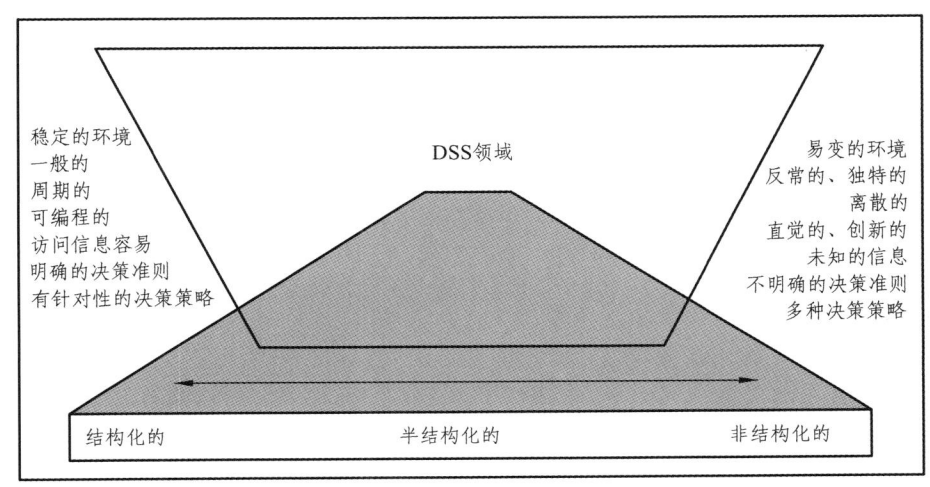

图 8-12　决策的结构化分布

编制列车运行图的过程是在有限的铁路运输设备和人力的条件下，把由战略计划层制定的列车运行方案变为具体的能够实施的列车运行计划的过程。在这个过程中，既有结构化决策问题，又有非结构化决策问题，处理时不能一概而论。为此，铁路部门结合实际情况，采用人机对话方式编制客货列车运行图。

在编制列车运行图过程中，编图者的业务知识可分为三个部分：

（1）编制列车运行图的技能；

（2）编图区段内与行车有关的铁路设施、设备情况以及与编图有关的数据；

（3）编图区段列车运行方案、运输需求和客流情况等信息。

当采用手工的方式编制列车运行图时，编图者先利用已掌握的知识（第3部分）将列车运行图编制问题分解为某个列车运行线的铺画子问题，然后，再利用知识（第1部分）铺画出该列车运行线。重复上述操作，即可完成列车运行图的编制工作。

容易看出，第 2 部分是线路设备有关资料，通过计算机很容易对所有的资料收集、汇总和处理；第 1 部分为编制运行图的技能，例如，确定合理的间隔时间、到发线运用计划的方法等，可以建立数学模型和计算机编程实现。只有第 3 部分才是决策者需要掌握的知识。铁路部门将线路设备有关知识做成数据库，建立计算机编制列车运行图的数学模型和良好的人机界面，采用人机对话方式，开发了列车运行图系统，编图者只负责将列车运行图的编制问题分解成若干列车运行线的铺画子问题，由计算机担负子问题中结构化决策问题的处理，如图 8-13 所示。

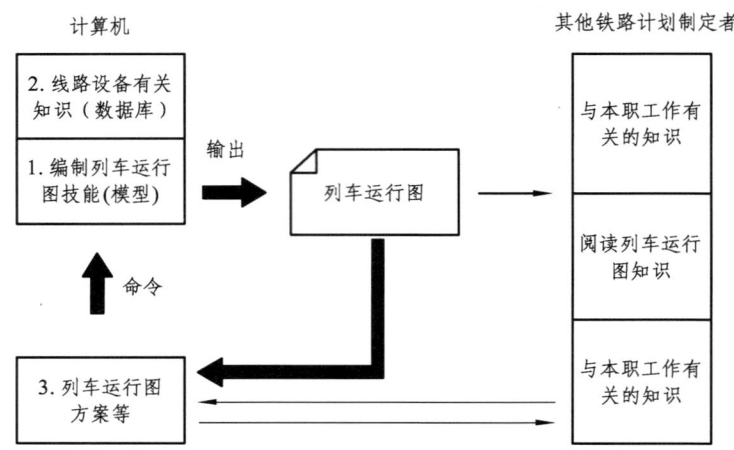

图 8-13 人机对话编制列车运行图示意图

列车运行图系统是铁路运输决策者和指挥者进行列车运行图编制、调整、管理、分析和评价的工具,其优劣在很大程度上取决于模型库,方法库中的模型和方法是否先进以及人机之间的交互能力的大小等。因此,系统通过模型库、方法库,按决策者要求提供适当的决策模型和方法,并通过人机接口实现人机对话,以便于模型修改、问题求解和知识学习,使人的创造性、随机应变能力和探索联想的能力与计算机的速度、模型的辅助决策功能融为一体,从而实现列车运行图编、调工作的智能化、科学化和现代化。列车运行图系统的系统结构如图 8-14 所示。

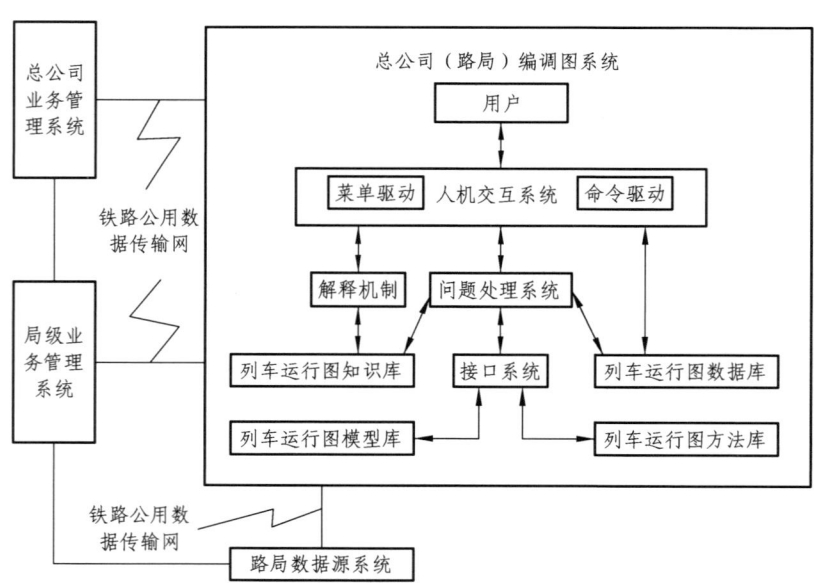

图 8-14 列车运行图系统的结构示意图

高速铁路运行图系统的界面如图 8-10 所示,数据库中包含了线路沿线的车站名称、站间距、到发线数量等基础数据,点击"参数设置"按钮设置模型的各种参数,例如列车间隔时间、起停车附加时分等。点击"阶段计划"按钮,系统可以自动编制任意阶段的列车运行图,根据实际的运营情况,调度人员可以对生成的列车运行图进行修改,进行天窗设置、区间限速等操作。图 8-15 和图 8-16 分别是计算机自动铺画阶段计划的列车运行线和调度员根据天气等突发事件对运行线进行修改和设置区间限速。

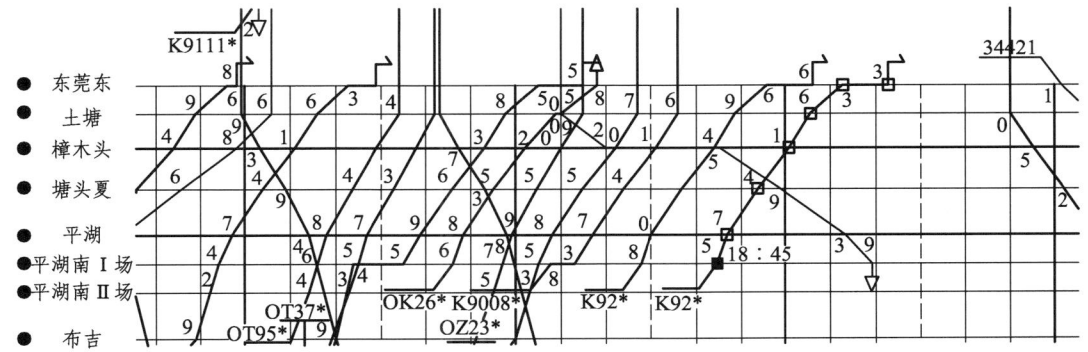

图 8-15 计算机自动编制阶段计划列车运行图

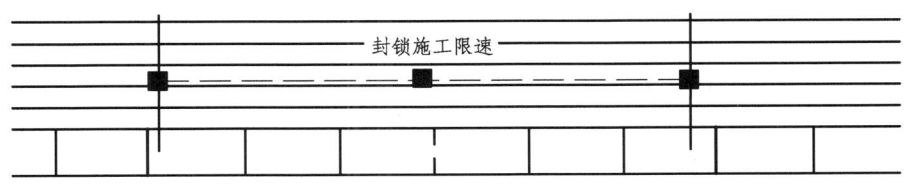

图 8-16 调整运行图并设置区间限速

思考与练习

1. 决策支持系统由几个子块组成？其中最复杂的子块是？复杂性体现在何处？
2. 人工神经网络具有哪些特点？
3. 关于决策支持系统典型技术本章中主要介绍了哪几种？这几种典型技术的优缺点什么？
4. 描述一般专家系统的基本结构体系，要建立一个有关高铁线路养护维修领域的专家系统，该系统应该能够完成哪些基本的任务类型？
5. 简述典型的神经网络训练流程与遗传算法求解流程的区别。
6. 利用 Excel 的规划求解模型求解最优化问题的操作步骤有哪些？除此之外，你还知道哪些软件也可以用来解决最优化问题，步骤又有哪些？
7. A_1、A_2、A_3 三个城市每年需要煤炭分别为：320、250、350 万吨，由 B_1、B_2 两处负责供应煤炭。已知煤炭年供应量分别为：B_1—400 万吨，B_2—450 万吨。煤炭从产地至各城市的单位价格（万元/万吨）见表 8-1。由于需大于供，经研究平衡决定，A_1 城市供应量可减少 0～30 万吨，A_2 城市需要量应全部满足，A_3 城市供应量不少于 270 万吨。试求将供应量分配完又使总运费为最低的调运方案。

表 8-1

	A_1	A_2	A_3
B_1	15	18	22
B_2	21	25	16

8. A_1、A_2、A_3 三个车站分别有 50 列、75 列、100 列空车,现在 B 地需要 150 列空车进行装煤,表 8-2 给出了 A_1、A_2、A_3 三个车站平均发一列空车到丁地所需的运输费用(万元/列);且 A_1 车站至少发送本站空车列的 30%,A_2 车站至多发送本站空车列的 80%,A_3 车站至少发送 50 列空车。试求应该如何调配,使得总运输费用最低。

表 8-2

A_1	A_2	A_3	
23	40	35	B

9. 铁路运输企业运输三种大型挖掘机:大型挖掘机 A、大型挖掘机 B 和大型挖掘机 C。运输大型挖掘机 A 时需要一般小货车 5 辆,需要大型运输车 3 辆,需要 4 辆塔吊车,运输大型挖掘机 A 一套可获利 85 000 元;运输大型挖掘机 B 时需要一般小货车 3 辆,需要大型运输车 1 辆,需要 2 辆塔吊车,运输大型挖掘机 B 一套可获利 150 000 元;运输大型挖掘机 C 时需要一般小货车 4 辆,需要大型运输车 2 辆,需要 3 辆塔吊车,运输大型挖掘机 C 一套可获利 135 000 元。该铁路运输企业共有小货车 400 辆,大型运输车 160 辆,塔吊车 230 辆,那么该运输企业应该运输 A、B、C 三种大型挖掘机各多少套就可使得获利最大?最大利润为多少?

10. 车站机务段有两辆机车用于本站的货车取送,该站附近有 5 个货物装车点,且机车走行到各个装车点的成本 C_{mn}(万元/次)已知(见表 8-3),确定机车分配情况(每辆机车负责的装车点)及每辆机车的行车路线,使成本最小,同时要满足以下约束条件:

(1)所有机车路线均起始并终止于车站编组场,每一装车点只由一辆机车服务(但一辆机车可以服务多个装车点);

(2)每个装车点都将产生一定的货物车列需求量(见表 8-4),但每辆机车负责的装车点取送货物车辆需求量总和不超过该机车的最大牵引辆量 300 辆。

表 8-3

C_{mn}	装车点 A	装车点 B	装车点 C	装车点 D	装车点 E
机车 1	3.7	2.3	3.1	1.5	2.9
机车 2	3.5	1.9	2.6	4.1	3.3

表 8-4

	装车点 A	装车点 B	装车点 C	装车点 D	装车点 E
货车辆数	100	100	80	50	270

第9章 智能运输系统

9.1 智能运输系统（ITS）概述

9.1.1 ITS 概念

交通运输的发展促进了社会经济快速发展,经济的快速增长又促使汽车数量的急剧增加,这一循环发展到20世纪60、70年代,导致了许多大中城市已有的道路远不能满足交通发展需要的局面,交通供求关系日益恶化、交通事故急剧增长、交通阻塞普遍存在、环境污染日益严重。为了改善交通系统供求矛盾,人们进行了多种尝试：首先是增加道路供给,通过新建道路来缓解交通系统供需矛盾,经过长期的实践与广泛的研究发现,单单依靠修建更多的道路,扩大路网规模这种外延发展的途径来解决日益增长的交通需求问题并不是很有效,增加道路供给最终要受制于城市有限的土地资源。除了新建道路,人们在交通管理和交通工程中也不断的尝试了许多新方法,来提高道路的通行能力,例如,改进道路信号控制、采用道路可变信号、在交通高峰期改变车道的方向等措施和方法。事实证明,这在一定程度上缓解了交通拥挤状况,但是,这些方法实施的规则是针对预先建立的日常重复的交通模式,并不能对交通阻塞做出实时的动态反应,也不能根据具体情况迅速改变交通处理方案。随着计算机技术、信息技术、通信技术、电子控制技术、传感器技术等的飞速发展,人们意识到利用这些新技术把车辆、道路、使用者紧密结合起来,不仅能够有效地解决交通阻塞问题,而且对交通事故的应急处理、环境的保护、能源的节约等都有显著的效果。于是,人们充分利用系统的观点,对运输系统进行重新审视,采用高新技术来改造现有道路运输系统及其管理体系,走内涵发展的道路,通过提高现有交通系统利用效率来改善交通系统供求矛盾。20世纪60年代末期,美国开始了智能运输系统（Intelligent Transportation Systems，ITS）方面的研究,之后,欧洲、日本等也相继加入这一行列。经过几十年的发展,美国、欧洲、日本成为世界ITS研究的三大基地,以"保障安全、提高效益、改善环境、节约能源"为目标的ITS理念逐步在全球形成。

我国学者从20世纪90年代初开始关注国际上ITS的发展,并且参加了ITS世界会议的指导委员会和国际标准化组织的部分工作,并从1995年开始组织代表团参加ITS世界会议,ITS的研究、试验、国际交流活动日益频繁。1999年11月国家批准在交通部公路科学研究所组建国家智能交通系统工程技术研究中心（National Intelligent Transport Systems Center of Engineering and Technology，ITSC），ITS研究得以全面开展。

尽管ITS的研究已经广泛深入地进行,ITS的应用也在普遍推广,但智能运输系统目前尚无公认的定义。

黄卫教授在2001出版的《智能运输系统概论》中对ITS给出了以下定义：智能运输系统

是将信息技术、电子技术、数据通信技术、计算机技术和自动控制技术、传感技术、人工智能等有效的运用于交通运输、服务控制和车辆制造，加强了车辆、道路、使用者三者之间的相互联系，形成的一种实时、准确、高效的运输系统。

中国 ITS 体系框架研究报告中对 ITS 给出了如下定义：在较完善的基础设施（包括道路、港口、机场和通信等）之上，将先进的信息技术、通信技术、控制技术、传感技术和系统综合技术有效地集成，并应用于地面运输系统，从而建立起大范围内发挥作用的、实时、准确、高效的运输系统。

智能运输系统是一种全方位、实时准确、高效的综合运输系统，它是在较完善的道路设施基础上，将先进的科学理论和科学技术集成运用于道路交通运输的全过程，加强了车、路、人三者之间的联系，并且通过智能化地收集、分析交通数据，将经过处理的信息反馈给系统的操作者或驾驶员，使系统的操作者或驾驶员借助于这样的交通信息，迅速做出反应，从而使交通状况得到改善。智能运输系统强调的是系统性、实时性、信息交流的交互性以及服务的广泛性，与原来意义上的交通管理和交通工程有着本质的区别。

智能运输系统是利用高新技术对传统的运输系统进行改造而形成的一种信息化、智能化、社会化的新型运输系统。它使交通基础设施能发挥出最大的效能，提高服务质量；使社会能够高效地使用交通设施和能源，从而获得巨大的社会经济效益。主要表现在：提高交通的安全水平；减少阻塞，增加交通的机动性；降低汽车运输对环境的影响；提高道路网的通行能力和提高汽车运输生产率和经济效益。

9.1.2 ITS 的应用范围

随着 ITS 研究的不断深入，ITS 应用也逐步展开，到目前为止，ITS 的应用范围主要可分为：

（1）先进的交通信息服务系统（ATIS）。先进的交通信息服务系统是建立在完善的信息网络基础上的。利用交通信息采集设备以及人工方式获得各种交通信息，并通过传输设备传送到交通信息中心；交通信息中心得到这些信息后，经过处理，实时向交通参与者提供道路交通信息、公共交通信息、换乘信息、停车信息、气象信息等；出行者可以根据这些信息确定自己的出行方式、选择路径。

（2）先进的交通管理系统（ATMS）。先进的交通管理系统面向交通管理者，通过对交通运输系统中的交通状况、交通事故、天气状况、交通环境等进行实时的数据采集和分析，对交通进行管理和控制。

（3）先进的公共交通系统（APTS）。先进的公共交通系统主要用来收集公共交通实时运行情况，实施公共交通优先通行措施。此外，通过向公共交通经营者提供基础数据，强化经营管理效率；通过向公共交通的使用者提供公共交通信息，提高公共交通利用率。

（4）先进的车辆控制系统（AVCS）。先进的车辆控制系统利用先进的传感、通信和自动控制技术，给驾驶员提供各种形式的驾驶安全保障措施。系统具有对障碍物的自动识别和报警、自动转向、报警，保持行驶安全距离、自动避撞等功能，并且目前还在不断努力研究开发车辆全自动驾驶功能。

（5）商用车管理系统（CVMS）。商用车管理系统通过接收各种交通信息，对商用车辆进行合理调度，包括为驾驶员提供路况信息、道路构造物（桥梁、隧道）信息、限度、危险路段信息等辅助驾驶员驾驶车辆；特别是对危险品运输车辆，提供全程跟踪监控、危险情况自动报警、自动求救等服务。

（6）电子收费系统（ETC）。电子收费系统通过与安装于车辆上的电子卡或电子标签进行通信，实现计算机自动收取道路通行费、运输费和停车费等，以减少使用现金带来的延误，提高道路通行能力和效率，同时电子收费系统可自动统计的车辆数，可以作为交通信息的一种来源加以利用。

（7）紧急事件管理与救援系统（EMS）。紧急事件管理与救援系统主要利用多种技术手段对突发交通事故进行管理和救援，包括处理预案的生成、救援车辆的调度、现场处理与交通调度、事后恢复等。

9.1.3 ITS 发展现状

美、欧、日是世界上经济发展水平最高的国家，也是世界上智能交通开发和应用得最好的国家。从这些国家应用和发展智能交通的情况看，智能交通已不限于解决交通拥堵、交通事故、交通污染等问题，它也成为缓解能源短缺、培育新兴产业、增强国际竞争力、提升国家安全的战略措施。

自 20 世纪 80 年代末以来，日本、美国和西欧等发达国家为了解决共同面临的交通问题，竞相发展智能交通，投入了大量的资金和人力进行道路功能和车辆智能化的研究，以期在未来的市场上占据有利的地位。起初这种智能化的交通系统称为"智能车辆道路系统（Intelligent Vehicle Highway Systems，IVHS）"。随着研究的不断深入，系统功能扩展到道路交通运输的全过程及其有关服务部门，发展成为带动整个道路交通运输现代化的"智能运输系统"。

1986 年，欧洲开始大力实施以欧盟（EU）及各国政府为主导的智能交通系统研究项目——欧洲汽车安全专用道路设施（Dedicated Road Infrastructure for Vehicle Safety inEurope，DRIVE）和以民间为主导的欧洲高效安全道路交通计划（Programme for aEuropean Traffic with Highest Efficiency and Unprecedented Safety，PROMETHEUS）。

美国自 20 世纪 60 年代的 ERGS 之后到 80 年代之间，在道路交通的信息化、智能化方面，几乎没有任何进展。但是，受到日、欧进展的触动，在进入 90 年代以后，关于智能交通的研究开始大规模地开展起来。1991 年，美国国会通过了"综合地面运输效率方案"（Intermodal Surface Transportation Efficiency Act，ISTEA），也可译为陆路联合运输效率法，旨在利用高新技术和合理的交通分配提高整个路网的效率，由美国运输部负责全国的智能交通发展运作，并在此后的 6 年中由政府拨款 6.6 亿美元，用来进行智能交通的研究运作。1997 年，美国在加州实施了一个"自动驾驶公路系统（Automated Highway System，AHS）现场试验和演示项目"，在现有道路骨架基础上，利用先进技术以提高安全性、畅通性和旅行质量。现在，美国智能交通的相关技术已经产生了显著的效益，如电子收费系统（ETC），它无须停车就可以实现收费功能，大大提高了道路的使用效率，同时这项技术的不断扩展以及与电子业务相连接，可以发展到电子付款。

日本在实施汽车综合控制系统（Comprehensive Automobile Control System，CACS）后，于 20 世纪 80 年代后半期，推动了以建设省为主导的路车间通信系统（Road/Automobile

Communication System，RACS：1984—1989）和以警察厅为主导的新汽车交通信息通信系统（Advanced Mobile Traffic Information and CommunicationSystems，AMTICS：1987—1988）。90 年代，日本参与了以美国为主导的智能交通国际化工作。到 1996 年，日本已经有难以计数的大小项目在开展，从理论规划到实际实施，从现场试验到形成产业，其发展规模和速度令人赞叹不已。日本目前在智能交通项目上已经形成了官方、民间、学术机构的协调体制，这对日本智能交通的发展起到了很大的推动作用。

除了欧、美、日以外，新兴的工业国家和发展中国家也开始了智能交通系统的全面开发和研究。如韩国由交通部牵头制定了全面的智能交通系统框架结构和发展计划；新加坡的城市道路电子动态收费系统应用最为成功，已成为居民生活不可分割的部分。目前，新加坡已经在全国开始推行不停车电子收费；我国的一些城市如北京、上海、重庆、广州等地也已经在智能交通方面开展了一些研究与应用示范项目，取得很好的成效。

智能交通系统是当今世界上交通运输科技的前沿，由于其市场前景很好，不仅各国政府高度重视，各国的民间科研开发机构热情也很高，不惜投入巨资，这也从一个侧面反映了未来交通运输的发展方向。

9.2 ITS 体系框架

ITS 体系框架是按照结构化分析方法，以各类用户对 ITS 的实际需求为出发点，分别从用户服务角度、逻辑功能组织角度、系统物理实现角度对 ITS 这一复杂大系统进行全方位的描述，定义 ITS 的系统结构，明确 ITS 与外界及 ITS 各组成部分间的信息交互和系统集成方式，为系统充分整合提供依据，并为 ITS 的系统规划、设计和建设奠定基础。

9.2.1 ITS 用户主体、服务主体与终端

ITS 服务主体与用户主体是服务与被服务的关系，确定了用户主体和服务主体，也就明确了 ITS 供需关系的双方，是 ITS 用户服务、用户子服务描述的前提与基础。ITS 终端是发送信息给系统内子系统或从子系统接收信息的外部实体，是系统与外部世界的连接，是 ITS 通信、控制等功能实现的必要前提，是 ITS 必不可少的重要组成部分。

一、ITS 用户主体

ITS 用户主体是指接受 ITS 服务的一方，是 ITS 服务的对象。每一个用户服务或子服务都对有相应的用户主体和服务主体。

在确定 ITS 用户主体时，一方面要考虑与国际接轨，需要参考 ISO 已经公布的相关标准；另一方面又要关注本国的实际情况，结合本国具体的交通现状、管理体制等因素。综合考虑以上两个方面，我国 ITS 体系框架中将用户主体分为六大类：道路使用者、道路建设者、交通管理者、运营管理者、公共安全负责部门、相关团体。

ITS 用户主体设计一般采用列表方法展现 ITS 用户主体。由于同一类型的用户主体对 ITS 信息服务的具体需求存在较大差别，所以对每种类型的用户主体又需要进行细分。中国 ITS 体系框架中细分后的用户主体如表 9-1 所示。

第9章 智能运输系统

表 9-1 ITS 用户主体

用户主体编号			用户主体
U1			道路使用者
	U1.1		乘客
	U1.2		驾驶员
		U1.2.1	小型汽车驾驶员
		U1.2.2	公交车驾驶员
		U1.2.3	货车驾驶员
		U1.2.4	摩托车驾驶员
		U1.2.5	紧急车辆驾驶员
		U1.2.6	军用运输驾驶员
		U1.2.7	特种运输驾驶员
		U1.2.8	出租车驾驶员
	U1.3		非机动车驾驶员
	U1.4		行人
	U1.5		老弱病残等特殊人员
U2			道路建设者
	U2.1		道路基础设施建设
	U2.2		道路养护
U3			交通管理者
	U3.1		交通管理部门
		U3.1.1	城市交通管理部门
		U3.1.2	公路交通管理部门
	U3.2		军事交通管理部门
U4			运营管理者
	U4.1		道路运营管理部门
		U4.1.1	城市公共交通部门（含轨道交通）
		U4.1.2	公路客运部门
		U4.1.3	货运部门
	U4.2		铁路运营管理部门
		U4.2.1	铁路客运管理部门
		U4.2.2	铁路货运管理部门

续表

用户主体编号			用户主体
U4	U4.3		航空运营管理部门
		U4.3.1	航空客运管理部门
		U4.3.2	航空货运管理部门
	U4.4		水运运营管理部门
		U4.4.1	水运客运管理部门
		U4.4.2	水运货运管理部门
U5			公共安全负责部门
	U5.1		公安部门
	U5.2		消防部门
	U5.3		急救中心
	U5.4		紧急事件管理部门
U6			相关团体
	U6.1		政府部门
	U6.1		学术机构
	U6.3		规划部门
	U6.4		环保机构

从细分的用户主体来看，ITS 用户主体可分为两种类型：法人用户主体和自然人用户主体。法人用户主体包含管理部门、研究机构和相关经营单位；自然人用户主体主要是各类出行者。法人用户主体随不同区域交通管理体制的差异以及区域综合交通体系的特点而有所不同，但不会导致区域 ITS 服务体系的功能变化；各区域自然人用户主体在类别上不存在差异，但数量上，随区域人口、地理位置、经济发展水平等因素的不同而变化。

二、ITS 服务主体

ITS 服务主体是指提供 ITS 服务的一方。尽管国家 ITS 体系框架中按行业管理与经营活动来划分的 ITS 服务主体对人们理解 ITS 服务体系具有重要意义，但 ITS 服务范围广、环节多、关系复杂，ITS 服务活动需要不同主体的分工协作才能实现，在 ITS 及其子系统究竟由谁来运营管理未确定之前，ITS 服务主体身份是难以确定的，即使予以确定，也仅仅只是理论上的 ITS 服务主体。在 ITS 实施中，实际的服务主体与理论上的服务主体会出现差异，可以从广义和狭义上来理解 ITS 服务主体。

1. 广义 ITS 服务主体

广义 ITS 服务主体是指 ITS 服务活动的参与者。从数据收集、处理、加工成 ITS 标准化服务信息，再通过选择一定的媒体向 ITS 用户提供信息服务，ITS 服务需要经历一系列环节，涉及众多的部门、单位，凡是参与 ITS 服务活动的部门、单位，都可以被视为广义的 ITS 服务主体。ITS 框架中的服务主体可以从广义 ITS 服务主体的角度来理解。

中国 ITS 体系框架根据用户需求分析的结果，按行业管理与经营活动来划分，最终将服务主体分为九个大类：交通管理、公共交通、交通信息服务、紧急救援、基础设施、货物运输、产品/设备制造、产品服务、政府执法部门。通过对各个大类进行细分，采用列表的方法生成 ITS 服务主体表，如表 9-2 所示。

表 9-2 ITS 服务主体表

服务主体编号		服务主体
SP1		交通管理中心
	SP1.1	城市交通管理中心
	SP1.2	公路交通管理中心
	SP1.3	城间交通管理中心
SP2		客货运输部门
	SP2.1	城市公共交通（包括轨道交通）运营商
	SP2.2	长途客运运营商
	SP2.2.1	道路货物运输
	SP2.3	换乘枢纽
	SP2.4	铁路客运运营商
	SP2.5	航空客运运营商
	SP2.6	水运客运运营商
	SP2.7	出租车运营商
SP3		交通信息服务提供商
	SP3.1	静态交通信息提供商
	SP3.2	动态交通信息提供商
SP4		紧急事件管理部门
	SP4.1	城市紧急救援中心
	SP4.2	公路紧急救援中心
	SP4.3	消防中心
	SP4.4	急救中心
	SP4.5	危险品处理部门
SP5		基础设施建设管理部门
	SP5.1	基础设施维护者
	SP5.2	基础设施管理者

续表

服务主体编号			服务主体
SP5	SP5.3		收费设施提供商
		SP5.3.1	收费路桥隧提供商
		SP5.3.2	收费停车场提供商
SP6			货物运输服务提供者
	SP6.1		道路货物运输提供商
		SP6.1.1	城市配送
		SP6.1.2	公路货运
	SP6.2		铁路货物运输提供商
	SP6.3		航空运输提供商
	SP6.4		水路运输提供商
	SP6.5		货物联运提供商
	SP6.6		仓储服务提供商
SP7			产品/设备提供商
	SP7.1		汽车制造商
	SP7.2		通信和信息产品制造商
	SP7.3		系统集成商
SP8			产品服务
	SP8.1		汽车维修商
	SP8.2		保险商
	SP8.3		地图制作/更新提供商
	SP8.4		基础地理信息生产、更新机构
	SP8.5		信息提供商
	SP8.6		金融中心
SP9			政府执法部门
	SP9.1		公安部门
	SP9.2		工商管理和税务部门

2. 狭义 ITS 服务主体

狭义 ITS 服务主体是指依法设立，取得 ITS 服务资质，直接向用户提供 ITS 服务者。尽管 ITS 服务主体列表中的服务主体明确具体，但不难看出，部分服务主体在 ITS 实施中是较难承担起 ITS 用户服务职责的。一方面，从经济性来看，由某一管理部门或经营单位独立提供完整的 ITS 服务并不经济。这使得现行的交通管理部门、经营单位可能参与 ITS 服务部分环节的工作，但没有必要提供完整的 ITS 标准化信息服务。因而其中的部分管理部门、经营单位可能不对 ITS 用户提供直接的信息服务。另一方面，由于 ITS 信息服务所需要的数据不仅仅局限于某一个行业领域或经营单位，从而需要有专门的机构来进行协调、整合才能保证 ITS 信息服务功能的实现，因而也会使部分管理部门、经营单位不对 ITS 用户提供直接的信息服务。最后，部分 ITS 信息服务需要采用有偿方式提供，从而涉及 ITS 信息的知识产权问题以及在服务过程中因一方遭受损失而导致的经济纠纷问题，在法律上要求对 ITS 服务主体进行认定，需要明确遭受损失的直接原因所在，因而明确狭义的 ITS 服务主体十分必要。中国 ITS 体系框架中服务主体列表中的服务主体是 ITS 实施时可能的服务主体，真正直接为 ITS 用户提供服务的不一定必须是该列表中的全部服务主体。

狭义 ITS 服务主体设计可以通过功能设计方法，结合区域 ITS 发展战略，根据 ITS 信息处理与发布方式来确定。

ITS 的发展可以采用全面推进或分阶段逐步实施的发展战略，不同的发展战略必然导致区域 ITS 运营模式上的差异。ITS 服务体系中各服务子系统在 ITS 信息处理和发布方式方面也可以有不同的选择，从而形成 ITS 不同的运营模式。ITS 用户服务体系分为分布式、混合式和集中式三种运营模式。

在分布式 ITS 服务体系运营模式下，区域 ITS 服务系统中各服务子系统直接为用户提供信息服务，因而各服务子系统便是区域 ITS 的服务主体。

在集中式 ITS 服务体系运营模式下，区域 ITS 服务系统中各服务子系统仅仅完成基础数据的采集，不直接为用户提供信息服务，因而各服务子系统不能成为区域狭义的 ITS 服务主体。只有区域 ITS 运营机构直接为 ITS 用户提供信息服务，从而成为区域唯一的狭义 ITS 服务主体。

在混合式 ITS 服务体系运营模式下，区域 ITS 服务系统中部分服务子系统仅仅完成基础数据的采集，不直接为用户提供信息服务，因而该部分服务子系统不能成为区域狭义的 ITS 服务主体。只有区域 ITS 运营机构和另一部分服务子系统直接为 ITS 用户提供信息服务，从而成为区域狭义的 ITS 服务主体。

三、终　端

终端限定了 ITS 的系统边界范围。终端定义的意义在于定义了每个终端的功能并确定了系统的边界，是构建逻辑框架与物理框架的前提。终端设计可以采用列表的方法产生终端定义表。中国 ITS 体系框架终端定义（部分）如表 9-3 所示。

表 9-3　终端定义表（部分）

序号			终端名称	英文名称	英文缩写
T1			道路使用者	Road Users	RU
	T1.1		乘客	Passengers	P
	T1.2		驾驶员	Drivers	D
		T1.2.1	公共出行驾驶员	Public Travel Vehicle Drivers	PTVD
		T1.2.2	临近车辆驾驶员	Neighboring Vehicle Drivers	NVD

续表

序号		终端名称	英文名称	英文缩写
T1	T1.3	出行者	Travelers	T
	T1.4	行人	Pedestrians	PED
	T1.5	公共出行人员	Public Travel Pedestrians	PTP
T2		道路及交通	Roadway	RW
⋮		⋮	⋮	⋮
T25		收费终端	Toll Collection Terminator	TCT
T26		电子支付卡	Electronic Payment Cards	EPC

9.2.2 服务领域、用户服务和子服务

国家 ITS 体系框架用户服务体系分为服务领域、服务、子服务三个层次，对每一个用户服务或子服务都进行了详细的描述，并说明了其用户主体和服务主体。国家 ITS 体系框架中采用列表的方法来展示 ITS 用户服务领域、用户服务、子服务。该方法不仅可以展示区域 ITS 用户服务领域、用户服务、子服务，而且可以对用户服务领域、用户服务、子服务进行详细定义，简便清晰，能理顺各服务、子服务的关系，避免服务功能的交叉与重复，便于服务领域、用户服务、子服务的调整与扩充。

一、ITS 用户服务领域

国家 ITS 体系框架中 ITS 用户服务领域包含服务领域编号和服务领域名称等内容。中国 ITS 体系框架中用户服务领域表如表 9-4 所示。

表 9-4 ITS 用户服务领域表

编号	中文名称	英文	缩写
F1	交通管理与规划	Traffic Management Planning	TMP
F2	电子收费	Electric Payment Service	EPS
F3	出行者信息	Traveler Information System	TIS
F4	紧急事件和安全	Emergency and Security	ES
F5	运营管理	Transportation Operation Management	TOM
F6	综合运输	Inter-modal Transportation	IMT
F7	自动公路	Automated Highway System	AHS
F8	车辆安全与辅助驾驶	Vehicle Safety and Driving Assistance	VSDA

服务领域一般只从 ITS 服务的需要出发进行划分，尽量避免服务内容可能出现的交叉。

二、用户服务

ITS 用户服务设计需要建立与服务领域的对应关系，包含服务编号和服务名称两部分内容。中国 ITS 体系框架用户服务表（部分）如表 9-5 所示。

表 9-5 ITS 用户服务表（部分）

服务领域编号	服务领域名称	服务	
		编号	服务名称
US1	交通管理领域	US1.1	交通动态信息监测
		US1.2	交通执法
		US1.3	交通控制
		US1.4	需求管理
		US1.5	交通事件管理
		US1.6	交通环境状况监测与控制
		US1.7	服务管理
		US1.8	停车管理
		US1.9	非机动车行人通行管理

ITS 用户服务体系中的用户服务是对服务领域的细化，使各服务领域需要提供的用户服务明确化，从而提高了 ITS 服务体系的可操作性。

三、子服务

ITS 用户子服务设计需要建立子服务与服务之间的对应关系，包含子服务编号和子服务名称两部分内容。中国 ITS 体系框架用户子服务表（部分）如表 9-6 所示。

表 9-6 ITS 体系框架用户子服务表（部分）

服务领域编号	服务领域名称	服务		子服务	
		编号	服务名称	编号	子服务名称
US1	交通管理领域	US1.1	交通动态信息监测	US1.1.1	交通流数据检测
				US1.1.2	交通违章信息监测
				US1.1.3	其他交通信息监测
		US1.2	交通执法	US1.2.1	停车法规执行
				US1.2.2	车辆限载
				US1.2.3	车辆违规管理
				US1.2.4	环境保护法规执行
				US1.2.5	驾驶员和车辆牌照的管理
		⋮	⋮	⋮	

续表

服务领域编号	服务领域名称	服务		子服务	
		编号	服务名称	编号	子服务名称
US2	电子收费领域	US2.1	电子收费	US2.1.1	路桥隧不停车电子收费
				US2.1.2	路桥隧停车电子收费
				US2.1.3	泊车电子收费
				US2.1.4	公共交通电子收费
				US2.1.5	城市道路拥堵电子收费
				US2.1.6	增值交通信息服务电子收费
⋮	⋮	⋮	⋮	⋮	⋮
US9	ITS数据管理领域	US9.1	数据采集与接入	US9.1.1	数据采集
				US9.1.2	数据接入
		⋮	⋮	⋮	⋮
		US9.8	数据安全	US9.8.1	数据安全

ITS 服务体系中的子服务是 ITS 用户服务的最终体现，是 ITS 用户服务的全部内容。

9.2.3 ITS 逻辑框架及物理框架设计

一、逻辑框架

1. ITS 逻辑框架设计的作用

ITS 逻辑框架描述了系统实现 ITS 用户服务所必须具有的逻辑功能和功能间的数据交互关系。在逻辑框架的构建过程中不考虑具体的体制和技术因素，它只确定满足用户服务需求所必需的系统功能，而不管该功能由哪一个具体的部门实现以及如何实现。在 ITS 体系框架开发中，逻辑框架起到承前启后的作用，通过它实现了由用户服务到物理框架的合理转化。

2. 开发方法

ITS 逻辑框架的设计依据是 ITS 用户服务。ITS 逻辑框架开发可以采用比较通用的结构分析方法。逻辑框架建模采用"分解"与"抽象"的方法自顶向下逐步求精，将由用户服务和子服务转化过来的逻辑功能逐层分解，描述系统功能。从用户服务向具体的逻辑功能转化的过程中，由于每一个用户服务所包含的内容不一致，可能会将某些用户服务直接转化到逻辑功能的中间层次，这时就需要将该功能向下进行功能分解、向上进行功能整合。

在进行系统逻辑功能分解与整合的过程中，如果被分解的系统功能之间已经体现出了清晰的数据传递关系，则利用数据流图和数据字典描述功能间的数据交互和数据处理过程。

3. 主要内容

ITS 逻辑框架由逻辑功能层次表、逻辑功能元素定义、数据流图和数据流描述（数据字典）等四个主要部分组成。

功能层次表以层次列表的形式列出了ITS由功能域、功能和过程组成的三层逻辑元素体系，直观表示出了逻辑元素间的层次包含关系。逻辑功能元素定义是对逻辑功能层次表中的每一个逻辑功能元素进行简明扼要的描述和说明，明确界定其能够完成的功能。数据流图（DFD）说明了逻辑功能元素间的数据交互关系，描述了信息在系统中的流动和处理情况。数据流图是分层次的，编号采用国家框架的分层编号体系：逻辑顶层数据流图（DFD0）、各功能之间的数据流图（DFDX）。在数据流图中，数据流表示为一个从起点指向终点的有向箭头，箭头方向表示数据的流向，数据流箭线上面的文字代表数据流名称；椭圆表示逻辑功能元素，其名称写在椭圆内；矩形表示系统终端；圆柱表示数据存储，用于保存需要存储的数据元素。数据流描述表对每一条数据流所包含的内容进行描述和说明，包括数据流名称、起点、终点和数据流描述。数据流是在系统逻辑功能元素之间以及功能元素和系统终端之间传递的信息，它代表着ITS中"运动的数据"。

二、物理框架

1. 开发方法

物理框架是对系统逻辑功能的实体化、模型化，通过逻辑功能与物理实体间的映射给出实现用户服务所需功能的物理实体及实体间的互连关系，主要包括系统、子系统、系统模块、物理框架流等基本组成元素。系统的划分重点从便于系统实施的角度出发，并考虑现存管理体制、现有技术条件限制等因素，尽量保证与现行体制相一致。子系统是系统的细化，以实现地点、实际工作流程等为划分依据。系统模块是组成子系统的基础，由于子系统一般具有多个逻辑元素，因此对子系统所对应的逻辑元素，按照功能类似的原则进行组合，可得到系统模块。物理框架流是逻辑数据流的组合，是ITS系统内部、系统与其他系统联系的纽带，也是ITS标准建立的基础，据此可得到系统内部、系统与其他系统的接口界面，保证系统的兼容通用。

ITS物理框架的设计，将逻辑功能转化为能够实现该功能的物理系统模块，将逻辑功能间交互的数据流组合成物理系统模块间传递的框架流。在物理框架设计中综合考虑交通基础设施、通信基础设施以及相应的ITS应用系统和信息化系统的建设现状、现行管理体制等因素，在此基础上提出符合地域实际的ITS物理框架体系。

2. 主要内容

ITS物理框架主要内容包括：物理框架层次表、物理元素描述表、物理框架流表、物理框架流图、应用系统列表及应用系统分析等。其中，应用系统是物理框架中一个重要的组成部分，实现了物理框架与现实系统的对应和联系。

ITS物理框架的物理元素分为系统、子系统、系统模块三个层次，在物理框架中，用框架流图来直观表述各物理元素间的数据交互关系，每一个框架流图由物理元素和物理框架流组成。物理框架流描述了物理系统元素间的联系，给出了不同物理实体间的交互界面。框架流是在逻辑数据流的基础上得到的，是逻辑数据流的组合。通过框架流，把ITS物理系统各元素有机地整合在一起。由用户服务、逻辑框架、物理框架构成的ITS体系框架为ITS服务体系、规划、实施计划等提供了依据。

9.3 ITS 评价

智能运输系统评价始于 20 世纪 90 年代初，美国和欧盟经历了 20 多年的 ITS 研究之后开始认识到 ITS 评价的重要性，从而投入巨大的人力、物力、财力进行了这方面的研究，制定了国家 ITS 评价框架和评价指南。

智能运输系统评价是对智能运输系统项目的经济合理性、技术合理性、社会效益、环境影响和风险做出评价，为实际的 ITS 项目提供一个综合、全面的评价结果，为项目的可行性研究、实施、效果以及方案比选和优化、决策提供科学依据，对已有的系统运行优化提供依据，还可以帮助投资者对将来的投资做出决定。

9.3.1 ITS 评价的意义、原则与程序

1. ITS 评价的意义

ITS 评价的意义主要体现在以下四个方面：

（1）理解 ITS 产生的影响。

评价 ITS 是为了能够更好地了解项目本身和与其相关的交通条件的改善之间的关系。对交通系统及其使用各方产生的影响以及 ITS 导致的社会、经济和环境的影响，综合起来构成了 ITS 评价的内容。对 ITS 产生的影响有一个更好的认识有助于将来其他 ITS 项目的实施。

（2）对 ITS 带来的效益进行量化。

投资者决定要投资一个项目，就必须先对该项目所能带来的回报做到心中有数，ITS 评价为投资者决策提供了重要的定量分析的依据。

（3）帮助对将来的投资做出决定。

ITS 评价所提供的信息可以帮助政府部门优化投资，同时也可以为将来项目的投资和 ITS 顺利发展创造必要的条件。

（4）对已有的系统优化其运作和设计。

ITS 评价可以帮助已有的交通设施和交通系统识别需要改进的方向，从而使管理者和设计者能够更好地管理、调整、改进和优化系统运作和系统设计。

2. ITS 评价的原则

ITS 评价应遵循下列原则：

（1）符合国家交通运输发展战略规划与投资的方针、政策以及有关法规。

（2）宏观经济分析与微观经济分析相结合，定量分析与定性分析相结合，短期影响评价与长期影响评价相结合。

（3）坚持综合效益为主的原则，从系统工程的角度来进行评价，既要考虑经济效益，又要考虑社会效益、环境影响和可持续发展，进行综合全面的评价。

（4）确保项目评价的客观性、科学性、公正性。

3. ITS 评价的程序

ITS 评价是评价 ITS 项目本身对社会、经济和环境的影响。ITS 评价通过构建评价指标体系,确定相应的评价基准,选择合理的评价方法进行。ITS 项目评价流程如图 9-1 所示。

9.3.2 ITS 评价的内容

一、经济评价

对 ITS 系统的经济评价可以从几个层次上进行。首先,国家作为投资主体应考虑的问题是 ITS 产业的发展对国民经济的发展能产生哪些影响;其次,企业作为投资主体所要考虑的问题是 ITS 项目的投资是否能回收、回收期多长,收益率有多大等;最后,ITS 的另外一个投资主体——个人,即车主(ITS 系统需要车主投资购置相应的 ITS 车载设备),个人投资效果的评价与企业投资评价类似。

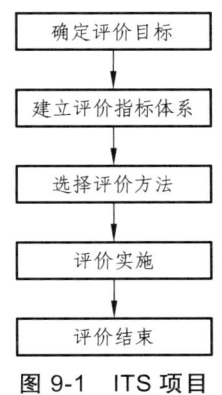

图 9-1 ITS 项目评价流程

ITS 项目经济评价包括国民经济评价和财务评价两方面,国民经济评价是从国家整体的角度研究 ITS 项目对国民经济的净贡献,以判断 ITS 项目的合理性;财务评价是从 ITS 项目的财务角度,分析 ITS 项目的财务盈利能力和清偿能力,对 ITS 项目的财务可行性进行评价。

1. ITS 经济评价指标体系

ITS 经济评价指标体系如表 9-7 所示。

表 9-7 ITS 经济评价指标体系

目标层	准则层	指标层
经济评价	财务损益	财务内部收益率
		投资回收期
		财务净现值
	国民经济损益	波及效果
		投资乘数
		综合就业人数与就业率

2. 费 用

进行 ITS 项目经济评价最重要的是对项目费用和效益的识别与计算。费用可分为直接费用和间接费用。直接费用是对交通服务提供者和用户而言的内部费用,包括系统设计费用、设备费用、设备安装费用、系统通信费用、程序管理费用、技术支持、公共信息、系统管理费;间接费用是项目实施造成的负面外部影响引起的费用。

3. 效 益

效益包括直接效益和间接效益。直接效益即 ITS 对交通系统的效益;间接效益即 ITS 系统对周围的环境以及社会产生的效益,基本上可归结为以下几个方面:

（1）提高运行效率和通行能力。ITS可通过增加交通系统的有效容量将现有设施的效率最优化，降低对基础设施改建与扩容的需要。

（2）提高系统机动性。许多ITS组分的主要目的就是减少出行时间，降低延误。延误有许多测量方法，可根据所研究的交通系统类型选择。系统的延误可依据每辆车的延误计算；货船的延误可根据超过预定到达时间的多少来确定。延误还可表现为驾驶员在实施项目前后的停车次数。通过提高运行速度、改进事故响应、提供延误信息，ITS可降低交通网络的出行时间变化。出行时间的变化包括从系统起点到终点的整个出行时间的变化，包括更换交通方式与中途停车。降低出行时间的可变性有助于出行者或公司制定计划、安排行程。

（3）提高用户的方便性和舒适性。

（4）提高安全性。交通系统的直接目的就是为出行提供一个安全的运行环境。某些ITS服务的目的是将碰撞风险降到最低，包括降低碰撞率与死亡率。

（5）降低能耗和环境保护费用。包括有害气体（CO、NO和HC）的排放水平以及节约的燃料消耗。

（6）提高个人、组织和整个经济系统的经济生产力。ITS在传统的交通技术基础上加以改进，可以更大程度地降低运行费用，提高生产力。

（7）为ITS的发展创造外部环境。ITS效益的估计可以采用定性估计，用有无对比法分高、中、低三档定性评价效益的高低；也可以采用定量计算来进行估计，如在贴现率、时间价值、事故损失减少额、碰撞减少损失额等已知情况下，通过这些量化指标，将效益粗略量化。

4. 财务评价

财务评价是根据国家现行财税制度和价格体系，分析、计算投资者或项目直接发生的财务效益和费用，编制财务报表，计算评价指标，考察项目的盈利能力、清偿能力以及外汇平衡等财务状况，据以判别项目的财务与商业上的可行性。

对于企业投资者和个人投资者来说，投资的目的主要是获得利润，因此，项目财务评价的服务对象主要是具体的ITS项目的企业投资者。而对于国家投资来说，更注重整体效益，项目财务评价的内容主要包括经济效益分析和清偿能力分析。

5. 国民经济评价

国民经济评价是按照资源合理配置的原则，从国家整体角度考虑项目的效益和费用，用货物影子价格、影子工资、影子汇率和社会折现率等经济参数分析、计算项目对国民经济的净贡献，评价项目的经济合理性。这个定义规定了国民经济评价是计算项目对国民经济的净贡献。国民经济评价的服务对象是国家宏观决策，是为制定政策的人和做出决定的人分析ITS对国民经济带来的影响。对于国民经济评价来说，评价具体的收益指标意义并不大，最重要的是评价投资ITS项目将为国民经济产生多大的影响。

ITS的国民经济评价主要来分析ITS系统的发展将对国民经济产生的总体影响，可以采用投入产出分析法。投入产出分析法是利用投入产出表及相关系数表进行产业关联及产业间相互影响分析的一种常用方法。ITS作为一种高新技术产业，它的发展势必对其他相关产业造成一定的正面影响，带动其他产业的发展，从而拉动整个国民经济的发展。

投入产出分析大致可以分为两类：一类可叫作"结构分析"；另一类称为"因果分析"。

所谓"因果分析"就是把握产业之间的相互影响,因此,又叫作"波及效果分析"。具体到分析 ITS 产业与其相关产业的相互影响,我们可以从如下几个方面进行:

1)投资乘数分析

投资乘数分析主要是分析项目投资的增长将对国民收入、税收、工资等指标产生的倍增作用。对 ITS 进行投资乘数分析是要确定 ITS 的投资对国民收入等的提高有多大影响。ITS 的国民经济评价投资乘数分析主要包括:

(1)净产品乘数效应分析。净产品乘数可理解为在现有产业结构条件下,某部门每增加 1 个单位最终产品,为整个国民经济带来的国民收入。

(2)最终产品乘数分析。最终产品乘数是指每一个部门单位最终产品需求所要求调入产品的数量。它表明不同产品部门最终产品需求量变化时,整个国民经济系统对调入产品在总量和结构方面的依赖程度。

2)波及效果分析

所谓波及效果分析就是分析 ITS 系统的投资将对相关产业产生多大的带动作用。在投资 ITS 之前,了解其对国民经济各部门产生的影响,即由此引起的各产业部门的增产需要达到何种程度,无疑是非常必要的。对波及效果进行分析和计算,需要使用三个基本的工具:投入产出表;投入系数表;逆阵系数表。

例如,在兴办大规模建设工程项目时,事前了解它们本身对国民经济各部门产生的影响是非常必要的。这种影响包括直接和间接产生的影响,可以用波及效果分析模型来计算,即 $X = (I - A)^{-1}$。

3)就业效果分析

分析、计算随着 ITS 产业投资的增长而最终需要投入的就业人数,包括直接需要和间接需要。

利用逆阵系数表可以计算随着各部门生产的增长而最终需要投入的就业人数,即综合就业系数:综合就业系数=就业系数×逆阵系数。

其意义是:某一产业为进行 1 个单位的生产,在本产业部门和他产业部门也就是直接和间接地总共需要有多少人就业。

某产业就业系数=该产业的就业人数/该产业的总产值

以上是对 ITS 各经济指标的描述与单项评价方法,如要得出经济指标的综合评价结果,可以首先确定各指标权重,再应用综合评价方法(如层次分析法、模糊综合评价法等)进行评价。

二、技术评价

ITS 技术评价是从技术角度出发,通过对项目技术指标的分析和计算,从系统的功能和技术层面对智能交通运输系统的科学性、合理性、可发展性以及适用性和可实现性等方面进行综合的评价。

1. 技术评价的原则

ITS 技术评价应遵循以下基本原则:

（1）科学性。

ITS 应建立在科学的原理和技术之上。因此，科学性是系统技术评价的首要原则。

（2）实用性。

智能运输系统的建设应有明确的目的和功能需求，直接或间接地解决（或缓解）交通问题的实用性是其基本的要求。同时，系统的实用性还表现在系统适用性方面，如 ITS 及其子系统能否适应于中国（或特定城市）的实际情况（实际的交通情况和建设系统的条件）等。

（3）可测性。

系统的评价将通过若干具体的指标体现。为了能清晰地对系统作出评价，所选取的评价指标必须是能够通过某些直接或是间接的方法得到定量的值。

（4）独立性。

智能运输系统是一个复杂的、多层次、多因素的系统，其内部各层次、各因素之间相互影响、相互联系，为了能准确地评价系统特定的功能和技术，应避免评价指标的相互关联和重叠。

（5）可比性。

可比性原则反映了系统及其评价指标的敏感性程度。所选用的评价指标应具有较高的敏感性，能客观地反映出不同方案下所取得的效果的差异，从而为提高系统的技术水平提供决策支持。

（6）整合性。

此原则反映了系统及其子系统和技术间的匹配与协同程度，相关指标的选取应能反映这一原则要求。

（7）扩展性。

由于 ITS 广泛地集成了先进的高新技术，且系统庞大，因此，系统的兼容性和扩展性原则对于确保系统的可发展性具有极其重要的意义。

（8）完备性。

该原则体现了评价指标所反映的系统技术性能的全面性。评价指标体系中各个评价指标所评价的内容应尽可能地涵盖智能运输系统的各种属性，如方便、有效、经济、安全等。

2．评价对象

ITS 的评价对象按技术领域加以划分。根据中国 ITS 框架研究大纲，智能运输系统的技术领域划分为以下几个部分：

（1）通用技术平台。

主要领域：通用地理信息平台与定位结合技术，环境和尾气排放管理。

（2）通信信息。

主要领域：出行前的信息服务、行驶中驾驶员信息服务、行驶中公共交通信息服务、路线诱导及导航。

（3）车辆。

主要内容：视野的扩展、自动车辆驾驶、纵向防撞、横向防撞、安全状况检测、碰撞前的保护措施和智能公路。与通信信息组协调考虑信息终端等车载设备的交叉问题。

（4）运输管理。

主要内容：商用车辆的管理、路边自动安全检测、商用车辆的车载安全监测、商用车辆的车队管理、公共交通管理、公共交通需求、共乘管理。可分为货物运输和旅客运输两个组成部分开展评价工作。

（5）交通管理和规划。

主要内容：交通控制、紧急事件管理、需求管理、交通法规的监督和执行、交通运输规划支持、基础设施的维护管理。物理结构考虑交通管理中心与其他中心的接口，如与道路、铁路、水运、航空管理中心接口。

（6）电子收费。

主要内容：电子交通交易等。

（7）紧急事件和安全。

主要内容：紧急情况的确认及个人安全、紧急车辆管理、危险品及事故的通告、出行安全、对易受袭击道路使用者的安全措施和智能枢纽。物理框架中，考虑紧急事件管理中心模型和对外接口。

（8）综合运输（枢纽）。

主要内容：综合枢纽、多式联运管理。

（9）智能公路。

主要对象：先进的车路信息与运行系统等。

3. ITS 技术评价体系

ITS 的技术评价主要可从两方面进行：基于体系结构各部分特征的系统性能评价，即定性分析为主的评价；基于 ITS 各部分系统设计的运行性能评价，即定性与定量结合的评价。ITS 技术评价体系如图 9-2 所示。系统性能评价包括：

1）对 ITS 用户的支持

该指标是为了评价 ITS 体系结构的系统功能是否满足不同用户的需求。在中国的大部分城市，应充分考虑到自行车交通用户及公共交通用户的需求。

2）系统的灵活性和可扩展性

该指标主要指体系结构在技术上是否具有灵活性和可扩展性。灵活性指体系结构对不同类型技术的兼容和限制程度。

3）车辆性能

包括用户出行时间减少、用户安全性提高、非用户出行时间减少、非用户安全性提高等。

4）系统功能的多级性

该指标用以衡量体系结构对每一市场包内和市场包间不同功能的支持能力。为达到系统功能多级性的目的，体系结构首先必须模式化，便于把不同的功能分配到体系结构中不同的领域。在评价系统功能的多级性时，可以从下列两个子指标进行评价：

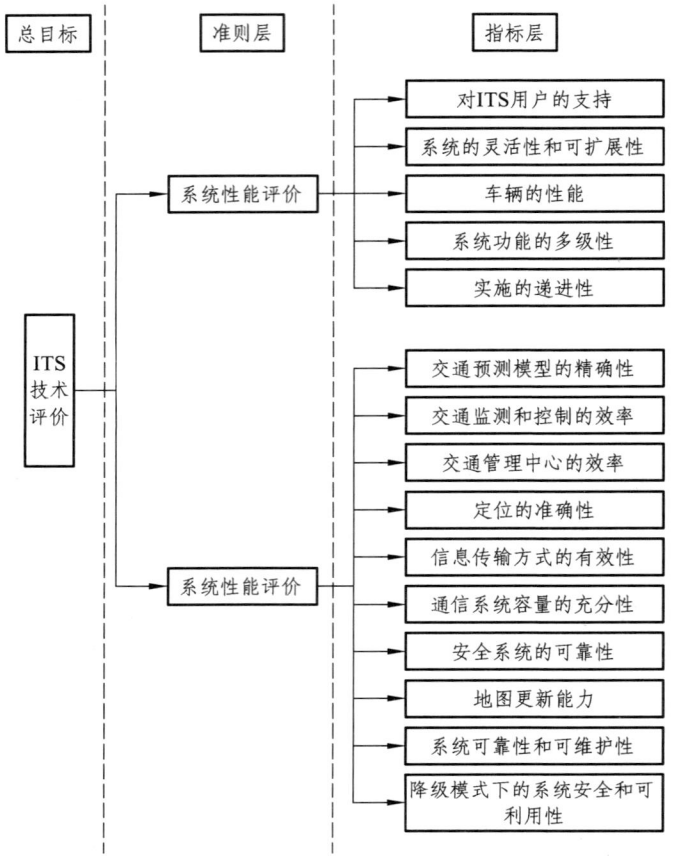

图 9-2 ITS 技术评价体系

（1）技术水平的兼容性：在体系结构的每一市场包内和市场包之间，结构功能能够兼容从低级到高级、差异变化大的各类技术。

（2）界面的标准化：为了鼓励 ITS 产品和服务的多级化，必须使得 ITS 的产品具有可互换性和兼容性，这使得界面的标准化显得至关重要。

5）实施的递进性

该指标主要包含以下两方面：

（1）ITS 体系结构与现有设施的包容性和可协调性；

（2）随着 ITS 相关技术的进步，ITS 体系结构的可发展性。

运行性能评价包括：

1）交通预测模型的精确性

包括数据采集技术精度、预测数据处理和算法精度、对交通系统效益的影响。

2）交通监测和控制的效率

该指标是指体系结构中，交通管理子系统实时收集、处理和发布大量的出行方式和系统运行信息的能力，包含以下两个子指标：

（1）数据的收集和实时传输的能力；

（2）数据实时处理能力。

3）交通管理中心的效率

该指标是指交通管理中心之间的协调水平以及交通管理中心和其他相关的管理中心之间（如信息提供者、公共交通管理中心、紧急事故管理中心等）的协调和协作水平。

4）定位准确性

目前存在大量的定位技术，如 GPS 等，每种定位技术都有一定的误差，小到 1 m 大到几十 m。定位准确性就是衡量实际定位精度与期望定位要求的适应性。

5）信息传输方式的有效性

信息传输方式一般可以分为两种：有线通信和无线通信。由于有线通信相对于无线通信不存在传输容量的限制，也很少会发生传输障碍（除非线路被截断），所以评价的重点是无线通信方式。对于无线通信可以用下列主要指标进行评价：

（1）总流量；

（2）线路平均流量；

（3）线路延误统计。

6）通信系统容量的充分性

相对于预测需求的数据量，规划的通信系统能否满足系统容量的要求。

7）系统安全性能

该指标主要包含通信安全和数据库信息安全。安全保障子指标描述如表 9-8 所示。

表 9-8 安全保障子指标描述

指　标	描　述
通信安全	身份认证：ITS 体系框架需要确定请求服务的用户。为避免用户的欺诈行为，可以使用智能卡和数字签名来执行服务。 匿名系统：为防止非法者利用 ITS 跟踪车辆和个人，计算机并不储存个人或车辆的身份，如电子收费系统并不记录付费者是谁
数据库信息安全	除通信安全外，对于一些数据库，ITS 体系框架还需要有防止安全泄漏的措施

不同系统的安全等级由高到低可以分为 A、B、C、D 四级（每个等级包括比它低的等级的功能），同一等级内部又分解为不同的子等级，见表 9-9。

8）地图更新能力

该指标指 ITS 体系结构中，用户通过一些方式定期进行地图更新的便利性和快捷性。

9）系统可靠性和可维护性

系统的可靠性及可维护性指标主要指在体系结构内是否会出现一些风险，导致服务和系统性能的不稳定。这些风险通常发生在较为重要的系统管理中，如交通管理应用系统、车辆安全应用系统（AVSS）。在实际中可以通过好的设计来降低这种风险。

表 9-9 安全等级特征描述表

安全等级	功能和特征
D	提供最低限度的保护
C	自主保护与校核能力
C1	用户识别与身份认证
C2	通过登录来为其行为负责
B	强制保护
B1	清除控制和敏感性标签
B2	设备安全标签和描述性政策模型
B3	为指定对象分配用户名
A	正式的顶级规范和认证

10）降级模式下的系统安全和可利用性

该指标主要指 ITS 体系结构中，在系统实施的过程中降级服务的能力。

在降级服务模式中，不仅有服务的降级，还有到达最终用户时错误信息的升级。当系统在降级模式中有毫无意义和错误的信息通过时，其运行的可靠性会有较大变化，结果可能导致服务丢失或影响服务设施的可靠性。

对 ITS 的技术评价是在单项评价的基础上，通过确定各个分项指标视其对项目的重要度给予一定的权重，由权重与所选定的多目标评价模型（如层次分析法、模糊综合评判法、灰色关联分析法等）计算综合技术评价效果，得出 ITS 综合技术评价结论。

三、社会环境评价

ITS 项目社会评价是分析拟建项目对当地的影响和社会条件对 ITS 项目的适应性和可接受程度，评价项目的社会可行性。ITS 项目环境影响评价是对在某特定环境区域内，由于某项 ITS 项目的建设和运行，打破环境的原有构成，给该区域环境质量带来的影响所进行的分析和评估。ITS 项目的环境影响评价主要是评价对环境带来的正面效益。

1. 社会环境评价的特点

（1）宏观性和长期性：对项目的社会评价所依据的是社会发展目标，考察投资项目建设和运营后对实现社会发展目标的作用和影响。进行社会环境评价时，需认真考察与项目相关的各种正面、负面的影响因素。同时，社会环境评价是长期的，一般经济评价只要考察投资项目不超过 20 年的经济效果，而社会评价通常要考虑一个国家或地区中的远期发展规划和要求，短则几十年，多则上百年。

（2）难以定量化：社会发展目标是可以用货币定量的，而社会因素往往比较复杂，项目对这种目标的贡献与影响往往是难以量化的。因此社会评价以定性分析为主。

（3）目标复杂多样：社会评价需要从国家、地方、社区三个不同的层次进行分析，做到宏观分析与微观分析相结合。社会评价目标是多样的，需要综合考察社会生活各个领域与项目间的相互关系和影响。

2. 社会评价原则

（1）客观性原则：为准确、全面地反映项目的效益水平，社会分析必须保持客观、科学。

（2）全面评价原则：应兼顾系统内外因素，用动态、发展和变化的观点来看待事物和事物变化规律。

（3）定性与定量结合原则：由于项目的社会环境分析涉及范围广、内容繁杂、难度大，因此应尽可能将定性指标定量化，尽可能多地采用定量分析。

3. 评价指标体系

根据 ITS 项目对社会环境、社会经济、自然与生态环境和自然资源四个方面的影响，构建 ITS 项目社会环境评价指标体系见表 9-10。

以上评价指标又可归纳为直接社会环境效益和间接社会环境效益，如图 9-3 所示。

表 9-10　ITS 项目社会环境评价指标体系

目标层	准则层	指标层	子指标层
ITS项目社会环境评价	社会环境影响	减少危险品运输可能的灾害	—
		调整城市结构布局	对产业布局的影响
			对人口分布的影响
			对路网布局的影响
			对土地开发的影响
		提高国民素质	促进高水平人才培养
			促进交通参与者守法意识提高
			提高对高新技术的认知
		提高交通管理服务水平	促进体制改革与法制建设
			加强服务意识
			提高管理人员素质
		推动相关产业经济的发展	—
		促进科技进步	—
		影响社会就业水平	—
	社会经济影响	降低行车成本	—
		减少出行时间	—
		提高车辆利用效率	—
		延长车辆使用时间	—
		减少交通对能源的需求	—

续表

目标层	准则层	指标层	子指标层
ITS项目社会环境评价	社会经济影响	满足出行需求，提高生活质量	改善交通出行结构
			提高出行舒适性
			提高出行安全性
			提高出行便利性
		促进周边旅游资源开发利用	—
	自然资源利用价值	土地资源利用价值	—
	自然与生态环境改善	噪声改善效益	—
		大气改善效益	—
	环境影响经济评价	环境影响综合经济损益度	—
		ITS项目投资经济损益度	—

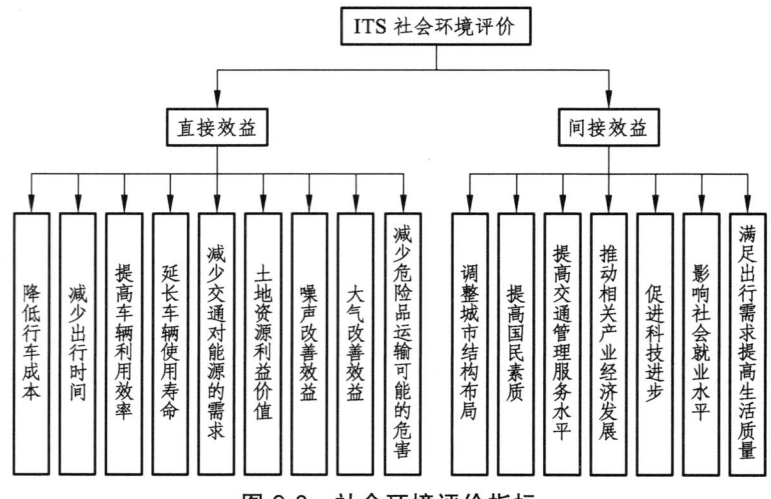

图9-3 社会环境评价指标

4. 评价方法

ITS项目的社会环境因素多而复杂，许多指标很难量化，因此定性分析方法在社会环境评价中占有很重要的地位。常用的定性分析方法有有无对比法、排序打分法等。

四、风险分析

风险是达到一个基准目标的不确定性。基准目标可以是一项技术标准，也可以是一个系统目标。风险分析就是运用概率统计和迭代分析的方法，对系统、建设、管理、使用过程中的可能潜在问题进行分析，进而评估风险大小，并寻找降低风险的措施。

ITS是一个大系统工程问题，ITS的研究、建设、管理和使用既要采用先进的技术，又要耗费巨大资金和相当长的时间。风险性分析是确定阻碍ITS应用的重大风险，并提出建议以消除或降低项目的风险。风险性分析是一项复杂的工作，要求考虑许多潜在问题，这些问题将带来严重的风险且很难量化。实现ITS目标的风险是ITS规划和设计中必须要考虑的问题。

1. 风险分析目的

（1）辨识具有潜在问题的领域；
（2）量化与这些潜在问题有关的风险；
（3）评估这些风险影响的大小；
（4）寻找降低风险的措施。

2. 风险分析步骤

与其他系统工程风险分析一样，ITS 系统风险分析可分为三步：

第一步：辨识潜在的风险项目，即判断所研究开发的 ITS 项目中，哪些方面存在问题；

第二步：定量估计风险，并将风险项目分类（一般分为低风险、中风险和高风险三种），以确定其中的关键项目；

第三步：确定各种降低风险的途径。

3. 风险分类

我们一般依据风险因子的大小进行风险分类。风险因子是一个涵盖两个相互影响变量的变量，一个是失败的概率（P_f），一个是失败造成的后果（C_f）。因而，风险因子为：

$$RF = P_f + C_f - P_f \times C_f \tag{9-1}$$

当 $RF<0.3$ 时为低风险。此风险是可以辨识并能对其影响进行监控的风险。这种风险发生概率较低，起因也无关紧要，一般可以通过设计部门进行正常监控。

当 $0.3 \leqslant RF \leqslant 0.7$ 时为中等风险。中等风险是可以辨识的，这种风险将对系统的技术性能、费用和进度产生重大影响，发生概率较高，需要对其进行严密的监视和控制，应当在各个阶段进行关注和控制，并采取必要的措施降低风险。

当 $RF>0.7$ 时为高风险。这种风险发生概率很高，后果将对系统工程全局有重大影响。这种风险只能允许在 ITS 研制的方案阶段或初步设计阶段存在。必须严密监视每一个高风险领域，同时采取切实有效的措施降低风险，并进行定期报告和评审。

4. 风险辨识

风险辨识的任务是要确定整个 ITS 工程系统中有潜在问题的项目，明确在所研制的子系统中哪些地方有风险、引起这些风险的主要因素是什么、这些风险造成的后果如何，在 ITS 的寿命周期内，在计划、技术、试验、建设、工程、管理领域中总是存在一定的风险。计划风险包括资金、进度、合同履行等风险。技术风险包括可能采用的新技术和新性能方面的风险，同时还涉及设计概念的可行性，采用新产品和新软件带来的风险等。试验、建设风险包括采用新标准、新方法、新工艺、新材料等方面的风险。工程风险主要与可靠性、维修性、安全性等方面的风险有关。管理领域的风险主要在于采用新组织、新标准和新目标引起的风险。因此在进行 ITS 风险辨识时，应当从任何一个能辨认出潜在问题的信息源中进行风险辨识。这些信息源包括：类似工程经验与教训、技术和规范文件、技术性能分析、进度计划与可能、寿命周期费用分析等。在进行具体分析时，应对 ITS 系统工程的所有方面进行评估，以发现其潜在的风险。风险辨识通常可以通过工作分解结构进行逐项辨识，在此基础上采用 Delphi 法进行专家调查分析。

5. 风险估计

风险估计就是对风险进行定量分析,确定所研究系统的风险大小。风险评估包括技术、进度、费用风险评估和失败后果评估四部分。

技术风险 RF_t 与成熟性、复杂性和其他相关因子有关。成熟性因子又包括硬件因子 Pm_h、软件因子 Pm_s。复杂性因子也包括硬件因子 Pc_h、软件因子 Pc_s。相关因子用 P_d 表示。对上述五个特征因子取平均值即可得到 RF_t。

$$RF_t = (Pm_h + Pm_s + Pc_h + Pc_s + P_d)/5 \tag{9-2}$$

式中　Pm_h——与硬件成熟度有关的失败概率;
　　　Pm_s——与软件成熟度有关的失败概率;
　　　Pc_h——与硬件复杂度有关的失败概率;
　　　Pc_s——与软件复杂度有关的失败概率;
　　　P_d——与其他项目相关程度有关的失败概率。

进度风险 Rf_s 的大小与技术风险、计划合理性、资源充分性、人员经验、供应商信誉和项目管理水平有关。设进度风险因子为 Rf_s,则:

$$Rf_s = (Rs_t + Rs_s + Rs_c + Rs_p + Rs_v + Rs_m)/6 \tag{9-3}$$

式中　Rs_t——技术风险影响因子;
　　　Rs_s——计划合理性因子;
　　　Rs_c——资源充分性因子;
　　　Rs_p——项目人员经验因子;
　　　Rs_v——供应商状况影响因子;
　　　Rs_m——企业管理状况影响因子。

费用风险取决于系统任务要求的明确性、技术风险对费用的影响、成本预算准确性影响、工程项目合同类别、合同报价状况等。费用风险因子为 RF_c,则:

$$RF_c = (Rc_r + Rc_t + Rc_s + Rc_c + Rc_n + Rc_b)/6 \tag{9-4}$$

式中　Rc_r——任务要求明确性因子;
　　　Rc_t——技术风险影响因子;
　　　Rc_s——进度风险影响因子;
　　　Rc_c——成本预算准确性因子;
　　　Rc_n——合同类型影响因子;
　　　Rc_b——合同报价影响因子。

系统的技术风险、进度风险、费用风险都会对系统造成影响。设失败后果概率因子为 C_f,则:

$$C_f = (C_t + C_s + C_c)/3 \tag{9-5}$$

式中　C_t——由技术因素引起的失败后果;
　　　C_s——由进度因素引起的失败后果;
　　　C_c——由费用因素引起的失败后果。

6. 风险管理

风险管理的主要任务是采取控制和降低风险的技术与方法，使风险降低到可以接受的程度。常用的降低和控制风险的技术有：回避风险、控制风险、承担风险和转移风险。ITS 这样的大型复杂系统工程风险主要取决于系统任务的明确性、技术风险、进度风险和费用风险。所以，减少 ITS 系统工程风险的途径在于：

1）及早明确系统工程任务要求

在 ITS 系统建设过程中，及早明确系统工程任务主要要注意以下几点：

（1）系统工程任务要求完全确定的时间不能晚于方案设计阶段结束的时间；

（2）使用部门必须以工作说明和技术要求提出明确的任务要求；

（3）主要任务要求或设计要求应当以可以度量的参数形式加以描述；

（4）各项技术要求要以系统规范、分系统规范、部件规范等文件形式加以确定；

（5）主要建设和生产单位有责任保证使分承包单位获得完整的、确定的技术要求。

2）减少技术风险

技术风险的减少一方面要控制风险大小，另一方面要采取减低风险的措施。控制系统工程项目的进度风险，就是在各种项目设计中，采用新技术和新产品要遵循以下准则：

（1）尽可能采用现有的并证明有效的技术和产品；

（2）只有在确认新技术和新产品成熟后才能采用；

（3）在采用某些重大新技术方案时，考虑后备方案。

如果采用的新技术中包含有中等或高等风险，则要根据风险级别高低确定减少风险的途径。主要方法有：

（1）着手进行平行的研制工作；

（2）进行广泛的发展试验；

（3）进行仿真研究，作出性能预测；

（4）请有关专家进行评审设计；

（5）加强研制过程的评审和管理。

3）减少进度风险

减少 ITS 工程项目的进度风险的主要措施有：

（1）不允许在研制阶段存在技术性能属高风险的项目，中等风险的项目也要尽可能减少；

（2）合理安排工程的进度计划，且应留有余地；

（3）保证用于工程项目的资源是充分的、可供使用的；

（4）参与项目的工作人员，尤其是关键部门人员应该具有类似的工作经验；

（5）选择管理水平高、信誉好的企业作为供货商；

（6）采用科学的决策方法和管理方法。

4）减少费用风险

减少 ITS 系统工程费用风险，可以采取的措施有：

（1）根据实际情况，合理预测费用，并提出预期的投资总量；

（2）合理分配各阶段资金，防止研制早期阶段投资不足引起的费用风险，同时防止实际拨款推迟后引起进度拖延；

（3）根据工程系统的风险辨识和风险评估，合理预测风险费用，并把风险费用包括在总费用之内；

（4）在签订研制或建设合同时，必须明确项目任务要求，并以量化参数提出；

（5）用多种方法合理估算系统工程费用，在研制过程中不断进行修正；

（6）根据风险状况确定合同类型；

（7）在投标过程中，合同报价应该与预测的研制费用基本一致。

五、ITS 项目综合评价

ITS 项目综合评价是在进行技术、经济、社会环境评价以及风险分析的基础上，对各方面评价结果（包括评价指标、评价方法等）进行汇总，全面、综合地评价 ITS 项目，为项目可行性研究、方案选择以及决策提供依据。

综合评价包括单项评价指标权重的确定、评价结果的综合分析两部分内容。首先，单项评价指标权重的确定主要是采用 Delphi 法给出技术、经济、社会环境、风险四部分结果的权重值，然后，基于各权重值利用模糊综合评判等方法进行 ITS 项目的综合评价，并得出最终的 ITS 项目评价结果。

9.4 ITS 保障机制

一、政策保障

在我国交通领域分块式的行政管理体制下，政府的政策引导、协调作用对发展 ITS 至关重要，ITS 政策保障就是要求政府和交通管理部门制定能满足 ITS 发展所需要的相关政策。ITS 发展需要的政策保障包括政策的适宜性、政策的连贯性、政策执行情况的分析等内容。

1. 政策的适宜性

政策的适宜性主要分析政府、主管部门制定的相关政策对发展 ITS 起促进或妨碍作用，现行政策能否满足发展 ITS 的政策环境需求。政策的适宜性主要分析土地使用、资金支持、税收优惠、部门间协调、人才吸引、宣传引导等政策能否满足 ITS 发展的需要。

2. 政策的连贯性

政策的连贯性主要分析政府、主管部门制定的相关政策的效力期限长短，包括政策稳定性、政策继承性等方面的分析。政策稳定性、政策继承性反映政策的形成机制以及政策制定、政策管理的水平，是分析 ITS 发展可能遭受的政策环境变化影响的重要方面。ITS 是一个动态系统，不仅需要政府现行政策的支持，还需要把握政策前景，从现行政策中能预见可获得的新政策的支持。ITS 需要巨大的资金投入，投资回收期长，因此，政策的连贯性是 ITS 发展的重要保障。

3. 政策执行情况

政策执行情况主要分析政府、主管部门制定的相关政策能否真正贯彻执行，反映各级执行机构内部相互间的协调性以及对待政策的严肃性。ITS 的发展不仅仅需要政府、主管部门制定出有利于 ITS 发展的政策，更重要的是需要把这些政策不折不扣地贯彻落实，ITS 的发展需要对政策执行情况进行分析。

二、经济保障

ITS 的发展需要强大的经济支持，要求从经济发展现状出发，分析发展 ITS 是否具备的必要经济条件。ITS 发展的经济保障包括经济发展水平分析、经济发展阶段分析、产业结构分析等内容。

1. 经济发展水平

经济发展水平是经济发展程度高低的一种客观反应，是制定 ITS 发展战略的必要基础。经济发展水平的度量，通常使用的主要指标有国内生产总值（GDP）或国民生产总值（GNP）。也可以通过计算综合指数来衡量，如用建立在经济规模、经济增长活力、区域自我发展能力、工业结构比重、结构转化条件、人口文化素质、技术水平指数、城市化水平指数、居民生活质量指标基础之上，通过几何平均法合成得到一个综合评价指标，即地区经济社会发展水平综合指数来衡量区域经济发展水平。经济保障主要分析区域经济能否提供发展 ITS 必要的经济支持，决定了 ITS 发展的可行性。

2. 经济发展阶段

通过对经济发展阶段的分析，了解经济发展的客观趋势和内在规律，有助于明确一定时期特定经济发展特点、方向、目标和任务，从而为制定正确的 ITS 发展战略提供科学的决策依据，确保 ITS 与经济的发展形成相互促进的良好关系。

3. 产业结构

通过分析产业结构现状与发展趋势，明确 ITS 的相关产业发展能否支持 ITS 的发展，以及 ITS 的发展能否合理引导产业产业结构的优化。

三、技术保障

ITS 是一个多种技术高度集成的系统，对技术依赖度高，没有可靠的技术保障，ITS 的功能难以实现。同时，技术又是发展变化的，要求在发展 ITS 时，认真分析 ITS 技术发展趋势，以免造成 ITS 发展过程中不必要的浪费。

1. 技术的先进性

ITS 是多种先进技术的综合应用，离开先进技术的支持，ITS 的发展将举步维艰。

2. 技术完备性

ITS 需要多种技术的有效融合，某一领域或某一环节的技术薄弱都将可能对 ITS 的发展产生严重的制约。

3. 技术适应性

ITS 技术适应性主要分析 ITS 的技术选择是否适应各区域自然条件的特点，设备的容量能否满足 ITS 发展的需要。

四、社会文化环境保障

ITS 的发展离不开一定的社会文化环境,它们相互依存、相互影响。社会文化环境对 ITS 的影响表现在两个方面:一是促进 ITS 发展,二是阻碍 ITS 发展。一般而言,ITS 发展若与社会文化环境相适应,那么社会文化环境就会促进区域 ITS 的发展,反之则阻碍 ITS 的发展。

社会文化主要涉及价值观念、风俗习惯等方面。价值观念是人们对事物的评价体系,不同的文化背景有不同的价值观念,因而判断是非的标准有很大差别。风俗习惯是民族哲学观念在人们生活中的体现。社会文化直接影响 ITS 的认同度、满意度、消费理念和消费偏好,通过对社会文化环境的分析,以明确 ITS 推进策略和 ITS 服务定位。

9.5 案例分析

案例 9-1 北京智慧交通系统建设

一、北京奥运智慧交通系统的应用

为了 2008 年北京奥运会的成功举办,确保在奥运期间提供良好的交通组织与安全保障,北京交通管理部门开展了一系列智能交通工程的建设与应用,建成了高效的奥运交通指挥调度管理系统,交通管理的信息化和智能化得到了全面的提高,有效地改善了北京的交通状况,减少了交通堵塞和环境污染,为奥运会的成功举办做出了巨大的贡献。

(一)先进的交通管理与控制

1. 交通指挥调度集成系统

为了保障奥运会期间交通顺畅,北京市公安交管部门首先成立了奥运交通指挥中心,建立了具有指挥调度、交通控制、信息服务和应急指挥的指挥系统。后来,北京市交管局又在这一系统的基础上建立了由奥运指挥中心、仰山桥交通勤务指挥中心和 38 个场馆群交通指挥所组成的奥运交通三级指挥体系,能够全面地组织指挥北京市的社会交通和奥运交通。

2. 智能化的交通信号控制系统

为了更好地管理和引导交通,北京市交管部门针对北京市的路网情况和交通特点开发建成了一套智能化的交通信号控制系统。这一系统根据实时交通量的变化做出相应的反应,对车辆的分布和流通进行优化控制,使路网的综合通行能力提高 15%。

此外,在占据城市交通重要地位的快速路和公共交通方面,北京市交管部门也采取了相应的智能控制措施。

(1)快速路出入口。

根据交通流量的变化进行适时的开启和关闭,从而控制快速路上的交通流量,保证主路顺畅。

在路侧的可变情报板上向驾驶员提供可选择的行驶路线,以及提醒进出口车辆注意,减少可能发生的交通事故。

(2)在公共交通方面。

通过对交叉路口的信号灯进行调节,改变等待时间,优先公交车辆和奥运专用车辆通行,从而鼓励人们选择公共交通出行方式。

（二）先进的出行者信息服务系统

通过多种渠道向交通出行者提供详细的实时信息，以帮助他们选择出行路线、出行时间等。同时，希望能够对车辆进行诱导，以有效解决交通拥堵问题。

在奥运期间，布置在全市区主干道的 228 块可变信息情报板（VMS）及时发布交通信息，另外还有大量的信息通过广播、手机、移动电视和车载导航仪等设备提供给交通参与者。

（三）先进的车辆监控与执法系统

为了保证道路安全和处理紧急事件，北京市交管局建设了数字化的综合交通监测系统，利用微波监测、视频监测等各种监测设备对城市快速路和大部分主干道进行监测。该系统不但能够记录道路交通实时状况（流量、流速等），为指挥调度提供信息和依据，还能对数百万辆机车进行有效抓拍，以监测违反交通规定、限制措施的车辆，达到保障道路安全和维持交通秩序的目的。

先进的车辆监测系统还可以与数字化执法、事故管理等系统联合应用。数字化执法系统的流程如图 9-4 所示。该系统与监测系统联合使用，自动监测道路上闯红灯、超速等违规行为，上传到互联网中心，并与北京市 43 个检测场和执法站信息共享，对违规车辆进行执法和管理，这一系统的应用使得违规车辆"无处可逃"，有效地规范了行车秩序，减少了交通事故，增强了行车安全。

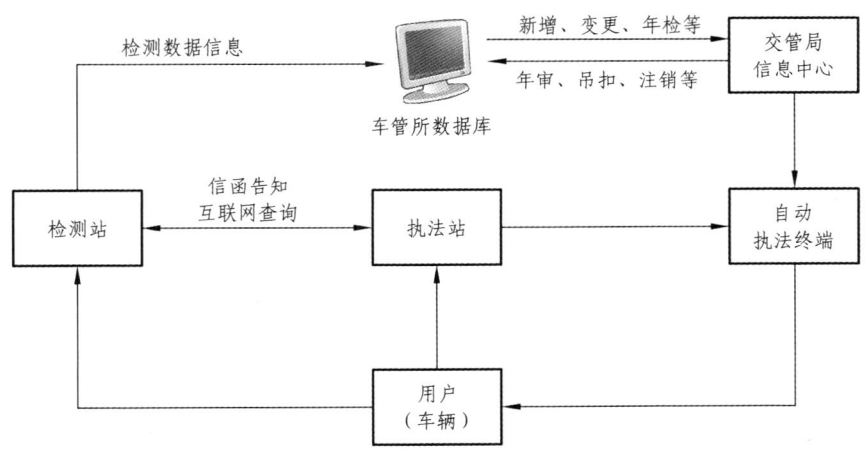

图 9-4　数字化执法系统流程示意图

二、北京的 ATMS 建设情况

智能交通管理系统（Advance Traffic Management System，ATMS）将交通出行者和管理者、车、路融为一体，使道路交通智能化，以便有效地利用现有的道路交通资源。ATMS 将采集到的各类动、静态交通信息，经交通管理指挥调度中心分析、处理后，以有线或无线方式，通过各种信息发布媒体传达给：

（1）交通出行者，以便合理选择交通出行方式、出行时机和出行路线。

（2）交通管理指挥调度部门，以便进行合理的交通控制、交通疏导和提高对意外事件的快速反应能力。

（3）交通客、货运部门，以便及时掌握本部门车辆运行状况，合理调度，提高在运车辆使用率。

北京的智能交通管理系统（ATMS）是解决城市交通问题的重要工具，其构成结构可以概括为："一个中心、三个平台、八大应用系统"，如图9-5所示。

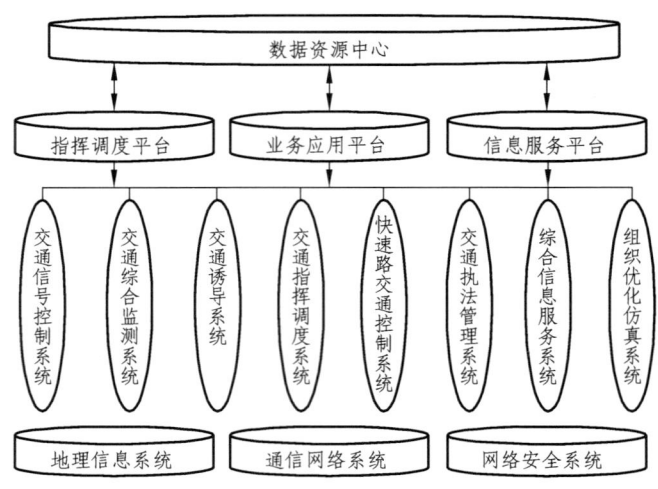

图 9-5 北京市智能交通管理系统框架体系

案例 9-2　智能铁路旅客信息服务

智能铁路旅客信息服务系统是智能运输技术在铁路智能用户信息服务子系统领域的先进应用，在建设智能化铁路旅客信息服务系统的过程中，综合集成了各种现有铁路智能化技术。智能铁路旅客信息服务系统的构建体现了铁路客运"以人为本"的服务理念，有助于实现铁路客运系统的智能化、自动化、人性化、现代化和信息化，增强铁路在旅客运输市场的竞争力。

先进的智能铁路旅客信息服务系统应该实现以市场需求为导向，满足系统用户多层次的需求，下面分别从智能铁路旅客信息服务系统的系统分析、逻辑框架设计和物理框架设计角度分析其体系框架的搭建过程：

一、系统分析

智能铁路旅客信息服务系统的用户主体按其性质可以分为内部用户和外部用户两类：内部用户包括信息管理部门、运营管理部门和安全管理部门；外部用户包括旅客和路外相关部门两部分。

智能铁路旅客信息服务系统应该具备旅客综合服务信息查询、站车信息导航、旅客突发事件应急救援、旅客监督及反馈等功能，由列车旅客服务子系统、车站旅客服务子系统、站外旅客服务子系统和客服中心子系统组成。各子系统具有的功能如图9-6所示。

智能铁路旅客信息服务系统联接了众多路内路外系统，必然要求具有高度的信息安全防护能力，因此还要建立集信息安全防护、预警、监控、响应等功能于一体的安全可靠的信息安全防护体系。

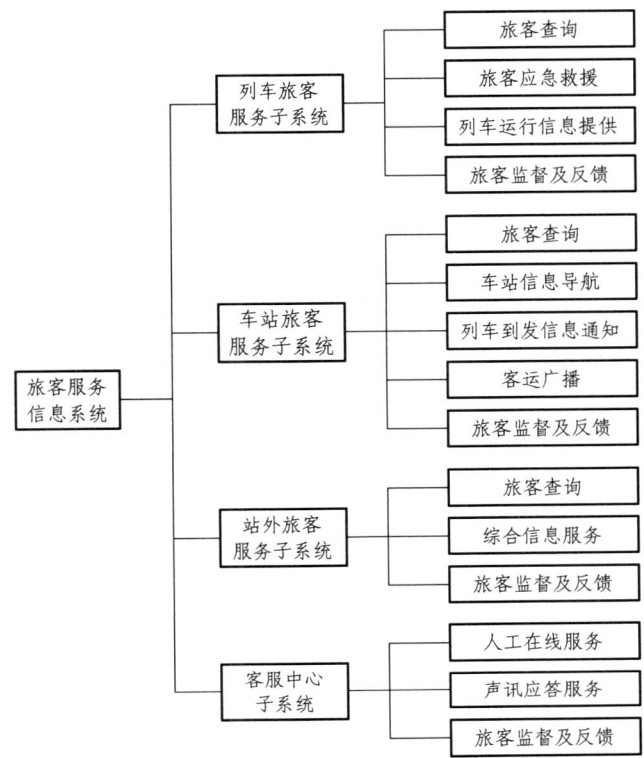

图 9-6 智能铁路旅客服务信息系统功能构成示意图

二、逻辑框架设计

智能铁路旅客信息服务系统逻辑框架的设计首先要对系统功能进行有效梳理，按照服务主体和功能的近似程度进行合并和汇总，从而划分出不同的功能领域，智能铁路旅客信息服务系统的功能可以划分为旅客信息导航、旅客电子商务、旅客迎送服务、车站旅客服务和列车旅客服务五个领域（见图9-7）。

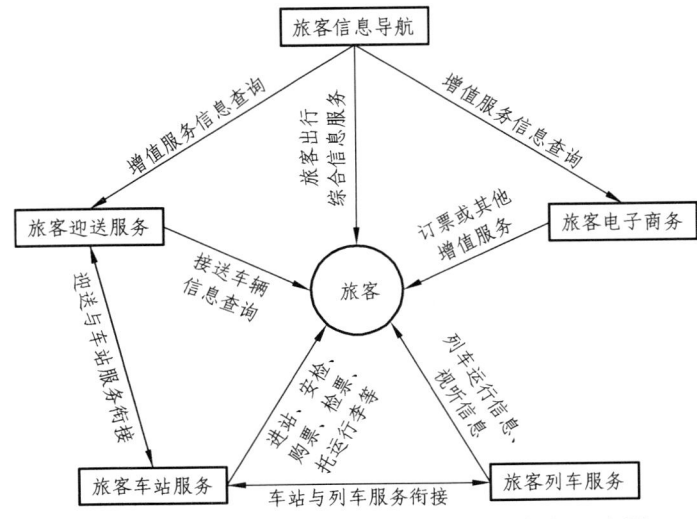

图 9-7 智能铁路旅客信息服务系统逻辑框架示意图

综合分析影响智能铁路旅客信息服务系统的内外部因素，以数据流为导向，以模块化的服务功能域为基础，对各模块的逻辑结构进行分析，寻找服务功能模块之间的逻辑关系，最终完成整个智能铁路旅客信息服务系统逻辑框架的搭建。智能铁路旅客信息服务系统逻辑框架图如图 9-7 所示。

三、物理框架设计

进行智能铁路旅客信息服务系统物理框架的设计要以系统需求、功能分析和逻辑框架为依托，遵循系统性、开放性、兼容性、目的性、人性化和智能化的原则。在具体设计的过程中，既要考虑到逻辑框架设计过程中对系统功能领域的模块划分，从而保证智能铁路旅客信息服务系统的功能实现，这决定了物理框架的实体构成；同时又要考虑非功能领域的需求，例如政策方针、市场需求，管理体制等，这决定了物理框架实体间的相互联系。智能铁路旅客信息服务系统的总体物理框架可以分为用户主体子系统、站外服务子系统、车站服务子系统和列车服务子系统四个部分。其总体物理框架图如图 9-8 所示。

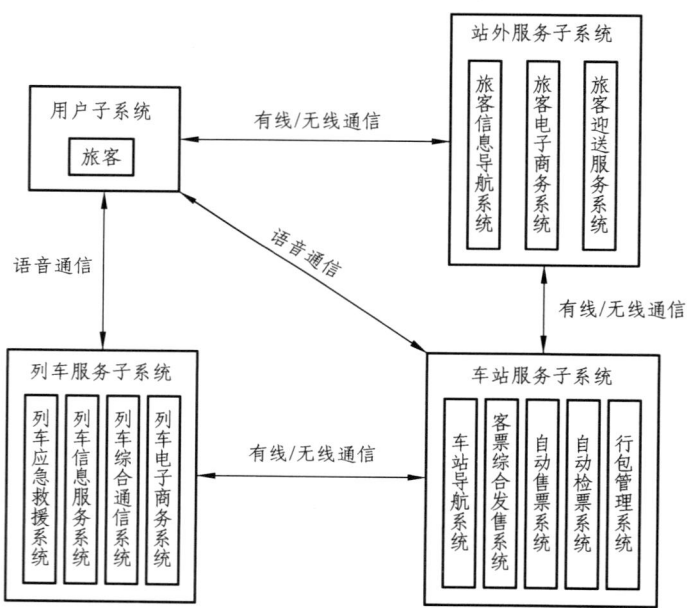

图 9-8　智能铁路旅客信息服务系统物理框架示意图

智能铁路旅客信息服务系统是智能运输技术结合铁路服务信息系统建设所形成的新一代的铁路客运服务信息系统，本案例中智能铁路旅客信息服务系统体系框架的搭建方法对其他智能铁路系统的建设同样具有借鉴意义。

思考与练习

1. 什么是智能运输系统？
2. 简述 ITS 的应用范围。

3. ITS用户主体、服务主体与终端的定义分别是什么？
4. 简述ITS逻辑框架及物理框架的主要内容。
5. 简述ITS评价的原则。
6. ITS经济评价的内容有哪些？
7. ITS技术评价的原则是什么？
8. 根据中国ITS框架研究大纲，智能运输系统的技术领域划分为哪几个部分？
10. 简述ITS运行性能评价的内容。
11. 在风险分析中，ITS系统风险分析可分为哪三步？
12. 简述减少系统工程风险的途径。

参考文献

[1] 汪应洛, 陶谦坎. 系统工程及其应用[M]. 科学出版社, 1990.

[2] 谭跃进, 邓宏钟. 复杂适应系统理论及其应用研究[J]. 系统工程, 2001, 19(5): 1-6.

[3] 刘涛, 陈忠, 陈晓荣. 复杂网络理论及其应用研究概述[J]. 系统工程, 2005, 23(6): 1-7.

[4] 白思俊. 系统工程[M]. 北京: 电子工业出版社. 2006.

[5] 吴祈宗. 系统工程[M]. 北京: 北京理工大学出版社. 2006.

[6] 姚宏宇. 云计算: 大数据时代的系统工程[M]. 电子工业出版社, 2016.

[7] 王众托. 系统工程[M]. 北京大学出版社, 2015.

[8] 赵会珍, 闫山, 谢世满. 大型活动下交通需求预测仿真及实例分析[J]. 电子测试, 2015, (1X): 87-88 75.

[9] 黄伟, 蒋金勇, 徐惠农. 面向过程的城市综合交通体系弹性规划方法[J]. 城市交通, 2017, （5）: 26-32.

[10] 陆化普, 孙智源, 屈闻聪. 大数据及其在城市智能交通系统中的应用综述[J]. 交通运输系统工程与信息, 2015, 15(5): 45-52.

[11] 陆志强, 杨超. 基于项目网络拆分决策的多项目协同调度问题建模[J]. 上海交通大学学报, 2017, 51(2): 193-201.

[12] 魏赟, 鲁怀伟, 何朝晖. 基于 OPNET 的智能交通系统仿真平台构建与性能分析[J]. 北京交通大学学报, 2015, 39(2): 80.

[13] 胡彦梅, 马天山, 陈建忠. 交通流多预期延迟模型与数值仿真[J]. 计算机应用研究, 2018, (1): 9.

[14] 宁涛, 郭晨, 陈荣 等. 一种动态车辆路径问题解决策略仿真研究[J]. 系统仿真学报, 2015, （12）: 2942-2947.

[15] 代晓旭, 胡明华, 田文 等. 利用传染病模型研究空中交通拥挤传播规律[J]. 交通运输系统工程与信息, 2015, 15(6): 121-126.

[16] 陆化普, 孙智源, 屈闻聪. 基于时空模型的交通流故障数据修正方法[J]. 交通运输工程学报, 2015, 15(6): 92-100.

[17] 蒋慧峰. 交通运输与经济系统协调性评价与预测模型[J]. 系统工程, 2014, 32(1): 133-138.

[18] 张俊婷, 周晶, 徐红利, et al. 基于空间型马尔科夫链的行程时间估计模型[J]. 系统工程, 2015, 33(12): 72-77.

[19] 胡大伟, 陈希琼, 高扬. 定位-路径问题综述[J]. 交通运输工程学报, 2018, 18(1): 111-129.

[20] 范琪, 王炜, 华雪东 等. 基于广义出行费用的城市综合交通方式优势出行距离研究[J]. 交通运输系统工程与信息, 2018, 18(4): 25-31.

[21] 四兵锋, 杨小宝, 高亮. 基于系统最优的城市公交专用道网络设计模型及算法[J]. 中国管理科学, 2016, (6): 106-114.

[22] 汪光焘. 中国城市交通问题, 对策与理论需求[J]. 城市交通, 2016, 14(6): 1-9.

[23] 张欣. 多层复杂网络理论研究进展: 概念, 理论和数据[J]. 复杂系统与复杂性科学, 2015, 12(2): 103-107.

[24] 苑盛成, 王刚桥, 马晔风, et al. 基于实时数据的应急交通疏散仿真方法研究[J]. 系统工程理论与实践, 2015, 35(10): 2484-2489.

[25] 胡盼, 杨晓光. 影响出行决策的交通质量多因素感知特征[J]. 交通运输工程学报, 2017, 17（2）: 117-125.

[26] 傅成红, 刘国买, 段爱华. 综合运输协调发展的 DEA 评价[J]. 系统工程, 2012, 30(7): 99-104.

[27] 徐凤, 朱金福, 杨文东. 复杂网络在交通运输网络中的应用研究综述[J]. 复杂系统与复杂性科学, 2013, 10(1): 18-25.

[28] 李利华, 胡列格, 符卓. 复杂物流网络区间规划模型及算法[J]. 系统工程, 2012, 30(4): 117-122.

[29] CASCETTA E. Transportation systems engineering: theory and methods[M]. Springer Science & Business Media, 2013.

[30] GONEN T. Electrical power transmission system engineering: analysis and design[M]. CRC press, 2015.

[31] FREEMAN R L. Telecommunication system engineering[M]. John Wiley & Sons, 2015.

[32] WASSON C S. System engineering analysis, design, and development: Concepts, principles, and practices[M]. John Wiley & Sons, 2015.

[33] ZIO E. The Monte Carlo simulation method for system reliability and risk analysis[M]. Springer, 2013.

[34] BUEDE D M, MILLER W D. The engineering design of systems: models and methods[M]. John Wiley & Sons, 2016.

[35] PAHL G, BEITZ W. Engineering design: a systematic approach[M]. Springer Science & Business Media, 2013.

[36] HUBKA V, EDER W E. Theory of technical systems: a total concept theory for engineering design[M]. Springer Science & Business Media, 2012.

[37] PROFILLIDIS V. Railway management and engineering[M]. Routledge, 2016.

[38] KHISTY C J, LALL B K. Transportation engineering[M]. Pearson Education India, 2017.

[39] ONETO L, FUMEO E, CLERICO G, et al. Train Delay Prediction Systems: A Big Data Analytics Perspective[J]. Big data research, 2018, (11): 54-64.

[40] DICKERSON C, MAVRIS D N. Architecture and principles of systems engineering[M]. CRC Press, 2016.

[41] TAVASSZY L, DE JONG G. Modelling freight transport[M]. Elsevier, 2013.

[42] REFSGAARD J C, CHRISTENSEN S, SONNENBORG T O, et al. Review of strategies for handling geological uncertainty in groundwater flow and transport modeling[J]. Advances in Water Resources, 2012, 36: 36-50.

[43] LOGAN J D. Transport modeling in hydrogeochemical systems[M]. Springer Science & Business Media, 2013.

[44] MAKAROV A, SVERDLOV V, SELBERHERR S. Emerging memory technologies: Trends, challenges, and modeling methods[J]. Microelectronics Reliability, 2012, 52(4): 628-634.

[45] HALL R. Handbook of transportation science[M]. Springer Science & Business Media, 2012.

[46] HESS K. Monte Carlo device simulation: full band and beyond[M]. Springer Science & Business Media, 2012.

[47] STEVENS B L, LEWIS F L, JOHNSON E N. Aircraft control and simulation: dynamics, controls design, and autonomous systems[M]. John Wiley & Sons, 2015.

[48] KARNOPP D C, MARGOLIS D L, ROSENBERG R C. System dynamics: modeling, simulation, and control of mechatronic systems[M]. John Wiley & Sons, 2012.

[49] SENDEROVICH A, WEIDLICH M, GAL A, et al. Queue mining for delay prediction in multi-class service processes[J]. Information Systems, 2015, (53): 278-95.

[50] HOMMES E, HOLMNER M. Intelligent Transport Systems: privacy, security and societal considerations within the Gauteng case study[J]. Innovation: Journal of appropriate librarianship and information work in Southern Africa, 2013, (46): 192-206.

[51] BOCCARDO P, ARNEODO F, BOTTA D. Application of geomatic techniques in infomobility and intelligent transport systems (ITS)[J]. European Journal of Remote Sensing, 2014, 47(1): 95-115.

[52] KHORASANI G, TATARI A, YADOLLAHI A, et al. Evaluation of Intelligent Transport System in Road Safety[J]. International Journal of Chemical, Environmental & Biological Sciences (IJCEBS), 2013, 1(1): 110-118.

[53] HAYES J R. The complete problem solver[M]. Routledge, 2013.

[54] CHEN C, WANG Y, LI L, et al. The retrieval of intra-day trend and its influence on traffic prediction[J]. Transportation research part C: emerging technologies, 2012, 22: 103-118.

[55] VAN LINT J, VAN HINSBERGEN C. Short-term traffic and travel time prediction models[J]. Artificial Intelligence Applications to Critical Transportation Issues, 2012, 22(1): 22-41.

[56] DUANMU J, CHOWDHURY M, TAAFFE K, et al. Buffering in evacuation management for optimal traffic demand distribution[J]. Transportation research part E: logistics and transportation review, 2012, 48(3): 684-700.

[57] FRANK B, POESE I, SMARAGDAKIS G, et al. Content-aware traffic engineering[M]. ACM, 2012.

[58] BIEKER L, KRAJZEWICZ D, MORRA A, et al. Traffic simulation for all: a real world traffic scenario from the city of Bologna[J]. Modeling Mobility with Open Data. Springer. 2015: 47-60.

[59] BLOM H A, BAKKER G. Safety evaluation of advanced self-separation under very high en route traffic demand[J]. Journal of Aerospace Information Systems, 2015, 12(6): 413-427.

[60] MANHEIM M L. Fundamentals of transportation systems analysis[M]. MIT press Cambridge, MA, 1979.

[61] DE DIOS ORTÃOZAR J, WILLUMSEN L G. Modelling transport[M]. John Wiley & Sons, 2011.

[62] SHIAU T-A. Evaluating transport infrastructure decisions under uncertainty[J]. Transportation Planning and Technology, 2014, 37(6): 525-538.

[63] PEREIRA F C, BAZZAN A L, BEN-AKIVA M. The role of context in transport prediction[J]. IEEE Intelligent Systems, 2014, 29(1): 76-80.

[64] KAYACAN E, ULUTAS B, KAYNAK O. Grey system theory-based models in time series prediction[J]. Expert systems with applications, 2010, 37(2): 1784-1789.

[65] CHEN B, CHENG H H. A review of the applications of agent technology in traffic and transportation systems[J]. IEEE Transactions on Intelligent Transportation Systems, 2010, 11(2): 485-497.

[66] HAYS R T, SINGER M J. Simulation fidelity in training system design: Bridging the gap between reality and training[M]. Springer Science & Business Media, 2012.

[67] KRASEMANN J T. Design of an effective algorithm for fast response to the re-scheduling of railway traffic during disturbances[J]. Transportation Research Part C: Emerging Technologies, 2012, 20(1): 62-78.

[68] CHINYERE O U, FRANCISCA O O, AMANO O E. Design and simulation of an intelligent traffic control system[J]. International journal of advances in engineering & technology, 2011, 1(5): 47.

[69] KHAITAN S K, MCCALLEY J D. Design techniques and applications of cyberphysical systems: A survey[J]. Ieee Syst J, 2015, 9(2): 350-365.

[70] GUPTA R A, CHOW M-Y. Networked control system: Overview and research trends[J]. Ieee T Ind Electron, 2010, 57(7): 2527-2535.

[71] WEILKIENS T. Systems engineering with SysML/UML: modeling, analysis, design[M]. Elsevier, 2011.